Yaşamın Evrimi Fikrinin
Darwin Döneminin Sonuna Kadarki Kısa Tarihi

Yaşamın Evrimi Fikrinin Darwin Döneminin Sonuna Kadarki Kısa Tarihi

A. M. Celâl Şengör

İTÜ Maden Fakültesi
Jeoloji Bölümü
ve
Avrasya Yerbilimleri Enstitüsü
Ayazağa 34469 İstanbul

İTÜ VAKFI
yayınları

Doğayı sevmenin ilk şartının onunla anlaşabilmek olduğunu
bana öğreten hocam Nuriye Güneyi'ye...

Spekülâsyon olmadan iyi ve özgün bir gözlem olamayacağına kesin olarak inanıyorum.

Charles Darwin, 22 Aralık 1857

Üzerimde yaptığı etkiyi asla unutmayacağım. Burada beni aylardır rahatsız eden bütün zorlukların son derece basit bir çözümü vardı. Bu çözümü ben kendim bulamadığım için üzülüp kızdım mı, yoksa eninde sonunda bulunduğuna sevindim mi, hatırlayamıyorum artık ... Bütün kişisel hisler bir yana, bana sanki yüksek bir güçten inen bir vahiymiş gibi geldi. Ve ertesi gün bütün esrarın şu basit ifâdeyle son bulmuş olduğu düşüncesiyle uyandım: Doğal Seçme

Alfred Newton, 1858

Sonu olmayan görevinin büyüklüğü ile ölçülmeğe kalkışılırsa akıl gerçi güçsüzdür. İnsan kaderini başlı başına tayin eden sersemlikler ve tutkular karşısında bile zayıftır. Ama aklın işleri nesillerin gürültülü sürüklenimlerini aşarak yüzyıllar boyunca ışık saçar ve gerçek tatmini yaratır.

Albert Einstein, 1942

Yaşamın Evrimi Fikrinin Darwin Döneminin Sonuna Kadarki Kısa Tarihi

A. M. Celâl Şengör

İTÜ Vakfı Yayınları
Yayın Kurulu Başkanı: Prof. Dr. Sinan Mert Şener
Yayın Koordinatörü: Kenan Mete
Yayın Yönetmeni: Hatice Yazıcı Şahinli
Ofset Hazırlık: Gizem Çinik

ISBN 978-605-4778-12-6
Değiştirilmemiş 3. Baskı, Temmuz 2020, İstanbul

Kapak ve Uygulama: Erhan Atalar
Düzelti: Ayşe Köksal

Kütüphane Künyesi
Şengör, A.M.Celâl
Yaşamın evrimi fikrinin Darwin döneminin sonuna kadarki
kısa tarihi / A.M.Celâl Şengör
İstanbul İTÜ Vakfı Yayınları, 2020
190 s.:şekl., res. -(İTÜ Vakfı Yayınları Bilim Kültür Kitapları Dizisi; No:1)
Kaynakça ve dizin var.
1. Evrim (Biyoloji, Jeoloji) I.Kitap adı
GN281 .Ş46 2020

Sertifika No: 46400

Baskı
Saner Basım Hizmetleri San. Tic. Ltd. Şti.
Maltepe Mah. Litrosyolu Sok. 2. Matbaacılar Sitesi
No:2/4 2BC3/4 Zeytinburnu - İstanbul
Tel: 0212 674 10 51-52-53

İTÜ Vakfı Yayınları
İTÜ Vakfı, Maçka Kampüsü
Teşvikiye-İstanbul
Tel: 0212 230 73 71 – 291 34 75
www.ituyayinlari.com
ituvakif@ituvakif.org.tr

İçindekiler

Önsöz

Bu küçük kitap, Yapı Kredi Kültür Sanat Yayıncılık tarafından 1999 yılında Yapı Kredi Bankası'nın Galatasaray'daki sergi salonunda açılması düşünülen ancak daha sonra teşhir malzemesi eksikliği nedeniyle iptal edilen bir sergiye hazırlanacak katalog için sipariş edilmiş bir yazıdan doğmuştur. Sergi iptal edilince katalog da basılmadığından yazı elimde kalmıştı. 2003 kış yarıyılında Avrasya Yerbilimleri Enstitüsü ders programına "Evrim Fikrinin Tarihçesi" başlıklı bir ders koyunca, dersi kısmen elimdeki metne dayandırmayı düşündüm. Mutlu bir tesâdüf sonucu, İstanbul Teknik Üniversitesi'nin yayın faaliyetine yeni bir yayınevi çerçevesinde modern bir çehre verilmesi kararı da aynı zamana rastladı. İTÜ Yayınevi'nin müdiresi Sayın Prof. Dr. Yıldız Sey, benden yayınevinin basabileceği bir eserim olup olmadığını sorunca kendisine elimdeki metni teklif ettim. Teklif kabul görünce bu kitap ortaya çıktı.

Elinizdeki kitabın büyük bir bölümü 1999 Sonbaharında, 17 Ağustos ve 12 Kasım 1999 depremlerinin benim boş zamanımı hemen tamamen ortadan kaldırmış oldukları bir dönemde, iki hafta gibi kısa bir zamanda hiçbir ön hazırlık yapılamadan kaleme alınmıştır. Enis Batur ve Samih Rifat'ın benim gönlüme saldıkları korku olmasaydı bu kadarı dahi yapılamazdı. Katalog basımı âkim kalınca, dostlarım Mehmet Sakınç ve Bayezit Çırakoğlu ile birlikte bu kitabın içeriğini modern biyoloji ve genetik konularını da katarak genişletmeyi ve böylece kapsamlı bir evrim kitabı oluşturmayı düşündük. Ancak geçtiğimiz üç yıl içerisinde bir başka kitabın yazılmasıyla uğraşmak zorunda kalmam, bu arada bir yıllığına A. B. D.'ye misafir araştırıcı olarak gitmem, bu plânı gerçekleştirmemize engel oldu. Gerçi plânımızdan vazgeçmiş değiliz. Ancak İTÜ'de vereceğim derse bir kitap gereği, elinizdeki kitabın bu haliyle basılmasının—dilimizde kullanıma hazır benzer bir kaynak olmadığından—faydalı olacağını düşündürdü. Ümidim, bu kitaba gelecek eleştirilerin planladığımız daha kapsamlı eserin daha kaliteli olmasını sağlamasıdır.

Metin büyük ölçüde 1999 yılında bitirildiği gibidir. Yalnız kaynaklara bazı önemli ilâveler yaptım. Bazı yerlerde de metin içine eksikliklerinin, evrim fikrinin tarihi gelişmesinin anlaşılmasında olumsuz etkileri olacağını sandığım bazı pasajlar ve bu arada Leibniz'in az bilinen 1710 mektubuyla Wallace ile ilgili kısmı ekledim. Wallace ile ilgili kısma 1858'de yayınlanan tarihî Darwin ve Wallace bildirisinin tam bir tercümesini koyma fikri aklıma son anda geldi. Bunun bilhassa İngilizce bilmeyen okuyucuların hoşuna gideceğini ümit ederim.

Gerek bu tercüme metni içerisinde, gerekse de diğer alıntı metinlerinde köşeli tırnak [ ] içinde *yatık harflerle* yazılmış sözler bana aittir. Tercümelerin, aksi belirtilmediği takdirde hepsi bana aittir. Yunanca ve Lâtince'den tercümeler mutlaka İngilizce, Almanca veya Fransızca bir tercüme metninin yardımıyla yapılmıştır.

1999'da yazdığım metinde, İslâm bilim tarihi içerisinde yaşamın evrimi fikrini ele alanlardan yalnızca al-Nazzâm ve al-Cahiz'den bahsetmiştim. Bu kitabı yazarken muhterem dostum ve hocam, büyük İslâm bilimi ve teknolojisi tarihçisi Fuat Sezgin'e danıştım. Fuat Bey yalnızca al-Nazzâm ve al-Cahiz hakkındaki bilgilerimi tamamlamakla kalmadı, bana burada ele aldığım diğer İslâm bilimci ve düşünürlerinin eserlerini de söyledi, kendisinin bu konuda yazdığı kitabını hediye etti ve burada bulamadığım kaynakların kopyalarını yolladı. Kendi kıymetli vaktini ve mesaisini bana büyük bir içtenlikle hasreden Fuat Bey'e her zamanki gibi teşekkür borçluyum.

Bu kitapta klâsik Yunan ve Roma kaynaklarına yaptığım tüm atıflarda *The Loeb Classical Library*'de verilen kitap ve paragraf numaralarını kullandım. Bunlar çoğunlukla tâ İskenderiye filologlarından beri gelen geleneksel bölünümleri gösterdiklerinden, okuyucu bahis konusu herhangi bir klâsik eserin herhangi bir baskısında aradığını kolayca bulabilecektir. Loeb kitaplarını tercih etmemin nedeni ise klâsik eserlerin İngilizce tercümeleriyle birlikte Yunanca veya Lâtince orijinal metnini de vermeleridir. Ancak İngilizce bilmeyip Fransızca bilen okuyucular, *Les Belles Lettres* tarafından yayınlanan Budé kolleksiyonundaki (*Collections bilingues et érudition*) çift dilli eserleri tercih edebilirler. Bunlar için *Les Belles Lettres*'in 75. kuruluş yıldönümü için yayınladığı kataloğa bakılmasını tavsiye ederim.[1]

Evrim süreci, hem jeolojinin hem de biyolojinin konusudur. Bu nedenle, evrim fikrinin tarihi incelenirken bu her iki bilim dalının da tarihçelerinin en azından ana hatlarının genel bir bilim tarihi çerçevesinde bilinmesi gerekir. Bu konularda Türkçe'deki eserler ise ne yazık ki pek kısıtlıdır, olanların da kaliteleri arasında büyük farklılıklar vardır, güvenilirlikleri her zaman kabul edilebilir bir düzeyin üstünde değildir. Özellikle birincil kaynaklara dayanan eserler yok gibidir. Ben bu kitabın sonundaki notların ikincisinde, hem genel bilim tarihiyle ilgili, hem de jeolojinin ve biyolojinin tarihiyle ilgili bazı eserlerin bir listesini sundum. Okuyucu bunlardan en azından bir-ikisini bulabilir ümidindeyim. Bu kaynaklar arasına, bu kitapta anlatılan tarihçeyle doğrudan ilgileri bulunmadığı için Çin, Hint ve Orta ile Güney Amerika kültürlerinde biyolojik ve jeolojik bilimler denebilecek öğreti ve düşünce sistemlerinin tarihçelerini koymadım. Ancak durum İlk Çağ Yunan biliminin bir devamı ve modern Avrupa bilimi ile köprüsü olan Arap-İslâm bilimleri için aynı değildir. Bu nedenle İslâm biyolojisi ve jeolojisi ile ilgili bazı kılavuz eserleri listeledim[2].

Burada yazıya döktüklerimin hemen hepsi pek çok senedir sevgili dostlarım ve meslektaşlarım Prof. Dr. Nüzhet Dalfes ve Prof. Dr. Mehmet Sakınç'la üniversitede, gezilerde, arazide yaptığım bazı sohbetlerin konularını oluşturmuştur. Bu sohbetler esnasında Nüzhet'ten ve Mehmet'ten pek çok şey öğrendim, onların doğaya olan aşklarından ve heyecanlarından pek çok şey kaptım. Bu kitabın kaleme alınması esnasında da benden bilgilerini esirgemeyen Nüzhet'le Mehmet, sanırım ülkemizde artık sayıları çok azalmış olan, doğa bilimlerini yalnızca doğaya olan sevgisi ve hayranlığı nedeniyle yapan, aydınlanma çağının aziz kalıntılarındandırlar. Mehmet'in İstanbul Üniversitesi Fen Fakültesi Zooloji Enstitüsü'nde, benim de Işık Lisesi ortaokulunda öğretmenimiz olmuş olan Nuriye Güneyi Hanımefendi doğa bilimlerine bir ömür adamanın hayatta yapılabilecek belki de en değerli ve en keyifli şey olabileceğini öğretti bana. Bu yazıyı yazarken yaşadığım keyifli anlarda Nuriye Hanım gözümün önünden hiç gitmedi. En az benim kadar onun da sevdiği pek çok aziz ismin hatırasıyla dolu bu kitabı şükran hissimin bir nişânesi olarak kendisine ithaf ediyorum.

Kitabın ilk yazmasını İTÜ Yayınevi adına okuyup eleştiren hakemler Prof. Dr. Demir Altıner, Prof. Dr. Güven Arsebük ve Prof. Dr. Mehmet Sakınç, eleştiri ve önerileriyle kitabın benim elimden çıktığından daha üstün bir düzeye ulaşmasını sağladılar. Güven Bey, detaylı eleştirileri arasında bir de seçilmiş kaynakça koymamı teklif etti. Bu teklifi yerine getirmemiş olmamın tek nedeni, çok geniş olan konunun kaynakları arasında bir seçme yapmaktaki güçlüğümdü. Bir de bazı Osmanlıca kelimelerin yerine yeni Türkçelerini bulmamı önerdi. Bu tavsiyeyi de ancak kısmen tutabildim, zira meselâ "tabiîyeci" (=*naturalist, naturaliste, Naturforscher*) kelimesinin Türkçe'de ne yazık ki karşılığı yok ("doğa bilimci" {*natural scientist, scientifique, Naturwissenschaftler*} bunun karşılığı değildir). Dil, nihayet bir araçtır ve ne denli zengin olursa o kadar işe yarar. Zenginliğinin kaynağı değil, kullanılabilir olup olmaması mühimdir. Bu nedenle kitapta eğer genç okuyucularımın anlamadıkları bir kelime çıkarsa, tavsiyem sözlüğü açıp bakmalarıdır.

Bu kitap iki ayrı düzeyde yazılmıştır. Notlar atlanarak okunursa bir popüler bilim kitabı olarak okunabilir ve iyi bir lise tahsiline sahip herkesçe anlaşılabilir. Kaynakları ve bazı detaylar hakkında açıklama ve tartışmaları içeren notların büyük çoğunluğu konuyla ilgili üniversite öğrencilerine ve bilim adamlarına hitap eder. Onlarla birlikte kitabın düzeyi popüler bilimin üzerine çıkar, jeoloji ve biyoloji konularında en az bir lisans diploması olanlara yönelir. Ancak tüm okuyuculara kitabı önce notlara bakmadan okumalarını öneririm. Notların pek çoğu kapsamlı olduğu için okuyucunun okuma temposunu inkıtaa uğratarak okuma zevkini kaçırabilirler. Zaten notların amacı ek bilgi vermektir.

Pek çok kişinin yıllar süren yardımlarının bir ürünü olan bu kitaptaki eksik ve yanlışların sorumluluğu doğal olarak tamamen bana aittir.

A. M. C. Şengör
Anadoluhisarı, 23 Şubat 2004

I. BÖLÜM Giriş: Değişim ve Zaman

Geçmişin yorumlanmasında güncelcilik ve tekdüzecilik

Evrim deyince artık hemen herkesin aklına *biyolojik evrim* geliyor: Yaşamın evrimi, yani yaşayan türlerin, daha önce yaşamış türlerden doğal değişim yoluyla türemiş olması. Demek ki *evrim* bir *değişim* kuramıdır. Şimdi gördüğümüz canlı çeşitlerinin zamanın başından beri var olmadıklarını, belli bir süreç sonucunda başka türlü canlılardan—veya cansızlardan—öyle veya böyle değişerek türediklerini varsayan bir değişim. Bu nedenle de evrim *tarihsel* bir kuramdır, yani geçmiş hakkındaki bilgimize dayanır.

İnsanoğlu gözüyle gördüğü, izleyebildiği, kendi deneyiminin bir parçası olan değişimler konusunda genellikle sorun çıkarmıyor. Gündüzün geceye dönüşmesi, bebeğin çocuk, çocuğun yetişkin, yetişkinin de yaşlı olması, tohumun tahıl, tahılın da gıda haline gelmesi gözlerinin önünde olan değişim örnekleri. Hattâ belirli sığır, davar, tavuk, köpek ve at ırklarının, bitki çeşitlerinin, yetiştiricilerce yapay olarak oluşturulması, ıslah edilmesi bile insanın kanıksadığı değişim şekillerinden: Modanın değişmesi, mimâri stillerin değişmesi, devlet yöneticilerinin, hattâ devletlerin kendilerinin değişmesi gibi. Bunları insan *de facto* kabul ediyor. Hattâ değişimin gündelik yaşamımızın en değişmez kavramlarından olduğunu her insan yaşamında en az bir kez düşünmüş olmalıdır: Yaşlılardan en sık duyulan sözler "ah, nerede bizim zamanımız" veya "bizim gençliğimizde her şey daha iyiydi" türünden sözler değil midir?

Ama zaman ölçeği kendi yaşam süresini çok aşan, atalarından kendisine intikal eden anlatılarda yer almayan değişimleri, görmesi, tasavvur etmesi, kabul etmesi, kolay değil. Meselâ, İstanbul'da yaşayanlar: Şöyle çevrenize bir bakın. Etrafta görülen, üstleri kütleşmiş, yükseklikleri birkaç on, en çok birkaç yüz metreyi ancak bulan tepeciklerin milyonlarca yıl önce İstanbul'dan Zonguldak'a kadar uzanan ve bugünkü Alpleri veya Himalaya'yı andıran sivri tepeli koca koca dağlar olduğunu, Afyon'la İstanbul arasında en az bugünkü Kuzey Atlas Okyanusu genişliğinde bir okyanus bulunduğunu, o dünyada bugün bildiğimiz hayvan ve bitkilerin *Lingula, Ginka* gibi birkaç cinsinin dışında hiçbirinin yaşamadığını, yukarıda bahsettiğim okyanusun sahillerini bambaşka türlerin doldurduğu zengin yağmur ormanlarının kapladığını (Şekil 1), bu ormanlarda bugünkülere hiç benzemeyen ilkel sürüngen ve çiftyaşamlıların (=amfibiler) yürüdüğünü, kanat açıklıkları 75 cm'yi bulan kızböceklerinin (*Libelulla gigantea, Meganeuropsis permiana*) uçuştuğunu, okyanusların derinliklerindeki balık türleri arasında belki en çok bir-iki köpekbalığı benzeri balığı tanıyabileceğinizi bir düşünün! Atmosferdeki oksijen oranının günümüzdeki %21 yerine %35'e kadar yükselmiş olduğu böyle bir dünyayı kim görmüştür? Hiç kimse!

Şekil 1. On dokuzuncu yüzyılın son çeyreğinde paleontolojinin harika çocuğu Melchior Neumayr'ın tasavvuruna göre bir Karbon Devri manzarası. Bu resim pekâlâ Zonguldak'ın 300-310 milyon yıl önceki durumu olabilir. Resmin sağ yarısını kısmen su içinde olan *Calamites*ler (atkuyrukları) kaplıyor. Sol yarıda yukarı doğru çok dallanan, dalları tüylü gibi olan ağaçlar, *Lepidodendron*lar (pullu ağaçlar). Onların arasında, uzun gövdelerinin en dibindeki bir-iki metrelik kısım hariç tamamı ışınsal, yukarı doğru yapraklarla donanmış olan *Eucalamites*ler. En sol ön planda iki-üç metrelik bir eğreltiotu ağacı. Tüm bu ağaçların fosilleri bugün Zonguldak'taki kömür damarlarında görülmektedir (meraklılar İTÜ Ayazağa Kampüsü'ndeki Maden Fakültesi'nde de bazı örnekleri teşhirde görebilirler veya 3. dipnotta verilen Zeiller, Ralli ve Jongmans'ın eserlerindeki levhalara bakabilirler). Bir bu resme bakın, bir de bugünkü Zonguldak ve çevresini düşünün. Ne değişim!

Kaynak: Neumayr, M., 1887, Erdgeschichte, zweiter Band (Beschreibende Geologie): Bibliographisches Institut, Leipzig, ss. 166 ve 167 arasındaki renkli levha

Peki bu dünya nereden çıkmıştır? Tabiî ki bizim hayâl dünyamızdan! Yani bu dünya bir rûya mıdır?[3] Hayır, çünkü içinde gerçek olduğunu bildiğimiz öğeler var. O dünyanın bazı kalıntıları elimizdedir: Dev bir *Lepidodendron* ağacının gövdesi kimi kömür madeninde, ilkel sürüngenlerin (*Hylonomus*) iskeletleri Doğu Kanada'da taşlaşmış bir ağaç gövdesinin içindeki kovukta, atmosferdeki karbon atomlarını saklayan kireçtaşları ve kömürler dünyanın çeşitli yerlerinde, o zaman oluşmuş dağların tâ en iç kısımları Kuzey Amerika'daki Apalaş Dağlarından İspanya ve Portekiz'e, oradan da Fransa'nın orta kesimlerine ve Almanya üzerinden nihayet Bohemya'nın kalbini oluşturan o koca eski kütleye ulaşan büyük bir alanda ... Gene aynı zamanda oluşan başka dağ kuşaklarının harabeleri Kazakistan'dan Moğolistan'a oradan da Çin'e uzanır. Gene aynı zamandan kalma bir başka dağ sisteminin kalıntıları And Dağları'nın doğu cephesini izleyerek güneye iner ve Buenos Aires güneyinde Bahia Blanca ile Corrientes Burnu arasından (yani kabaca 38° ile 39° güney enlemleri arasından) Atlas Okyanusu'na çıkar; okyanusun diğer yakasında Kap kıvrımları olarak sürer ve Transantarktik Dağları'nı izleyerek Avustralya'nın Tasman silsilelerine ulaşır; oradan da dönerek Tayland'ın batısından Tibet'in doğusuna vararak nihayet bugün Alp-Himalaya dağ sistemi boyunca kaybolmuş olan Tetis okyanusunun güneyindeki geç Paleozoyik dağlarını meydana getirir. Zamanın buzullarının şekillendirdiği çökeller, âdeta zımparalayarak parlattıkları taş yüzeyleri, Avustralya'da, Hindistan'da, Güney Afrika'da, Güney Amerika'da, Umman'da, yani bugün buzulun esamesinin okunmadığı yerlerde jeologlar tarafından bulunmuştur[4].

Fakat bunlar bölük pörçük bilgi kırıntılarıdır. Jeolog, nesiller süren bir sabırla bu kırıntıları toplar, sahifeleri parçalanmış bir kitabın parçalarını derleyip okurmuşcasına bu perakende kalıntılardan toptan bir geçmişi baştan kurmaya çabalar[5]. Ancak kırıntıların kendileri bile pek ender durumlarda karşımıza tamam bir halde çıkar: Bir fosil kemiğin yarısı, dağlar içinde oluşmuş kayaç kıvrımlarının yalnızca dip kısımları (Şekil 2), bir mineral kristalinin kırık ucu ... Baştan kurma sürecinde kalıntıların bu eksikliklerini jeolog kafasında tamamlar.

Neye göre? Parçalarını bulduğu nesnenin veya bazı safhalarını deşifre edebildiği sürecin tamamı hakkında oluşturduğu modellere göre[6]. Geçen yüzyılın ilk yarısının en büyük jeologu olduğu söylenen Baron Leopold von Buch (1774-1853), Berlin'deki Prusya Krallık Bilimler Akademisine kabûlü üzerine 17 Nisan 1806'da yaptığı konuşmanın sonunda ne demişti? "Şekilsiz bir damladan insanın egemenliğine doğru giden bu büyük gelişmeyi belirli yasalara bağlamak bir gün jeolojiye nasib olursa, o zaman o da birbirleriyle etkileşerek Doğa'nın başlamış olduğu işi tamamlamaya çabalayan bilimlerin büyük birliğine kabul edilmeğe hak kazanır."[7]

Şekil 2. Japonya'da Şikoku Adası'ndaki Muroto Burnu'nda yüzeyleyen Şimanto jeolojik birliğine ait Tersiyer yaşlı kayalaçlardaki şiddetli kıvrımlanma. Deniz aşındırmasının kıvrımların üstlerini biçmiş olduğuna dikkat ediniz. Elinde defteri ve haritasıyla gülümseyen jeolog hanım arazide tezini yapmaktadır. Görevi, görüldüğü şekilde gelişigüzel parçaları korunmuş olan kayaç ve yapılardan Muroto Yarımadası'nın jeolojik tarihini ortaya koymaktır. Foto: A. M. C. Şengör, 19 Aralık 1988.

"Doğanın başladığı işi tamamlamak" ancak, Doğa'nın yaptıklarını, hâlen yapmakta olduklarını, bir bütün hâlinde ve sonuna kadar gözlerimizin önüne getirebilecek modelleri kurmakla olur. Bu modeller nasıl kurulacaktır? Modeli kurulacak nesnelerin ve süreçlerin günümüzde bildiğimiz benzerlerine veya onları oluşturan doğa yasalarının gereğine göre!

Nesnelerin ve süreçlerin günümüzde bildiğimiz benzerlerine göre baştan kurulmaları prensibine "*güncelcilik*" (=*aktüalizm*) denir[8].

Bir örnek: Yolda yürürken kafası kopmuş bir at kadavrası gördüğünüzü varsayın. Buna bakıp "aa, başsız bir at; bu herhalde gövdesi ata benzeyen fakat başı olmayan yeni bir hayvan türüdür" mü dersiniz, yoksa "vah vah, bir kaza sonucu hayvancağızın kafası kopmuş ve ölmüş" mü dersiniz! Tabiî ki ikinciyi. Niçin? Çünkü daha önce pek çok at görmüşsünüzdür. Çünkü ucu kanlı bir boyun normal olarak karşılaşılan bir organ değil, harap olmuş bir organı işaret eder sizin deneyiminize göre. Vücudu ata benzeyen, ama boynu kanlı bir uçta biten kafasız bir hayvan günümüzde çevremizde dolaşmamaktadır. Bu deneyimlerinizi bir araya koyunca da yerde yatanın ata çok benzeyen kafasız bir tür hayvan değil, kafası kopmuş bir at olduğunu çıkarırsınız (atın kafasının koptuğunu bizzat görmemiş olmanıza rağmen). Bu aklıselim yorumu bugün geçerli olduğu gibi, milâttan önce birinci yüzyılda da geçerliydi. Büyük bilim tarihçisi William Stahl tarafından en bilgin Romalı diye betimlenen Marcus Terentius Varro (MÖ 116-27) ölümsüz eseri *Lâtin Dili Üzerine*'de (*De Lingua Latina*) harhangi bir nedenden ötürü boynuzlarını kaybetmiş bir öküzü öküzden başka bir şey olarak düşünmenin veya tek gözlü bir insanın insanlığından şüphe etmenin yahut topal bir atı attan başka bir yaratık olarak algılamanın aptallık olacağını (*De Lingua Latina* IX. 33) söylememiş miydi?

"Dünyada intizam ekinlerde görülmüyor mu? Bugün de bize dün verdiği meyvelerin aynısını vermiyor mu? Yulaf ekildiği zaman yulaf, buğday ekildiği zaman buğday çıkmıyor mu? Asya'nın da aynen Avrupa gibi nehirleri ve gölleri, dağları ve ovaları yok mu?" (*De Lingua Latina* IX. 27)

Bunlara verilen cevap hep evet olmasına rağmen, anormallikleri çok aşırı olan bazı bireylerin geçmişte insan sayılmadıkları, en azından onlara normal insanlara lâyık görülen muamelenin yapılmadığını da bilmiyor muyuz? Kendi kültürümüzde fil adam[9], kurt adam[10] yok mu? Eskiden çok elli, çok kollu, çok başlı "tanrılar", devler, kentaurlar, minotaurlar, gibi mitolojik yaratıklar yok muydu?[11] Varro'nun yukarıdaki sorularına sağlıklı ve bilgili bir insan aklı olumlu cevap veriyorsa da sağlıklı aklın toplumun tamamına, hattâ çoğunluğuna egemen olduğunu varsaymak mümkün değildir. Bilim adamları dışında evrim fikrinin toplumdaki yankılarını değerlendirirken bu basit gözlem akıldan çıkarılmamalıdır.

Peki, güncelcilik prensibi temelde değişim fikrine aykırı değil mi? Nesneler ve olaylar değişiyorsa, geçmişteki olay ve nesneleri nasıl bugün olan olay ve mevcut nesnelere benzeterek baştan kurabiliriz? Bu itiraz temelde çok haklıdır. Haklılığının en çarpıcı kanıtlarından biri de dünyamızın jeolojik geçmişinde günümüzden 2,5 milyar yıl öncesine kadar uzanan tarihin baştan kurulmasında pek temel sorunlar yaşanmazken, 2,5 milyar yıldan daha yaşlı olan geçmişin yorumunda problem çıkmasıdır. Çünkü, 2,5 milyar yıldan önce, daha sonra ya hiç görülmeyen, ya da pek istisnâi durumlarda karşımıza çıkan, magnezyum oranı bugünkü kayaçlarda karşılaşılmayan düzeyde yüksek (MgO %18 ile %32 arası) komatiyit[12] denilen volkanik kayaçlar, içlerinde okside olmamış yerli demir tabakaları içeren çökel kayaçları ("BIF"=*banded iron formations*), yerkabuğunda bugün pek alışık olmadığımız bir mimarî stil, günümüzle benzetme yapma olanaklarımızı sınırlamaktadır. Fakat böyle bir durumda kendini bize çok daha büyük bir kesinlikle belli eden şey, değişimin kendisidir. Değişim o denlidir ki artık bir halden diğerine değiştiğini sandığımız nesneler arasındaki geçiş şekillerini bile bulamıyoruz veya tanıyamıyoruz.

Birbirine benzeyen şekillerin aralarında bulunmuş olduğunu var saydığımız *geçiş şekillerinin* varlığını güncelcilik prensibi sayesinde mi tahmin edebiliyoruz? Diyelim ki bir faytondan bugünkü lüks otomobile birdenbire mi geçildi, yoksa adım adım başka ara şekiller üretilerek mi geçildi? Karşımızda yalnız bir fayton ile bir Mercedes E 200 olsa bile, arada daha köşeli, daha girintili çıkıntılı ara tiplerin olduğunu tahmin etmek pek zor olmaz sanırım. Gerçekten de 1900'lerin ilk yıllarındaki otomobil modellerine baktığımızda bunların bugünkü Mercedes E 200'den çok bir faytona benzediklerini görürüz. Buna karşılık 1960'ların otomobilleri faytondan çok Mercedes E 200'e benzerler. 1930'ların, hattâ 40'ların otomobilleri faytondan çok otomobile benzerler, ama hâlâ faytondan kalma kalıntı özellikler taşırlar: Dışta duran basamaklar, dışta duran farlar gibi. Peki, biz niçin yalnızca faytona ve günümüzün Mercedes'ine bakarak gelişmenin birinden diğerine tek bir adımda değil de pek çok adımda olduğunu tahmin edebiliyoruz? Gayet basit: *Yaşamımızda hemen hiçbir şey o denli dev sıçramalarla olmuyor da ondan.* Otomobil modelleri, uçak modelleri, inşaat stilleri, elbise modaları, oyuncak çeşitleri hep *ufak adımlarla* değişiyor. Baş döndürücü hızla gelişen bilgisayar endüstrisinde bile gelişme ufak adımlarla—fakat kısa zaman aralıklarında—oluyor. Einstein'in izafiyet teorisi dev bir sıçrama olarak okutuluyor ders kitaplarımızda, ama Lorentz değiştiricilerini veya Minkowski'nin uzayını bilenler, Poincaré ve Mach'ı okumuş olanlar, Einstein'in o meşhur $m=m_0/\sqrt{1-v^2/c^2}$ eşitliğinin Lorentz değiştiricilerinden nasıl adım adım türediğini görürler. Demek ki yaşamda olayların hızlarında çok büyük ve âni değişmeler olmuyor. Leibniz'in dediği gibi, *Doğa sıçramaları, devrimleri sevmiyor* (*Natura non facit saltum*). Evren bize tekdüze gelecek kadar az değişen bir tempo ile yaşamını sürdürdüğü gibi, bizim etrafımızdakiler de tekdüze denebilecek kadar yeknesak bir tempo ile oluyor. Bu yüzden devrimler genellikle sonunda başarısız oluyor. Onun için, birbirinden türediğini sandığımız fakat birbirine pek benzemeyen iki nesne gördüğümüz zaman, ikisinin arasında daha pek çok geçiş şeklinin de olmuş olması gerektiğini düşünüyoruz hemen.

Olayların zaman içinde türlerinde ve hızlarında âni ve büyük değişiklikler olmadığını savunan ilkenin adı "*tekdüzecilik*"tir (=*üniformitariyanizm*)[13].

Birbirine benzeyen tiplerin de arasında bulunmuş olduğunu var saydığımız geçiş şekillerinin varlığını işte bu tekdüzecilik prensibi sayesinde tahmin edebiliyoruz. Bu ilke bize çok mâkul görünmekle beraber, yer tarihi incelemelerinde bunun temel alınması uzun bir zaman almıştı. İlk defa İskoçyalı James Hutton (1726-1797: Şekil 3) bunu açık bir şekilde dile getirmiş[14], daha sonra memleketlisi Sir Charles Lyell (1797-1875: Şekil 4) modern jeolojinin en temel eserlerinden biri olan *Jeolojinin Prensipleri* (*Principles of Geology*) adlı kitabında (Şekil 5) bu ilkeyi yer tarihinin her cephesine uygulamıştı[15]. Bu ilke hele yer şekillerinin, ekseri kayaçların, dağları oluşturan jeolojik yapıların meydana gelmesinin açıklanmasında çok aydınlatıcı bir rol oynadı. Bugünkü derelere, plajlara bakanlar eski bazı kumtaşlarının nasıl oluştuğunu, gün-

Şekil 3. Jeolojide güncelcilik ve kısmen tekdüzecilik ilkelerini kurarak modern jeolojinin doğmasına sebep olan büyük İskoçyalı bilgin James Hutton (1726-1797). Portre: Sir Henry Raeburn tarafından; Scottish National Portrait Gallery, Edinburgh.

Şekil 4. Tekdüzecilik ilkesini jeolojinin en temel çalışma prensibi haline getiren İskoç jeologu Sir Charles Lyell (1797-1875). George Richmond'un bir tablosundan Charles Hall tarafından yapılan bir gravür.

cel bataklıkları bilenler eski kömürlerin nasıl doğduğunu, günümüzde olan depremleri iyi inceleyenler dağların nasıl yükselmiş olabileceğini anlıyorlardı.

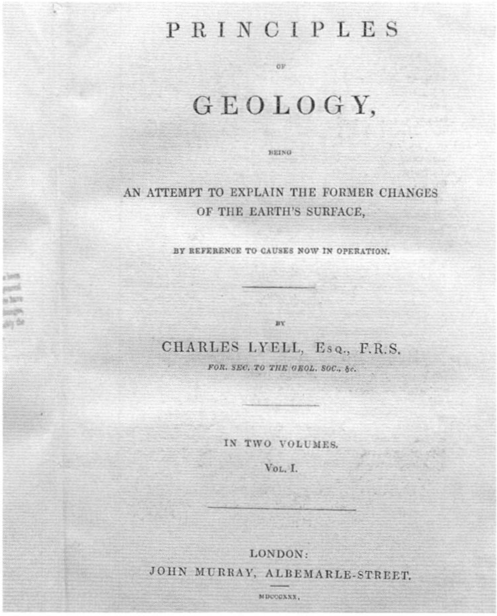

PRINCIPLES

OF

GEOLOGY,

BEING

AN ATTEMPT TO EXPLAIN THE FORMER CHANGES OF THE EARTH'S SURFACE,

BY REFERENCE TO CAUSES NOW IN OPERATION.

BY

CHARLES LYELL, Esq., F.R.S.

FOR. SEC. TO THE GEOL. SOC., &c.

IN TWO VOLUMES.

Vol. I.

LONDON:

JOHN MURRAY, ALBEMARLE-STREET.

MDCCCXXX.

Şekil 5. Sir Charles Lyell'in *Jeolojinin Prensipleri* adlı büyük eserinin ilk cildi. Modern jeolojinin Hutton'ınkilerden sonra en temel eseri olan bu anıtsal yapıtın bu cildini *Beagle* süvarisi Kaptan FitzRoy yolculuğa çıkarken Darwin'e hediye etmişti. Darwin daha sonra "benim fikirlerimin yarısı Lyell'in kafasından çıkmıştır" sözüyle dâhi vatandaşına olan şükran borcunu dile getirmiştir.

Bu tür gözlemlerden hareketle Lyell kendi ilkesinde çok ileri gitti ve dünyanın tarihi boyunca hiçbir sürecin değişmediğini iddia etti (*gerçek tekdüzecilik*: buna 1965'de Stephen J. Gould *substantive uniformitarianism* adını vermişti[16]). Aynı sürecin ürünleri de aynıydı. Üstâdı Hutton'ın 1788'de dediği gibi, ne dünyanın başlangıcı olduğu hakkında herhangi bir iz, ne de sonunun geleceği hakkında en ufak bir ipucu görünüyordu.

Geçmiş ve yaşam

Bu kadar tekdüzelik o zaman pek çok jeologun canını sıkmış olsa da, tekdüzelik ilkesi jeolojiye inkâr edilemez bir güç vermişti. Bu ilkenin çalışmadığı tek yer ise yaşamın tarihiydi. Yaşam tekdüze gelişmişe benzemiyordu. En yaşlı sanılan kayaç tabakaları içinden kabuklu ve eklembacaklı fosilinden başka bir şey çıkmazken, biraz daha genç tabakalar balıkları, ondan az daha genç olanlar öncekilerle beraber çiftyaşamlıları, ondan sonrakiler sürüngenleri, en üsttekiler de kuşları ve sonra memelilerin fosillerini içeriyordu. Hayat sırf değişmiyor, *belli bir istikamete doğru geliştiği izlenimini veriyordu*[17] . En yaşlı tabakalar arasında fosilleri bulunan canlılar en ilkel tipleri, en genç tabakalar arasındakiler de en gelişmişleri temsil ediyorlardı. Bizzat insan tüm canlıların en gelişmişi değil miydi? Karşılaştırmalı anatomi, omurgalı paleontolojisi ve biyostratigrafi bilimlerinin kurucusu ve on dokuzuncu yüzyılın hiç kuşkusuz en büyük bilim adamlarından biri olan Baron Georges Cuvier (1769-1832: Şekil 6), on sekizinci yüzyılın en son yıllarında mamut[18] ile insanın aynı zamanda yaşamadığını, mamut fosillerinin bol bulunduğu yerlerde asla insan fosiline rastlanmadığını iddia etmişti. Böylece insan en genç tür oluyordu. Fakat bu saptamayla beraber bir başka varsayım da gündeme geliyordu. Mamut ile insan asla bir arada yaşamadılarsa, mamutların yok olmuş olmaları gerekiyordu[19] . Ne olmuştu mamutlara?

Şekil 6. Karşılaştırmalı anatomi, omurgalı paleontolojisi ve biyostratigrafi bilim dallarının kurucusu büyük Fransız zoologu ve jeologu Georges Cuvier'yi (1769-1832) mamutların soylarının tükendiğini bulduğu yıllarda (1795-96) gösteren bir gravür.

Tablo'nun orijinali Vincent'in, gravür Miger'nin.

Cuvier'yi bu soru mamutun kaybolmuş olmasının ötesinde pek ilgilendirmiyordu. Mamut ve onunla birlikte yaşamış ve nesilleri bugün kaybolmuş olan diğer büyük Dördüncü Zaman hayvanlarının (ör. kürklü gergedan: *Coelodonta*'dan *Rhinoceros antiquitatis*) âni bir su basması sonucu ölmüş olabileceğini düşünmüştü Cuvier. Bu zaten zamanının jeologlarının ekseriyetince de düşünülen bir şeydi[20]. Nedeni de Cuvier'nin peder Henri de la Fite'e yazdığı bir mektupta dile getirdiği fikirlerine göre yer kabuğundaki bazı kırılmalar olabilirdi[21]. Ama Cuvier aynı mektupta, bu konuda henüz bilinenlerin pek az olduğunu, şimdiden bir fikre saplanmanın yanlış olacağını da söylüyor. Ömrünün sonuna doğru Londra'da ressam John Martin'in stüdyosunu ziyaret ettiğinde kendisine gösterilen Tufan tablosunun karşısında Cuvier, böyle bir âfetin belki de bir kometin dünyaya çok yakın geçişi esnasında olmuş olabileceğini söylemiştir (Şekil 7)[22].

Şekil 7. John Martin'in Tufan tablosu. Londra'da kendisine gösterilen bu tablonun karşısında Cuvier dünyaya yakın geçen bir kometin belki de böyle bir âfete neden olabileceğini söylemiştir.
Rupke'nin 22. notta verilmiş olan kitabından, s. 79.

Cuvier ilk defa 1812 yılında yayımlanmış olan *Dört Ayaklı Hayvanların Fosil Kemikleri Üzerine Araştırmalar* (*Recherches sur les Ossemens Fossils de Quadrupeds*) adlı klâsik eserinde, günümüzde gördüğümüz jeolojik olayların geçmişte izleri kalmış büyük değişimleri açıklamayacağı görüşündeydi[23]. Bu görüşler zamanın pek çok büyük jeologunca da paylaşılıyordu. Ancak dikkat edilmelidir ki Cuvier izlerini bulduğu değişikliklere gene de *doğal* nedenler, *doğal* süreçler arıyordu. Görüş farkı, denilebilir ki, yalnızca düşünülen olayların birim sürede açığa çıkardıkları enerjinin büyüklük farklarından kaynaklanıyordu. Çağımızın en büyük jeologlarından olan *Zürih Federal Teknik Yüksek Okulu* (*Eidgennössische Technische Hochschule*) Jeoloji Enstitüsü emekli profesörlerinden Kenneth J. Hsü (1929-) 1983'de Uluslararası Sedimantologlar

Birliğindeki başkanlık döneminin sonunda yaptığı vedâ konuşmasında jeolojik olayların meydana gelme sıklığının büyüklükleriyle orantılı olduğunu gösterdi. Örneğin, Şekil 8 bulanık su akıntılarının (türbid akıntılar), meteor (veya komet) kraterlerinin, dev buharlaşma teknelerinin (meselâ tüm Akdeniz havzası büyüklüğünde denizel evaporit havzaları[24]) ve heyelânların oluşma sıklıklarıyla büyüklükleri arasındaki ilişkiyi göstermektedir[25].

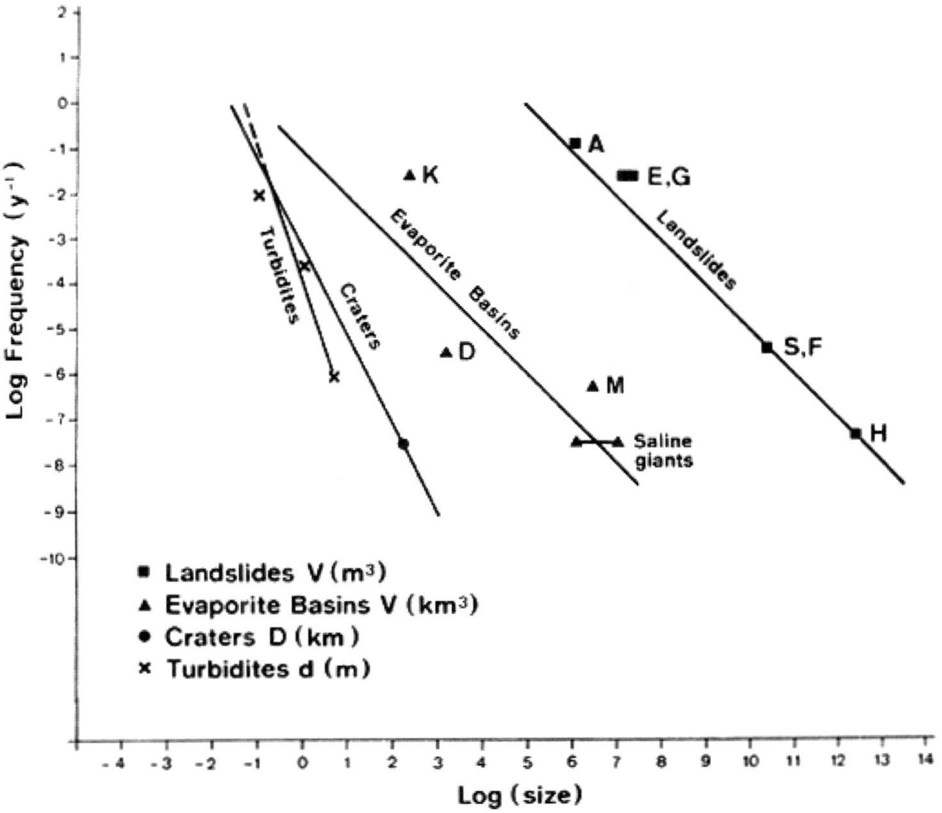

Şekil 8. Nadir olayların büyüklük/sıklık ilişkisinin 10 bazlı logaritmik bir grafikte gösterilmesi. Heyelânlar: A=Airolo, E=Elm, G=Goldau, S=Saidmarreh, F=Flims, H=Heart Mountain; Buharlaşma havzaları: K=Karaboğaz (Hazar Denizi), D=Ölü Deniz (İsrael ve Ürdün), M=Akdeniz (Mesiniyen Olayı).
Hsü'nün 25. notta verilen 1983 tarihli makalesindeki 1. şekilden.

Görüldüğü gibi boy ile oluşma sıklığı arasında aynen depremlerden bildiğimiz[26] logaritmik bir ilişki vardır.

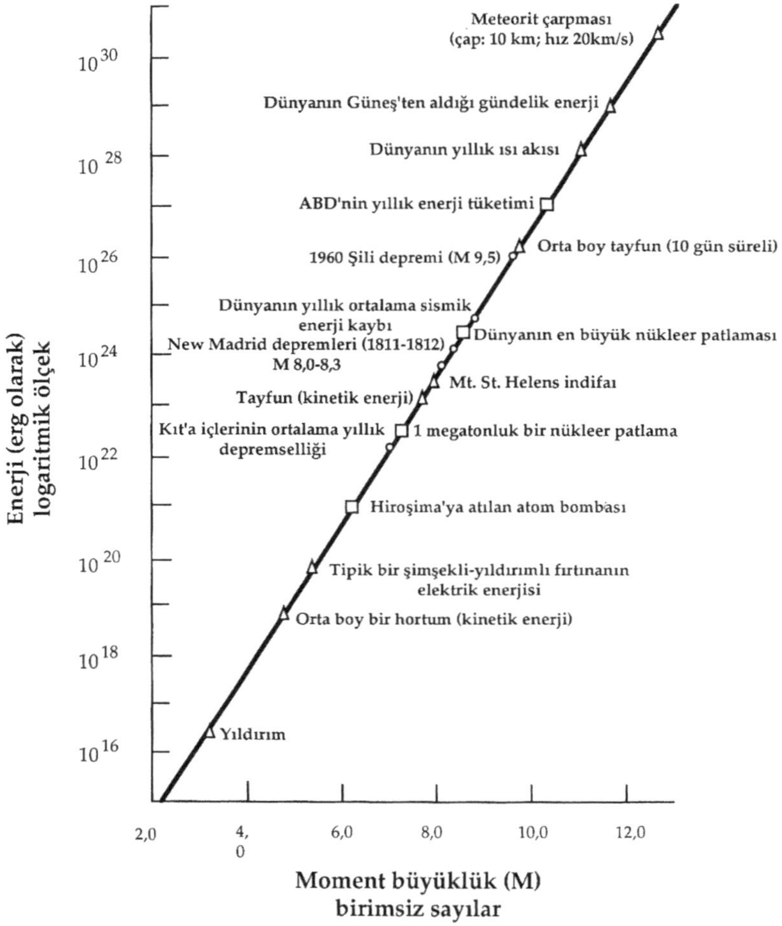

Şekil 9. Bazı doğal ve yapay olayların enerji açısından karşılaştırılmaları. Doğal olaylarda eneri arttıkça oluş sıklığının azaldığına dikkat edin.

Şekil 9, pek çok doğal ve bazı yapay olayların enerji karşılıklarını sergilemektedir. Şekil 10 da Hsü'nün merhum Eugene Shoemaker'dan aldığı bir grafikte bir doğa olayı olan gökcismi çarpmasının açığa çıkardığı enerji ile gökcismi düşmesi olayının meydana gelme sıklığı arasındaki ilişkiyi göstermektedir[27].

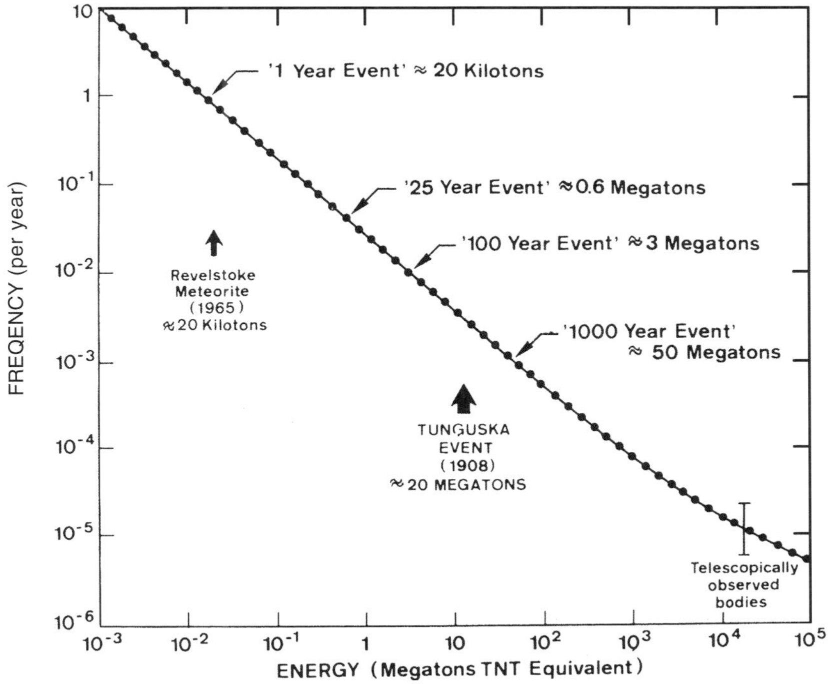

Şekil 10. Hsü'nün Eugene Shoemaker'dan aldığı ve bir doğa olayı olan gökcismi çarpmasının açığa çıkardığı enerji ile gökcismi düşmesi olayının meydana gelme sıklığı arasındaki ilişkiyi gösteren grafik. Şekil 8'in tersine tek bir doğa olayını ele alan bu grafikte de açığa çıkan enerji büyüdükçe olayın olma sıklığının düştüğü görülmektedir. Hsü'nün 27 . notta verilen 1989 tarihli makalesindeki 5. şekilden.

Tüm bu diyagramların sergilediği şudur: Enerjisi 10^{30} ergi geçen olayların sıklığı hemen hemen her 100 milyon yılda birdir. Böyle olayların herkes tarafından tanınıp anlaşılamayacağı doğaldır. Buna karşılık enerjisi 10^{17} ergin altında olan bir yıldırım herkesin tanıdığı, etkilerini bildiği bir doğa hadisesidir. Enerji değerleri 10^{26} ergi biraz geçen, moment büyüklüğü sekizin üzerindeki Şili veya Alaska depremleri ise bütün dünyada yüzyılda bir veya iki defa olan olaylardandır. Bunları da yaşayanlar unutamaz, geri kalanlar ders kitaplarından veya gazetelerden öğrenirler. Gazete veya kitap okuyamayacak entelektüel düzeyde olanlar ise (kendilerine bundan bahsedilse bile!) bunları yaşamadıkça öğrenemez, en azından anlayamaz. Yuvarlak bir hesapla, doğal olayın enerjisi 10^{20} ergin üzerine çıktı mı, yani orta boy bir hortum veya bir elektrikli yağmur fırtınasının elektrik enerjisini geçti mi, o doğal olay insanlığın genel gündelik tecrübesinin dışına çıkar. Bu gündelik tecrübe dışına çıkanların herkesçe ancak okuma kanalıyla öğrenileceğini var sayarsak, en cömert bir varsayımla dünya nüfusunun %50 kadar bir kesiminin bu tür büyük olaylardan hiçbir zaman haberdar olamayacağını görürüz, zira 1995 dünya yıllığı (*World Almanac*) dünyadaki okur-yazar oranını kabaca %75 civarında vermektedir (bu kanımca çok aşırı iyimser bir tahmindir). Bu %75'in *en az* %25'lik kısmı fonksiyonel olarak okur-yazar değildir. Yani okuma yazma becerileri olduğu halde, okuma-yazma alışkanlıkları yoktur—yani gazete, dergi, kitap vs. almazlar. Demek ki dünya nüfusunun en az %50'si yazılı ortamda yayılan bilgilere erişememektedir. Bu basit sonuçtan konumuzla doğrudan ilgisi olmayan, ancak hepimizin yaşamını ilgilendiren bir çıkarım yapabiliriz: Tamamı demokrasiyle idare edilen bir dünyada büyük volkan patlamalarının, büyüklüğü 8'i geçen depremlerin ve benzer büyük ve büyük olduğu kadar da nâdir doğa olaylarının neden olabileceği zararlara karşı tedbir almak—oy verenleri bunların olacağına inandırmak güç olacağı için—mümkün olmayabilir! Evans-Pritchard'ın Sudan'da yaşayan ve okuma yazması olmayan Nuer'ler üzerinde yaptığı kültürel antropolojik bir çalışma, toplumsal belleğin yazılı belgelerle desteklenmediği takdirde en çok yarım yüzyıl önce olmuş olan olayları hatırlayabildiğini göstermiştir. Bundan önceki olaylar "uzak geçmiş" içine karışarak zaman ve mekândan kopmuş mitolojik olaylar halini alırlar[28]. Bu olayları artık rasyonel bir düşünce çerçevesinde tartışmanın imkânı kalmaz. Türkiye'nin büyük doğal âfetlere hep hazırlıksız yakalanmasının kanımca tek nedeni toplumun yarıdan pek çoğunun fonksiyonel olarak ümmî olmasıdır[29].

Cuvier, bir kometin dünyaya yakın geçmesinin en son tufana neden olduğunu söylerken tabiî ki böyle bir olayın detaylı hesaplarını yapmış değildi[30]. Zaten bu görüşlerini hiçbir zaman yayınlamadı. Dile getirmek istediği, son soy tükenimi olayının her gün bildiğimiz olaylardan çok daha değişik bir olay tarafından oluşturulduğu, yani güncelci ve tekdüzeci bir geçmiş yorumunun bu olayı açıklayamayacağı idi. Bunun en çarpıcı kanıtı da mamutun ortadan kalktığı anda insanın ortaya çıkmasıydı.

Bu kanıt jeolojik değişimlerin yavaş yavaş, düşük enerjili olaylarla meydana getirildiğini savunan fakat dinsel inançlarından ötürü bir şekilde insanın özel bir yaratılış ürünü olmasını arzu eden Lyell'e bile ikna edici gelmişti. Lyell zaten dinsel inançlarının etkisiyle, organik tarihle inorganik tarihi bir türlü aynı şemaya oturtamamıştı[31]. En eski tabakalarda bulunan fosillerin ilkel, buna karşılık en genç tabakalarda bulunanların gelişmiş hayvan ve bitkileri temsil etmeleri kendisinin tekdüze değişim tezine uymuyordu. Eğer yaşam da cansız âlem gibi tekdüze bir değişime tâbi olsaydı, jeolojik zaman süresince canlılar âleminde basitten karmaşığa doğru bir gelişme gözlenmemesi gerekirdi.

Lyell eldeki fosil malzemesinin iddia edilen gelişmeyi gösteremeyecek kadar fakir olduğuna karar verdi. Eğer büyük sürüngenler sırf İkinci Zaman tabakalarında fosillerini bırakmış gibi görünüyorlarsa, bu bizim Birinci Zaman tabakalarındaki büyük sürüngenleri keşfetmemiş olmamıza bağlanmalıydı; yoksa büyük sürüngenlerin Birinci Zamanda yaşamamış olduklarına değil. Şartlar elverdiği takdirde büyük sürüngenlerin ileride dünyayı tekrar doldurmaları da mümkün olabilirdi. Lyell, herhangi bir zamanda bazı canlı gruplarının kıt'aların, magmatik güçlerin belirlediği o andaki şekillerinin etkisindeki genel iklim şartları nedeniyle öne çıkabileceğini kabul ediyor, ancak genelde bunun bir gelişme şeklinde yorumlanamayacağını iddia ediyordu (Şekil 11).

Şekil 11. Sir Henry de la Beche'in 1830 yılında Lyell'in yaşamın sürekli bir gelişme göstermediği fikriyle alay etmek için çizdiği bir karikatür. Bu karikatür *Jeolojinin Prensipleri*'nde Lyell'in fiziksel şartlar değiştiği takdirde dünyayı günün birinde gene sürüngenlerin yöneteceğini söyleyen bir cümlesine atıf yapmaktadır. Üstten alta tercüme: *Karikatürün üstü:* Fecî Değişiklikler. İnsan yalnızca fosil olarak bulunuyor. İhtiyozorların tekrar ortaya çıkması. Byron'un şiiri "Rüyamın ruhu değişti". *Karikatürün altı:* Bir ders: Derhal göreceksiniz ki, diye devam etti Profesör İhtiyozor, önümüzdeki kafatası alt şubelerden bir hayvana aittir. Dişler önemsiz, çenenin gücü çok azdır. Bu yaratığın besinini nasıl bulabildiği cidden hayreti muciptir. Profesör İhtiyozorun boynunda asılı duran lup, Sir Charles Lyell'in de sık sık kullandığı ve aynı şekilde boynuna astığı türdendir.

Güncel canlılar âleminden derleyebildiği ve bu konudaki fikirlerini destekleyecek gözlemlerin hepsini *Jeolojinin Prensipleri*'nin âdeta bir biyolojik coğrafya kitabı olan ikinci cildinde topladı. Üçüncü ciltte de Lyell Üçüncü Zaman'ın iki kabuklu (bivalv veya pelesipod) fosillerine dayanarak bu dönemde gelişmiş kayaçları kendi kuramına göre yaşlandırmayı denedi. Bu konuda kullandığı yöntem şuydu: Üçüncü Zaman'a ait çeşitli çökel katmanları içindeki denizel iki kabuklu fosilleri arasında günümüzde hâlâ yaşayan türlerin yüzdesini çıkarıyordu. Bu, ünlü Fransız konkologu (=kabuklu uzmanı) Gérard Paul Deshayes'in (1795-1875) yöntemine benzeyen bir yöntemdi. En yaşlı grup katman içinde bugün artık yaşamayan türlerin yüzdesi 97'ye varıyordu. Ondan bir genç grupta bu yüzde 88'e düşüyordu. Daha sonrakinde 66'ya hatta 50'ye kadar iniyordu. Lyell âdeta istatistikî bir katman yaşlandırması yapıyordu[32]. Katmanların yaşı arttıkça, nesli kaybolmuş türlerin sayısı da artıyordu. Lyell bunu daha yaşlı katmanların aşınma, daha sonraki jeolojik süreçlerle derinlere gömülme gibi olaylar nedeniyle genç katmanlardan daha az bulunmasına bağlamak istiyordu. Onun kanısına göre, herhangi iki yaştaki katmanlara ait kayaçlardan eşit hacımlar bulunabilse, içlerindeki fosil türlerin bugünkü yaşayan canlılar âlemine benzerlikleri de aşağı yukarı birbirinin aynı olacaktı.

Evrim

Ancak gelişen paleontolojik incelemeler Lyell'ı haklı çıkarmadılar. Her yeni buluş, yaşamın eskiden yeniye doğru yalnızca değiştiğini değil, aynı zamanda da geliştiğini belgeliyordu. Yani yaşamın tarihi tekdüze değildi. Tekdüze olmayan bu gelişmeyi ifâde etmek için Avrupa dilleri Latince'deki *evolvere* kelimesini aldılar[33]: Bu kelime bir ruloyu açmak, ileri yuvarlanmak, ileri doğru kaymak, bir yere doğru boşalmak anlamlarında kullanılmıştı. Avrupa dillerinde 1860 öncesinde bu kelimenin askerî, matematiksel ve felsefî anlamları olduğu gibi üç değişik biyolojik mânâsı da bulunuyordu: 1) bir çiçeğin açması; 2) embriyo gelişmesinin "önceden oluşma kuramı" (yani embriyonun, erginin tüm özelliklerine küçük ölçekte sahip olduğu fikri); 3) bir organizmanın büyümesi[34]. Osmanlıca *evolvere* kelimesine 1860'dan sonra yüklenen anlamın ifâde ettiği varsayımı *tekâmül nazariyesi* ifâdesiyle çevirdi ve yaşam tarihindeki *gelişme* bileşenini böylece öne çıkarmış oldu. Almanca da *evolution* kelimesi yerine sık sık *Entwicklung* kelimesini kullanır ki gelişme anlamına gelen bu kelimenin etimolojisinde kendi üzerine katlanmış bir şeyin açılması şeklinde açılmak, açınmak fiilleri bulunur. Günümüzün Türkçesi'nde revaçta olan *evrim* kelimesinin kökünün döndürme, eğme, çevirme anlamına gelen *evirmek* olduğunu İsmet Zeki Eyuboğlu kaydediyor. Bunun Anadolu ağzında hamur açmak, hamur yoğurmak, karıştırmak ile ilişkili olduğunu belirtiyor[35]. Bu doğruysa *evrim* kelimesinin *evolvere*'nin ifâde ettiklerini ifâde etmediğini söylemek lâzımdır. Hamur açmak bile bir ruloyu açmaya benzetilemez. Birinde hareket tek yanlı, yani *yönlü*, ilerlemeyi gösterir şekildedir, diğerinde ise çift yanlı, olduğu yerde sayan bir *salınım*dır. Anadolu'nun sınırlı kavram haznesinde tüm gelişmiş bilimlerin ifâdelerine tam karşılık arama sevdasının hazin neticelerinden biri olan bu evrim kelimesinin hikâyesi ise artık geri dönülemeyecek bir noktaya varmış bulunduğundan çaresiz ben de bu kitabımda *evolvere*'nin karşılığı olarak *evrimi* kullanacağım.

Değişim, ama nasıl?

Evrim, yani yaşamın tek yanlı olarak yaptığı açınım, dediğim gibi Lyell'in en çok canını sıkan varsayımlardan biriydi. Çağdaşlarının hemen hepsi bunu bir varsayım değil gözlemin kaçınılmaz bir sonucu olarak addediyorlardı. Yaşam basit şekillerle başlamış, giderek daha karmaşık, giderek daha gelişmiş türlere doğru evrimleşmişti. Bunun nasıl olduğunu kimse bilmiyordu. Cuvier, bu olayı büyük âfetlerle bir dönemin canlılarının yok olup yerine Buffon'un varsaydığı gibi yenilerinin gelmesiyle açıklamıştı. Ama Cuvier'nin teorisi son derece garipti. Zira, büyük anatom yeni canlıların nasıl ortaya çıktıklarını söylemiyordu. Başka yerlerden göç ettiler diyordu. Bu, âfetlerin evrensel değil yerel olduklarının itirafından başka birşey değildi. Demek yerel âfetler bir bölgedeki hayvan ve bitkileri yok ediyor, âfetten etkilenmemiş başka yerlerden hayvanlar gelip bu boşaltılmış ortamları yeniden işgal ediyorlardı. Bu, başka yerlerden gelenlerin ortadan kalkanlarla âfetten önce aynı zamanda yaşamış oldukları şeklinde yorumlanabilirdi. Fakat tam tersine, Buffon'un kendiliğinden oluş kuramına göre (aşağıya bkz.) her tufandan sonra yaşam tekrar sıfırdan da başlamış olabilirdi. Ama öyleyse bu yeni gelenler niçin hep daha gelişmiş türlerdi? Cuvier de sonunda Lyell'in çarptığı duvara çarpıyordu, zira onun teorisi de jeolojik katmanlarda kaydı bulunan gelişmeyi açıklayamıyordu.

Cuvier'nin bir öğrencisi olan Alcide d'Orbigny (1802-1857; Şekil 12) bu sorunu her evrensel âfetten sonra yeni bir yaradılış varsayarak çözmeğe çalıştı. Güney Amerika'da Andların doğu yamaçlarında ve onların önündeki geniş pampalarda yaptığı gözlemler d'Orbigny'i evrensel âfetlerin gerçek olduğuna inandırmıştı[36]. Zaten bu tarihlerde vatandaşı Leonce Élie de Beaumont (1798-1874), Cuvier ve

Şekil 12. Cuvier'nin öğrencisi büyük Fransız paleontoloğu ve stratigrafı Alcide d'Orbigny (1802-1857).

Leopold von Buch'tan esinlenerek dağ oluşum olaylarının evrensel olduğunu ve zaman zaman tüm gezegenin dengesini altüst eden âfetlere yol açtığını ileri süren yayınlar yapmağa başlamıştı[37].

D'Orbigny, her âfetin tüm canlılar âlemini yok ettiğini, dolayısıyla her âfetten sonra yeni canlıların "büyük yaratıcı güç"[38] tarafından yaratılarak dünyayı doldurduğunu iddia ediyordu. Bu sayede, diyordu, her katman grubunun niçin her yerde kendine has fosilleri olduğunu anlayabiliyoruz ve bu sayede aynı yaştaki katman gruplarını içlerindeki fosillere bakarak bir bölgeden diğerine, hattâ bir kıt'adan diğerine izleyebiliyor, kıt'alararası, hattâ global katman deneştirmeleri yapabiliyoruz. Örneğin Birinci Zaman'ın ilk devri addettiği Silüriyen Devri[39] sonunda 418 tür hayvanın 21 cinsle birlikte bir evrensel âfet sonunda yok olduğunu iddia ediyor, ikinci devir saydığı Devoniyen'de Silüriyen'de hiç bilinmeyen 78 cins ve 1198 türün ortaya çıktığını, Devoniyen canlıları kaybolduktan sonra üçüncü devir olan Karbonifer'de de yeni 72 cins ve 1047 tür denizel hayvanın ortaya çıktığını söylüyordu[40]. Ancak d'Orbigny'nin kuramı da hem hocası Cuvier'nin, hem de çağdaşı—ve bilimsel hasmı—Lyell'in kuramlarının parçalandığı gelişme kayalıklarında karaya oturdu. Jeolojik zaman içinde canlılar açıkça basitten karmaşığa, ilkelden gelişmişe doğru bir açınım gösteriyorlardı. Birbirini izleyen "baştan yaratılışlar" niçin her defasında en ilkel yaratıklarla başlamıyordu da, her "baştan yaradılış" tam bir öncekinin bıraktığı yerden başlıyormuş gibi görünüyordu? Gelişme nasıl açıklanabilecekti?

Bu soru artık bizi Kielmeyer, Lamarck, Darwin ve Wallace'a götürüyor. Ama onlara gelmeden önce, insan uygarlığının ilk çağlarına dönerek, yaşamın gelişmesi fikrinin ilk köklerini bulmağa ve bunları tüm uygarlığın gelişim süreci içerisinde izlemeğe çalışacağız. Ancak böyle bir çalışma bizlere yaşamın tüm yer tarihi süresince geliştiği fikrinin yeni bir buluş olmadığını, insanların ilk çağlardan beri çeşitli nedenlerle yaşamın geliştiğini düşündüklerini gösterebilir. Bu düşünceleri ve ortaya çıkış nedenlerini tanıdığımız zaman, onlara karşı geliştirilen düşüncelerin de köken ve tarihlerini öğrenebiliriz.

II. BÖLÜM **İlk ve Orta Çağ'da yaşamın evrimi fikri**

İlk Çağ[41]

D'Orbigny'ye gelene kadar, yaşamın zaman içindeki gelişmesi konusunda fikirler öne sürülmemiş değildi. Hattâ bunların bazıları pek de eskiydi. En eskileri de Miletos'lu Anaksimandros'un (olgunluk çağı MÖ 560; Şekil 13) modern görünüşleriyle bizleri bugün bile hayrete düşüren fikirleridir.

Şekil 13. Yaşamın evrimi hakkında ilk bilimsel kuramı ortaya koyan Miletos'lu büyük düşünür ve doğa bilimci Anaksimandros (olgunluk çağı MÖ 560). Hellenistik bir orijinalden yapılmış erken Roma kopyası: Museo Nazionale Romano.

Eksik tek bir cümle dışında Anaksimandros'un hiçbir yazısı bize ulaşamadığı için, onun fikirlerini onu anlatan başkalarından öğreniyoruz. Aşağıda Anaksimandros'un yaşamın evrimi hakkındaki fikirleri üzerine elimize geçen bazı haberleri[42] sıralıyorum[43]:

Hippolytus: "Hayvanlar Güneş tarafından buharlaştırılan nemden türemişlerdir."

Aëtius: "İlk hayvanlar nem içinde oluşmuşlardı ve dikenli kabukları vardı; büyüdükçe daha kuru olan karaya çıktılar ve bir defa kabukları çatlayınca kısa bir süre değişik bir şekilde yaşadılar."

Hippolytus: "Başlangıçta insan değişik bir hayvana, balığa benziyordu."

Pseudo (Düzmece)-Plutarchus: "Başlangıçta insan diğer cins bir canlıdan türemişti, çünkü diğer hayvan [yavruları] hemen kendi yiyeceklerini bulabilirler, yalnızca insan [yavrusu] uzun süre bakıma ihtiyaç gösterir. Onun için, baştan beri insan olarak olmuş olsaydı asla hayatta kalamazdı."

Censorinus: "Bunlarda [balıklar veya balık benzeri hayvanlar] insanlar oluştu ve olgunluğa kadar cenin şeklinde korundu; en sonunda bu yaratıklar patladı ve kendi yiyeceklerini bulabilecek erkek ve kadınlar çıktı."

Anaksimandros'a yaşamın gelişmesi konusundaki fikirlerini en azından eski Mısırlıların ilham ettiği sanılmaktadır. W. K. C. Guthrie anıtsal eseri *Yunan Felsefesinin Tarihi*'nin (*A History of Greek Philosophy*) birinci cildinde, eski Mısırlıların Nil sellerinden ilhamla bütün dünyanın ve yaşamın *Nun* adını verdikleri ilksel okyanustan türediğini sandıklarını naklettikten sonra, büyük nehrin çevresinde yaşayan köylülerin sellerden sonra geriye kalan bereketli çamurun kendi başına yaşam üretme yetisi olduğuna hâlâ inandıklarını anlatıyor[44]. Âdem'in topraktan yaratıldığı da muhtemelen böyle ilkel bir halk inancının ürünüdür. Hiç kuşkusuz Anaksimandros'un fikirleri benzer halk inançlarının rasyonel hale getirilmesiyle ortaya çıkmıştı. Bilhassa Hippolytus'un yukarıda ilk verilen haberi bunu destekliyor. Yukarıdaki alıntılarda dile gelen fikirlerin Darwin'in evrim kuramıyla herhangi bir ilişkisi olamayacağını söylüyor Guthrie, çünkü, insan embriyosu balığın içinde tam bir insan cenini şeklinde düşünülüyordu diyor. Özellikle Plutarchos'un *Quaestiones Conviviales*'ine dayanarak[45] balıktan adım adım insana bir geçiş bahis konusu değil, diyor. Ben buna katılmıyorum, çünkü en azından Aëtius'un haberi ilk yaratıktan insana kadar en az üç aşamayı imâ ediyor. Buna Pseudo (Düzmece)-Plutarchos ile Hippolytus'in ikinci haberini de eklersek, en az bir aşama daha, bir balık aşaması eklenmiş oluyor.

Fakat burada mühim olan, Anaksimandros'un canlıların zaman içinde bir değişime uğramış olmaları gerektiğini ileri sürmesi ve buna neden olarak da çevresel değişimleri göstermiş olmasıdır. Yukarıda alıntıladığım haberler arasında Anaksimandros'un dünyanın tarihi ile ilgili görüşleri yoktur. Büyük Miletos'lu, dünyanın önce tamamen su ile kaplı olduğunu, zaman içinde suyun buharlaşmasıyla kurumaya başladığını, karaların genel bir su çekilmesi sonucu oluştuğunu sanıyordu. İnsan denizde yaşayamayacağı için, ilk yaratıkların insan olamayacağını düşünmüştü. Çevresel bir jeolojik değişim, canlılar âleminde de değişikliğe neden olmuştu. Bu basit ana hatları ile aldığımızda, Anaksimandros'un yaşamın evrimi hakkındaki görüşlerinin günümüzün modern kuramından temelde değişik olmadığını görürüz.

Anaksimandros'tan sonra öğrencisi ve hemşehrisi Anaksimenes'in (olgunluk çağı MÖ 546) benzer fikirler öne sürdüğünü King-Hele kaydediyorsa da, bunun Anaksimenes'i büyük öğretmeniyle karıştırmaktan kaynaklanan bir yanlış olduğu muhakkaktır[46].

Miletos'lulardan sonra zaman içinde değişim fikrindeki en büyük sıçrama hiç kuşkusuz Efes'li Herakleitos'dan gelmiştir[47]. Herakleitos (olgunluk çağı MÖ 500: Şekil 14) *her şeyin* değişim içinde olduğunu iddia ediyor, meselâ aynı insanın aynı nehre iki defa giremeyeceğini savunuyordu.

Şekil 14. Değişimi betimlemek için bir başvuru sisteminin belirlenmesinin zaruri olduğunu ilk farkeden insanoğlu Efesli Herakleitos'tur (olgunluk çağı MÖ 500). Bu hayalî resmi Rafaello Sanzio'nun Vatikan'da, *Stanza della Segnatura* için 1508-1511 yılları arasında yaptığı meşhur "Atina Ekolü" adlı freskinden alınmıştır.

Fakat Herakleitos'un en büyük katkısı yalnız her şeyin bir değişim içinde bulunduğunu söylemekten ibaret değildi. Herakleitos, değişim olduğunu bilebilmek ve değişimi betimleyebilmek için bir *başvuru sistemine* gereksinim olduğunu ilk söyleyen insanoğludur. Buna örnek olarak şu sözlerine bakalım[48]:

"Başlangıç ve son bir dairenin çevresinde paylaşılırlar."

"Yukarı veya aşağı yol arasında fark yoktur."

"Dokuma çarkının yolu hem düz hem eğridir."

"Güneşin boyu bir insan ayağı kadardır."

"Güneş her gün yenidir."

"Maymunların en güzeli insan ırkıyla karşılaştırılırsa çirkindir; insanların en akıllısı bir tanrıyla karşılaştırılırsa maymuna benzer."

"Deniz suların hem en temizi hem de en kötüsüdür: Balıklar için içilir ve hayat vericidir; insanlar için içilemez ve öldürücüdür."

Bunlar Heraklitos'un karşılaştırma hakkında söylediklerinin yalnızca birkaçı. Açık olan, karşılaştırmanın hangi standarda, hangi başvuru sistemine göre yapılacağının belirtilmesine verdiği önem. Bir maymuna çirkin diyebilirsiniz, ama neye göre olduğunu söylemelisiniz. İnsana çirkin gözüken maymun diğer maymunlar için bir güzellik anıtı olabilir. İstanbul'dan seyahate başlayan birisi için İstanbul başlangıçtır, ama seyahatinin son noktası İstanbul olan içinse bitiştir. Dolayısıyla "İstanbul bir başlangıçtır" diyecekseniz kimin ve ne için olduğunu belirtmeniz gerekir. "Çocuk yaşlanmaktadır", zamanın okuna göre dile getirilmiş bir ifâdedir. Değişen bir dünyada yaşadığımıza göre, değişmeyi belirtmeden konuşamayız. Örneğin "Aynı nehirlere adım attıklarında başka başka sular üzerlerine akar" diyen Herakleitos bu yüzden "Aynı nehire iki kez adım atamayız" diyor; "ölümlü bir nesneyi de duraylı bir durumda algılayamayız, çünkü o dağılır, tekrar toplanır, oluşur, yok olur, yakınlaşır, uzaklaşır."

Herakleitos ile ilk defa evrende her şeyin, her nesnenin aslında bir *süreç* olduğu fikri tartışılıyor, bir sürecin gerektirdiği değişimlerin betimlenebilmesi için de bir başvuru sisteminin belirtilmesi gerektiği ilk kez söyleniyordu. Bu fikirler MÖ beşinci yüzyılda Yunan düşünce dünyasına bir bomba gibi düştü. Sürekli değişim insanı korkutan, baş edilmesi son derece zor bir fikirdi. Güney İtalya'da bulunan "Büyük Yunanistan"daki Elea şehrinde, Parmenides'in (olgunluk çağı MÖ 475) ortaya attığı, her türlü hareketin bir aldanma olduğu fikri, Herakleitos'un tezine karşı geliştirilmiş bir düşüncedir. Daha sonra dördüncü yüzyılda Atina'da Platon'un (MÖ 428-348/7) geliştirdiği soyut "fikir" (*Idea*) kuramının en önemli amacı, genellikle sanıldığı gibi evrenseller sorununa bir çözüm bulabilmekten çok Herakleitos'un ortaya attığı sürekli değişimden kaçabilmekti. Platon'un *Devlet* (*Politeia*) ve *Yasalar* (*Nomoi*) gibi kitaplarında ortaya attığı ütopya insan toplumunun yaşamında değişimi engelleyebilmekten başka bir amaç taşımıyordu[49]. Doğa bilimlerinin eski Yunan'dan sonra yaptığı en büyük sıçramanın sürekli değişen değişkenlerin matematiğinin Newton ve Leibniz tarafından on yedinci yüzyılda icat edilmesinden sonra olabildiği düşünülürse, Herakleitos'un doğanın ne denli temel bir özelliğine değinmiş olduğu daha iyi anlaşılır. *Evrim, yalnız yaşamın zaman içinde değişimi değil, doğadaki tüm süreçlerin sürekli açınımı ve dönüşümü olarak düşünülmediği takdirde anlaşılamaz.* Bu nedenle evrimin her öğrencisi mutlaka ve mutlaka Efes'li Herakleitos'un düşüncelerini tanımalıdır.

Herakleitos'dan iki nesil daha genç olan Akragas'lı (bugünkü Agrigento, Sicilya) Empedokles (olgunluk çağı MÖ 450) de doğa üzerine yazdığı ve bizlere ancak parçaları ulaşabilmiş olan uzun şiirinde yaşamın dünya üzerinde dört safhadan geçtikten sonra bugünkü durumuna geldiğini terennüm etmişti. Empedokles'in dile getirdiği fikirlerin ciddî mi, yoksa bir hiciv mi, yoksa sadece bir alay mı olduğu konusunda ben bir türlü bir kanaata varamamışımdır. Muhakkak olan Akragas'lının Parmenides'in içinde hiçbir değişimin olamayacağı evren modeline karşı doğada görülen değişimleri açıklayabilmek için ilk kez *unsur* (=eleman) fikrini de içeren modeller geliştirmiş olmasıdır. Bu açıdan bakıldığında Empedokles'in şiiri Herakleitos'un savunduğu sürekli değişimi içeren bir kozmoloji kuramı şeklindedir. Canlı yaşamının zaman içinde değişmesi de bunun doğal bir parçasıdır. İnsanı okurken gülümsemeye sevk eden ise Empedokles'in tasvir ettiği dört etaplı evrimdir: 1) Önce canlıları oluşturacak et, kemik gibi *öğeler*, hemen ardından da göz gibi tek *organlar* oluşuyor; 2) Bu organlar veya tek tek öğeler kendilerini tamamlayacak bir başka organa veya öğeye çarpana kadar oraya buraya savruluyorlar. Böylece *canlılar* meydana geliyor, ama bunlar mitolojide okuduğumuz kentaurlar (bele kadar insan, belden aşağı kısmı at) veya minotaurlar (vücut insan, kafa boğa) gibi *karışık, garip yaratıklar*; 3) bunun üzerine toprak *bugünkülere benzer insanlar* çıkarıyor; ama bunların da cinsiyeti belirsiz ve sesleri yok. Bu aşamada *bitkiler* oluşuyor. Bu dönemde henüz gece ve gündüz de ayrılmamış; ortalık sürekli bir alacakaranlıkta; 4) nihayet *bugünkü cinsiyeti belli insanlar* ortaya çıkıyor (Empedokles bitkilerin cinsiyetlerinin hâlâ belirsiz olduğu görüşünde! Bu fikir Aristo'yu da etkilemiş ve onun etkisiyle tâ 1694'te Camerarius'un bitkilerin cinselliğini keşfetmesine kadar da değişmemiştir!). Gökyüzünde Ay ve Güneş yerlerini alıyorlar, gece ve gündüz ayrılıyor. Erkekler güneyde, iklimin sıcak olduğu yerde, kadınlar ise kuzeyde, soğukta, oluşuyorlar[50].

Empedokles'in fikirlerinin Charles Darwin ve Alfred Russel Wallace'ınkine benzer bir doğal seçme öğesi içermiş olabileceğini ilk defa Aristo'dan (MÖ 384-322 Şekil 15) öğreniyoruz.

Şekil 15. Rembrandt'ın 1653'de yaptığı bu Aristo tablosu, büyük filozofu geç Rönesans kıyafetleri içinde Homeros'un bir büstüne hayranlık, hattâ şefkat dolu bir düşünce ile bakarken göstermektedir. 1961 yılında New York Metropolitan Sanat Müzesi için satın alınmış olan bu tabloyu Aristo resmi olarak seçmemdeki amaç, eski Yunan düşünce âleminin ve bilhassa Aristo'nun bin küsur yıllık bir vahşet döneminden sıyrılmakta olan insanoğlu üzerinde yaptığı büyük etkinin altını çizmek içindir. Evrim fikirlerinin içinde tekrar canlandığı biyoloji on yedinci yüzyıla kadar Aristo'nun etkisiyle gelmiştir.

Charles Darwin, bazılarının onu kendinden önceki fikirlere gerekli saygıyı göstermemekle itham etmiş olması nedeniyle, ölümsüz eseri *Türlerin Kökeni*'nin (*The Origin of Species*) 1861 yılında yayınlanmış olan üçüncü baskısından itibaren kitabın başına yaşamın evrimi hakkındaki fikirlerin kısa—ve çok eksik—bir tarihçesini eklemiştir[51]. Bu tarihçede İlk Çağ'dan ele aldığı tek metin Aristo'nun Empedokles'ten bahsettiği metindir (gerçi Darwin metnin alıntı yaptığı kısmını Empedokles'ten bahseden cümleden bir öncekinden kesmiştir). MÖ dördüncü yüzyılda bile ne tür fikirlerin tartışılmakta olduğuna güzel bir örnek olduğundan Aristo'nun metnini aşağıda tercüme ederek veriyorum[52]:

".... doğa niçin bir şey aşkına veya öyle daha iyi olduğu için değil de—meselâ gökyüzünün tahılı büyütmek için değil, sadece zarurî olduğu için yağmur yağdırdığı gibi—iş görmesin? (Yukarı çekilen soğur, soğuyan da su olup inmelidir; bunun sonucunda da tahıl büyür.) Benzer bir şekilde, harman yerinde birisinin tahılı perişan olursa, yağmur bunu yapmak için, yani tahılı perişan etmek için, yağmış değildir. Ama sonuç öyle olmuştur. Dolayısıyla, doğada organların [kökeni ile ilgili] durumlar da neden böyle olmasın? Örneğin, dişlerimiz neden yalnızca zaruret sonucu çıkmış olmasın: Öndekiler parçalamak için keskin, molarlar besinleri öğütmek için geniş değil de, tesadüfen öyle olmuş olsunlar. Birer amaca yönelik olduğunu sandığımız diğer tüm organlar da niçin böyle olmuş olmasın? Bir amaca yönelikmişler gibi tesadüfen bir araya gelmiş olan organ grupları kendiliğinden uygun bir şekilde oluştuklarından o zaman hayatta kalma şansını elde ederler, böyle olmayanlar da ortadan kalkarlar ve kalkmağa devam ederler, Empedokles'in insan suratlı boğa dölleri hakkında söylediği gibi."

Bunu okuyunca, hemen akabindeki satırlarda Aristo'nun Darwin ve Wallace'ın doğal seçme kuramını detaylarıyla sunacağını sanıyor insan. Aristo'nun doğal seçmeyi düşünmüş olduğu, yukarıdaki satırların da gösterdiği gibi, şüphe götürmez. Fakat Aristo yukarıdaki tezleri yalnızca çürütmek için ileri sürmüştür. "Fakat bunun gerçek görüş olması mümkün değildir" diyor bir cümle sonra. Çünkü Aristo Sokrat'la başlayan ve Platon ile doruğuna çıkan teleolojik (yani amaçlı, amaca yönelik) düşünce okulunun bir üyesidir. Aristo'ya göre evrende her şeyin bir amacı ve yönlendiricisi olmalıdır. Doğada her olay bir amaca yöneliktir ve Tanrı tarafından o amaç için plânlanmıştır. Doğa içinde tamamen tesâdüflerin eseri olarak meydana gelen olaylardan, önceden plânlanmışa benzeyen olaylar ve bunların eserleri türeyemez.

Bu görüş, en yakın zamanlara kadar doğa bilimlerinde egemen olan ve adına "kasıt fikri" denilen görüştür[53]. İnsanoğlunun bundan kurtularak tekrar Tales'ten Herakleitos'a İyonya'lı büyük bilimcilerin tasavvur ettiği anonim doğa düşüncesine dönebilmesine en önemli katkılardan birini de Darwin ve Wallace'ın evrim teorisi yapmıştır (özellikle 53. notta verilen Dawkins'in eserine bkz).

Akıl ve bilgi konusunda hemen her açıdan kendinden sonra gelen Orta Çağ'ın—Müslümanların egemen oldukları yerlerde dokuzuncu yüzyıl-on birinci yüzyıl aralığı dışında—fecî karanlığına nazaran daha aydınlık ve verimli olan İlk

Çağ'da türlerin zaman içine değişikliğe uğrayıp uğramadığının tartışıldığı kesindir. Ama fosillerin bizlere verebilecekleri bilgilerin anlaşılamamış olması, yaşamın doğal tarihinin yazılmasını ve dolayısıyla türlerin zaman içinde uğramış olabilecekleri değişikliklerin belgelenmesini olanaksız hale getiriyordu. Sokrat'tan itibaren giderek yozlaşan bilimsel düşünce, Hristiyanlığın dördüncü yüzyılda Roma dünyasına ve daha sonra Roma dışındaki eski barbar ülkelerine de yayılması sonucu iyice ortadan kalktı. Fakat Hristiyan çağının başlarında, İlk Çağ'dan tevârüs edilen felsefî düşünce geleneği Hristiyan *Kutsal Kitap*'ının (=*Biblion*, yani "Kitap", özellikle *Eski Ahit*) yorumlanmasında kullanılmağa başlayınca bazı zeki yorumcular bizzat *Kutsal Kitap*'ın içinde anlatılanların hem çevrede, hem de canlılarda, yaradılıştan bu yana bazı değişikliklerin olmuş olması gerektiğini söylediğini gördüler. Bu zeki yorumcuların en büyüklerinden biri hiç kuşkusuz Kuzey Afrika'da Hippo piskoposu Aziz Augustinus'tu (MS 354-430; Şekil 16).

İlk Çağ-Orta Çağ geçişinde Aziz Augustinus'un fikirleri

Aziz Augustinus'un büyük eseri *Putperestlere Karşı Tanrının Şehri'nin (De Civitate Dei Contra Paganos:* MS 413-426) XVI. kitabı yaradılışın Nuh'tan sonraki safhalarını anlatır.

Şekil 16. Düşünce tarihinin önemli simalarından Hippo Psikoposu Aziz Augustinus (MS 354-430) (En solda). Aziz'in bu temsili Avusturyalı ressam ve tahta heykeltraşı Michael Pacher'ın (1440-1498) Neustift'de (şimdiki Novacella) bulunan kilise için yaptığı Kilise Babaları mihrabının bir parçasını oluşturmaktadır. Şimdi Münih'teki Alte Pinakothek'de.

Burada Aziz Augustinus'u rahatsız eden düşüncelerden biri de kıt'alara çok uzak bulunan adalardaki kara hayvanlarının Nuh'un gemisindekilerden türeyip türemediği idi. Gemi Ağrı Dağında karaya oturduğuna göre, bu hayvanlar adalara nasıl gelmişlerdi? Sadece karalara en yakın adalardakiler yüzmüş olabilirlerdi. Diğerlerini belki insanlar taşımıştı. Tanrı'nın emriyle melekler de bunları adalara taşımış olabilirlerdi. Ama, büyük düşünür *Tekvin*'in 1. bölümünün 24. paragrafında Tanrı'nın toprağa "canlılar türet" emrini verdiğini hatırlatarak, adalardaki yaratıkların da Tufan'dan sonra buralarda topraktan türemiş olabilecekleri ihtimalini ortaya atmıştır (XVI. 7). Bunu hemen izleyen 8. bölümde Aziz Augustinus özellikle yaşlı Plinius'un *Doğa Tarihi* (*Historia Naturalis*) adlı dev eserinde bahsedilen tek gözlü *Arimaspi*, ayakları geriye dönük *Abarimon*'un orman sakinleri, cinsiyetleri karışık *Androgyni*, ağızsız *Astomi*, tek bacaklı *Monocoli* (veya ayaklarının yarattığı gölgeye atfen *Sciapodae*), köpek kafalı *Cynocephali* (Şekil 17), kızlarının beş yaşında doğurduğu ve sekiz yaşında öldüğü *Calingi* ve pigmeler gibi hilkat garibelerinin de Âdem ile Havva'nın soyundan olup olmadığı sorusunu tartışıyor.

Şekil 17. Cynocephali, yani köpek kafalılar. Burada, Büyük Coğrafî Keşifler çağında Andaman Adaları sakinleri olarak gösterilmiş. Plinius'un Doğa Tarihi'nden 1500 yıl sonrasına kadar gelen bu masal ürünü yaratıklar, Aziz Augustinus'u olasılı evrim düşüncelerine sevkeden garip canlılar arasındaydı.
Albert Bettex'in The Discovery of the World (Simon and Schuster, New York, s. 48) adlı kitabından.

Bunların bazıları insandan çok hayvan gibi geliyor Aziz Augustinus'a. Hepsinin gerçekten var olduklarına inanmak zorunda da değiliz, diyor. "Fakat, bir insan, yani mâkul, ölümlü bir yaratık olarak kim doğmuş olursa olsun, vücut şekli, rengi, hareketi veya söyledikleri, veya doğasının herhangi bir hassası, kısmı veya özelliği bizim duyularımıza ne kadar garip gözükürse gözüksün, her dindar inanmalıdır ki böyle bir birey de ilk yaratılmış olan insanın soyundandır" (XVI. 8). Aziz Augustinus bunu söyledikten sonra, kitaplarda bildirilen bu garip yaratıkların pek çoğunun aslında bugün doğum yanlışları dediğimiz hallerden kaynaklandığını anlatarak kendisinin bildiği altı parmaklı insan veya ayakları hilâl şeklinde olan ve her birinde yalnızca iki parmak bulunan ve elleri de bunlara benzeyen bir adam ve benzerlerini anlatıyor. "Bunun gibi bir ırk olsa mutlaka doğa tarihinin harikalarına eklenirdi" diyor. Ebeveynine hiç benzemeyen çocukları da anlattıktan sonra doğada "normal yol" dediği gelişmeden sapmalar olabileceğini söylüyor.

Orta Çağ

Aristo'nun tersine, Aziz Augustinus tamamen gözlemden hareket ederek bugün dünyada değişik insan ve hayvan ırklarının ve aynı ırk içinde değişikliklerin görüldüğünü anlatıyor. Ancak tüm insanlar *Kutsal Kitap*'a göre Âdem'in çocukları olduklarına göre, insan olan, yani aklı ve sonlu bir ömrü olan tüm yaratıkların Âdem'den türemiş olmaları gerektiğini, yani nesillerin gelişmesinde değişime yer olduğunu vurguluyor.

Orta Çağ'da Müslüman Dünyası. MS 9. yüzyılın ilk yarısında Müslüman dünyasında Basra kelâmcılarından İbrahim bin Sayyar bin Hani Abu İshak al-Nazzâm (öl. MS 835-845 arası) ve öğrencisi Abu Osman Amr bin Bahr al-Cahiz (MS 766?-869) çevreye uyum ve yaşam için mücadele fikirleri üzerine tartışmalar yayımlamışlardır[54]. Bu konuda, al Cahiz'in *Kitab al-Hayavan*'ında, Wiedemann şu ifâdelerin bulunduğunu tesbit etmiştir:

"Dedim ki: Yaşlandıkları zaman kara yılanları hava solurlar, bu onlara yeter. Aynı şey, yaşlandıkları zaman, kertenkeleler için de geçerlidir. Dedi ki[55]: Fakat bu bataklık çalılıklarda, nehirlerin kenarlarında ve durgun suların bulunduğu yerlerde yaşayan su yılanları için geçerli değildir.

Dedi ki: Su yılanları ya alçak yerlerin hayvanlarıdır ... ya da dağların. Çağlayanlı dereler, pek çok sürünen hayvanlar, yük hayvanları ve vahşî hayvanlar gibi bunları yerlerinden söküp taşırlar. Bu yılanlar çoğalırlar ve çiftleşirler veya anneleri ve babaları da belki su yılanlarıydı. O zaman gelişme nasıl olmuştur? Çünkü karada, denizde ve kayalık ve kumlu zeminde yaşarken de tabiatları gereği yılanlar su yılanlarıdır ve nem ve su içinde yaşarlar. Kara yılanlarının ince ve uzun olmaları iki nedenden ötürü doğaları gereğidir: Bir kere uzun yaşadıkları için [çünkü artık hiçbir şey yemezler], ikincisi, verimli sahil alanlarından çok uzaktadırlar. Buna uygun olarak suda ve bataklık alanlarda büyüktürler. Dedi ki: Suda balıklarla birlikte yaşayan *Mâr* veya *Mâhî*[[56]] veya yılan balığı gibi her şey iki türden oluşur: Bunların biri, yılandan türemiş ve çevredeki kara ve denizin etkisiyle değişmiştir. Diğerleri balıkların ve yılanların neslidir. Bunlar, balıkların doğası yılanlarınkine yakın olduğundan, birbirlerini karşılıklı olarak döllemişlerdir. Yılanlar başlangıçta su hayvanlarıydı ve hepsi (büyük bir olasılıkla bu balıklar ve yılanlar) yılandı.

Basralılar, Kûfa *Muşân*ının [bir tür hurma] Basra'nınkine yakın olduğunu, onları bulundukları yerin değişime zorladığını iddia ederler. Hicazlılar, Kakao palmiyesinin, al Mukl palmiyesi olduğunu ve çevre şartları dolayısıyla değişime uğradığını söylerler. Bununla ilgili pek çok veri vardır. Filin sulu bir doğası olduğu söylenir: İçinde bulunan manda ve domuz doğalarından ötürü."[57]

Hem Sarton[58] , hem Sezgin[59] al Cahiz'in eserinin içindeki bilgilerin pek çok folklorik öğe içerdiğini, kullandığı bazı zoolojik bilgilerin İslâm öncesi Câhiliye devrinden kalma genel Bedevî kültürü olduğunu bilhassa vurgulamaktadırlar. Bu da çölde yaşayan Bedevîlerin sırf gözlem ve bundan türetilen aklıselim varsayımlarıyla evrim fikrine varmış olduklarını, bu fikrin daha sonra Arap-İslâm entelektüelleri ve bilim adamlarınca da yer yer tevârüs edilerek bilimsel eserlerde kullanıldığını göstermektedir. Ancak bunun tersi olan, eski bilginin gözlemden türetilebilecek aklıselim yorumlarını çarpıttığı durumlar da vardır ki *Rasâ'il İhvân al Safâ' va Hillan al Vafâ'* yazarlarının yorumları buna pek güzel örnekler oluştururlar.

İslâm düşüncesinde genelde evrim ve özelde de yaşamın evrimi fikrinin (hattâ Darwinizm'e koşut fikirlerin!) onuncu yüzyılda yazılmış olan *Rasâ'il İhvân al Safâ' va Hillan al Vafâ'* (Temiz Kalpli Biraderler ve Vefalı Dostların Monografileri) adlı ansiklopediyi oluşturan monografilerin (=*rasâ'il* yani risaleler) pek çoğunda ifâde edilmiş olduğu, bu ansiklopediyi ilk kez neredeyse tam bir bütün olarak bir batı diline kazandırmış olan Friedrich Dieterici'nin 1878 yılında yayınladığı *Der Darwinismus im Zehnten und Neunzehnten Jahrhundert*[60] (Onuncu ve Ondokuzuncu Yüzyılda Darwinizm) adlı kitapçığından beri sık sık dile getirilen[61], fakat de Boer'un da vurguladığı gibi[62], tamamen yanlış olan bir görüştür. *Rasâ'il İhvân al Safâ' va Hillan al Vafâ'*daki bazı ifâdeleri evrimle ilgili görüşler sanmak, ancak bu ifâdeler parçasını oluşturdukları içeriklerin dışına çekildikleri takdirde mümkündür. Ama bunların, *Rasâ'il İhvân al Safâ' va Hillan al Vafâ'*nın temel felsefesi çerçevesi içerisinde evrim ifâde eden görüşler olarak yorumlanmaları kanımca imkânsızdır. Bunun nedenlerini anlamak için önce ansiklopedinin içinde oluştuğu ortama ve temel felsefesine kısaca bakmakta yarar vardır.

Her dinde olduğu gibi İslâmiyet'te de kutsal kitabın, yani *Kur'an*'ın, harfi harfine izlenmesi gerektiğini vazeden "doğru yol" savunucuları ile kutsal kitaptaki ifâdelerin aslında gizli veya mecâzi anlamları olduğunu ve bunların ortaya çıkarılarak asıl bunların izlenmesi gerektiğini iddia eden "sapkınlar" olmuştur. Abbâsi devletinin kurulmasıyla birlikte İslâm'da da bu tür "sapkın" fikirler belli bir yaygınlığa erişmişti. Bunlara, her "görünen"in bir "gizli"si veya "iç"i (=bâtını) olması gerektiğini iddia ettikleri için *batınîler* (eski tâbirle *bâtınîye*) denmiştir[63]. Ignaz Goldziher "bâtınîler" teriminin İsmâ'îlîya veya İsmâilîler için icat edildiğini söyler[64]. İşte *Rasâ'il İhvân al Safâ' va Hillan al Vafâ'* ansiklopedisini yazan ve derleyenlerin, büyük bir olasılıkla İsmâilîler'in (veya sempatizanlarının) Basra'da yaşayan ve kendilerine *İhvân al Safâ' va Hillan al Vafâ'* (Temiz Kalpli Biraderler ve Vefalı Dostlar) adını vermiş gizli bir derneği olduğu bilinmektedir. Louis Massignon, dört ana konu etrafında derlenmiş 51 monografiden oluşan ansiklopedinin MS 896 ile 929 yılları arasında yazılmış olması gerektiğini göstermiştir[65]. Yazarların kim veya kimler olduğu hâlâ belli değildir.

Ansiklopedinin bölündüğü dört ana konu Aloys Sprenger'in ifâdesiyle şunlardır[66]: 1. Matematik Bilimler (*Fünun-u riyaziye*: 13 monografi), 2. Doğa Felsefesi (*Fünun-u cismâniye-i tabiîye*: 17 monografi), 3. Psikoloji ve Spekülâtif Bilimler (*Fünun-u nefsîye-i akliye*: 10 monografi), 4. Din ve Metafizik (*Fünun-u nâmusiye-i ilâhiye*: 11 monografi). Davidson'un monografi sınıflaması[67] ise Dieterici'nin tercümelerinde kullandığı başlıkları izleyerek (bkz. aşağıda 68. not) şöyle: 1. Giriş Dersleri ve Mantık (13 monografi), 2. Doğa Bilimleri (17 Monografi), 3. Rasyonel Dünya Ruhu (10 monografi), 4. Vahiyle Gelen Yasa (11 monografi).

Bu monografilerin[68] hemen hepsinde kâinatın yaradılışının zaman içinde yer alan bir süreç olduğu, Tanrının bizzat değil, yarattığı vasıtalarla yaradılışı tamamladığı fikri öne sürülüyor. Monografiler temelde *Kur'an*'a dayandıklarını yaptıkları sûre ve âyet alıntılarıyla iddia ediyorlarsa da *Kur'an*'ın ifâdelerine verdikleri anlamlar geleneksel anlamlardan farklı[69] ve temelde Platon, Aristo ve Yeni-Platonculardan Afrodisias'lı Alexander ve Plotinus gibilerin görüşlerine dayanıyor. Bunlardan başka Pitagor'un ve ekolünün derin etkileri görüldüğü gibi, Aristo ekolünün ve özellikle Aristo'nun öğrencisi ve halefi Teofrastos'un tesirleri çok çarpıcı. Hattâ büyük Fransız doğubilimcisi Baron Bernard Carra de Vaux, *İhvân al Safâ'* teriminin Yunanca'daki filozof teriminin bir uyarlaması olduğunu iddia edecek kadar, *İhvân al Safâ'* üyelerinin Yunan filozoflarının izleyicileri olduklarını sandığı izlenimini vermiştir[70]. *İhvân al Safâ' va Hillan al Vafâ'* üyelerinin *Kur'an*'ın yanılmaz bir kılavuz olmadığını düşündükleri kesindir. *Kur'an*'ın içine karıştığını düşündükleri yanılgı ve çelişkileri akıl yönetiminde felsefenin temizleyebileceğine inanıyorlardı[71].

İhvân al Safâ' va Hillan al Vafâ' derneğinin temel amacı, üyelerinin mânevî kurtuluşunu sağlamaktı. Bu nedenle ruh bilgisi ve özellikle ruhun ölümden sonraki yaşamı hakkında bilgi sahibi olmak çok önemliydi. Onun için *Rasâ'il İhvân al Safâ' va*

Hillan al Vafâ'da Allah'ın kâinatı nasıl yarattığı ve sonunda nasıl her şeyin gene Allah'a döneceği anlatılır. Bu nedenle Davidson, *Rasâ'il İhvân al Safâ' va Hillan al Vafâ*'nın temel amacının başarısızlığa mahkûm olduğunu söyler. Gösterilen büyük ve gerçekten hayranlık veren tüm çabaya rağmen, akılcı bilim geleneği ile din geleneği, tutarlı bir bütün haline getirilememiştir. Edward Hungerford pek haklı olarak, *Rasâ'il İhvân al Safâ' va Hillan al Vafâ*'daki doğa bilimi öğretilerinin, bazen modern bir okuyucuyu hayrete düşürecek detay ve doğruluktaki gözlem ve çıkarımlara rağmen, bilimsel yöntemden yoksun olduğunu, ileri sürülen hayalî nedenselliklerin temel doğa yasaları hakkında hiçbir şey bilinmediğini gösterdiğine işaret etmektedir[72].

Rasâ'il İhvân al Safâ' va Hillan al Vafâ'nın temel fikirlerinden biri, yaradılışın bir anda değil, zaman içerisinde olduğu. Allah, önce dünya-ruhunu yaratıyor, bu ruh aklı, akıl da maddeyi oluşturuyor. Evrenin, Aristo'nun modeline sadık olarak tam anlamıyla bir soğan gibi iç içe kürelerden oluştuğu düşünülüyor. En dışarıda Allah oturuyor. O, dünya ruhunu, dünya ruhu aklı, akıl da maddeyi yarattıktan sonra, oluşum kürelerin hareketiyle sürüyor. Allah ve dünya ruhu, yer üzerindeki maddeye, gök kürelerinin hareketiyle müdahale ediyorlar. Maddenin de hepsi bir anda olmuyor. Önce dört unsur oluşuyor (*Anasır-ı erbaa*=ateş, hava, su, toprak), sonra dünyanın suları meydana geliyor, sonra karalar. Önce mineraller ve taşlar, sonra bitkiler, sonra hayvanlar oluşuyor. Su hayvanları da kara hayvanlarından önce oluşuyorlar. Tüm bunları doğa yapıyor, ama *İhvân al Safâ' va Hillan al Vafâ* derneğinin üyeleri, felsefecilerin doğa gücü dediklerine, ilâhiyatçıların melek dediklerini söylüyorlar.

Konusu Doğa'nın ne olduğu olan on dokuzuncu monografide değişimden söz açılıyor:

"Şekil ve türler, var olduklarından beri malzemelerine göre bellidirler, ama bireysel görünümler malzeme içerisinde devamlı bir değişim içerisindedirler (başkalaşım). Şekillerin, türlerin ve alt türlerin malzemelerine göre değişmeden kalmalarının nedeni, bunları oluşturan sebeplerin gökyüzünde değişmemesidir. Bireyler ise değişir, çünkü bunları oluşturan sebepler değişmektedir. Bunun böyle olmasının nedeni, bunların oluşum sebeplerinin tanrısal dünya ruhu olmasıdır. Malzemeleri unsurlar, Doğa oluşum için gerekli güç, gökyüzü ve yıldızlar da onları yapan âletlerdir.[73]"

Dikkat edilirse burada değişen, yalnızca bireylerdir. Her birey, doğar, büyür, hastalanır, yaralanır, vs. ve sonunda ölür. Mineraller de doğada olan çeşitli olaylar sonucu oluşurlar. *Rasâ'il İhvân al Safâ' va Hillan al Vafâ*'nın yazarları minerallerin türünü tesadüflerin belirlediğini vurguluyorlar: Mineralin oluştuğu yerdeki malzemenin bileşimi, ortamın sıcaklığı vb. tesadüfler[74]. Canlılardan bahsedilirken, türlerin asla değişmediği bilhassa vurgulanıyor:

"Bitkilerin durumunu gözleyen, onlar üzerine düşünen ve araştıran her aklı başında ve anlayışlı kişi onların türlerinin şekillerini asla değiştirmediklerini veya türünün şeklinden başka bir şekle dönüşmediğini görür. Kimse bir palmiyeden bir zeytin ağacının çıktığını veya bir fıstık ağacında bir incirin büyüdüğünü göremez. Aynı şekilde bir buğday başağında bir arpa tanesi görülemez. Bu bütün tahıllar, meyveler, sebzeler ve otlar için geçerlidir. Bunların her biri âdeta belirli türlerden çeşitli şekil ve yapılar içine kalıplanmışcasına türün şeklini ve yapısını korur.

Aynı şey yapıları ve üyeleri tam olan bütün hayvanlar için de geçerlidir. Cinslerinin şekilleri ve türlerinin yapısı iyi korunur. Kimse bir ana devenin karnından bir tayın çıktığını veya bir inekten bir oğlağın doğduğunu görmemiştir. Aynı şekilde bir devekuşunun yumurtasından bir turna kuşu veya bir güvercin yumurtasından bir tavuk civcivi çıkmaz."[75]

Ancak bunlar söylendikten hemen sonra, tüm bu şekillerin, cinslerin, türlerin ve alt türlerin Yaratıcı'sının gücünün bunları değiştirmeye yetmeyeceği fikrinin akıl tarafından kabul edilemeyeceği öne sürülüyor. Acaba neden bir deveden bir buzağı veya bir keçiden bir deve veya bir güvercin yumurtasından bir tavuk civcivi çıkarmamaktadır Yaratıcı? Buna verilen cevap, her türün belirli amaçlara yönelik olarak belirli malzemeden, belirli şekillerde oluştuğudur. Oluşumlara Yaratıcı'nın kendisi bizzat karışmıyor. Onları bir sistem haline koymuş, o sistem de bir saat gibi işliyor. O saatin içerisinde her dişlinin, her mekanizmanın ayrı ve değişmez bir görevi var.

Bu teleolojik görüşler aslında tamamen Aristo'dan alınmış görüşlerdir ve aynen onunkiler gibi evrim fikrini içermezler. Zoolojiye ayrılmış olan yirmi birinci monografide Allah'ın hiçbir canlıya faydasız veya gereksiz bir organ vermediği anlatılır. Üstelik, bir canlıda birbirine yararlı olmayan, birbirine yardım etmeyen organların olmadığı vurgulanır. Her organ, bir şekilde, diğerlerine yardımcıdır. Buna detaylı bir örnek olarak beyin verilmiştir. Beyin (Aristo'nun düşüncelerinden farklı olarak), duyuların çıktığı, düşüncelerin bulunduğu, gözlemlerin depolandığı, ruhun ve anlayışın yerleştiği yer olarak vücudun kralı konumunda görülür. Onun hizmetkârı vücudu yöneten ve sıcak tutan kalptir. Kalbe ise karaciğer, akciğerler ve atardamarlar tarafından hizmet verilir. Mide, sinirler, dalak, safra kesesi ve iki böbrek karaciğerin hizmetkârlarıdır. Burun delikleri, gırtlak, akciğer zarı ve göğüs, akciğerlere hizmet verirler. Bu ve benzeri ilişkileri kullanarak, *Rasâ'il İhvân al Safâ' va Hillan al Vafâ*'nın yazarları insan vücudunun hemen hemen tam bir fonksiyonel morfolojisini sunmuşlardır. Karşılıklı fonksiyonları bu denli mükemmel olan vücut Allah'ın yarattığı üstün aklın eseridir. Bu nedenle, *Rasâ'il İhvân al Safâ' va Hillan al Vafâ*'nın yazarları bir evrime gerek görmemektedirler. Her şey Allah tarafından belirli bir amaca hizmet için, o amacın çerçevesinde mükemmel olarak yaratılmıştır. Bu teolojik/teleolojik görüş doğal olarak bir hatâ düzeltme mekanizması gibi çalışan evrime gerek görmemiştir. *Rasâ'il İhvân al Safâ' va Hillan al Vafâ*'nın yazılmasından sekiz yüzyıl sonra büyük anatom Georges Cuvier de çok benzer nedenlerden ötürü evrim fikrine karşı çıkacaktır.

Ancak *Rasâ'il İhvân al Safâ' va Hillan al Vafâ'* kendi içinde tamamen tutarlı değildir. Jeolojik gelişim, büyük bir olasılıkla Aristo ve bilhassa Teofrastos'a dayanılarak, oldukça modern bir görüş içerisinde anlatılmış, özellikle yer şekillerinin iklimlerdeki değişmeler nedeniyle değişecekleri vurgulanmıştır[76]. Peki bu değişiklikler canlılar âlemine nasıl yansıyacaktır? *Rasâ'il İhvân al Safâ' va Hillan al Vafâ'*da bunun tartışılmadığını görüyoruz.

Ancak Sarton *Rasâ'il İhvân al Safâ' va Hillan al Vafâ'*nın tamamlanmasından hemen sonra, bir başka büyük İslâm bilgininin evrimi imâ ettiğini söylüyor[77]. Arap Plinius'u da denen Abû-l-Hasan 'Ali ibn al-Hussain ibn 'Ali al-Mas'ûdî (doğumu 912'den önce Bağdat'ta; ölümü 957 civarında Kahire'de), ömrünün sonuna doğru kaleme aldığı *Kitâb al-Tanbih val İşraf* (İşaret ve Düzeltme Kitabı) adlı eserinde canlıların mineralden bitkiye, bitkiden hayvana, hayvandan da canlıya geçtiklerini söylüyor. Ancak bu gerçekten bir evrim kuramı mıdır, yoksa *Rasâ'il İhvân al Safâ' va Hillan al Vafâ'*da gördüğümüze benzer bir düşünce tarzı mıdır? [Duncan B. Macdonald'ın (D.B.M.) rumuzuyla Sarton'un metnine koyduğu *r* numaralı ikaz notuna bkz.]

İslâm dünyasından günümüze kalan belgelerdeki en kapsamlı evrim fikri, tüm canlı ve cansız dünyayı kapsaması açısından hiç kuşkusuz büyük tarihçi ve sosyolog Abdurrahman İbni Haldun'un (1332-1406) *'Ibar* adlı büyük tarih eserinin *Mukaddime*'sinde söylediklerinde görülür. Burada söylenenler, kuşkusuz *Rasâ'il İhvân al Safâ' va Hillan al Vafâ'*dan, al-Mas'ûdî'den ve onlara kaynak oluşturmuş, ancak bugün artık kaybolmuş olan Arap-İslâm kaynaklarından esinlenmişlerdir. Burada dile gelen fikirlerin ne derece yalnızca bir "Büyük Varlık Zinciri"ni ve ne derece ondan farklı gerçek bir evrim sürecini temsil ettiğini bilebilmek mümkün değilse de İbni Haldun'un tüm tarih felsefesinin evrimsel bir felsefe olduğunu bilmemiz, aşağıda alıntılanan fikirlerinin de evrimi kastettiği inancını güçlendiriyor:

"Bilinmelidir ki—Allah size ve bize kılavuz olsun—bu âlem içinde bulunan tüm yaratılmış şeylerle birlikte bir düzene ve sağlam bir yapıya sahiptir. Dikkate değer ve sonsuz bir örüntü içerisinde, nedenlerle nedenlerin sonucu olan şeyler arasında bağlantıları ve bazı varlıkların diğerlerine dönüşmesini gösterir. Gövde ve duyusal algılama dünyasıyla ve onun içerisinde önce görünen öğelerle başlayarak bu öğelerin nasıl dereceli ve sürekli bir şekilde topraktan suya, sudan havaya ve ondan da ateşe yükselen bir düzen içerisinde tertip edildiği görülür. Her öğe bir üstündekine veya bir altındakine dönüşmeğe hazırdır ve bazen gerçekten de dönüşür. Üstteki her zaman bir altındakine nazaran daha az yoğundur. Nihayet, küreler dünyasına varılır. Bunların yoğunlukları diğer şeylerin hepsinden azdır. Birbirleriyle bağlı tabakalar halindedirler ve şekilleri duyular tarafından ancak hareketin mevcudiyeti vasıtasıyla algılanabilir. Bu hareketler bazılarına kürelerin yer ve hareketlerini ölçme imkânı verir ve ötedeki hakikatler hakkında bilgi sağlar. Bu hakikatlerin küreler üzerindeki etkilerini, kürelerin hareket halinde olmalarından anlıyoruz.

Sonra yaradılış âlemine bakılmalıdır. Minerallerle başlamış, marifetli, tedricî bir şekilde, bitkilere ve hayvanlara doğru gelişmiştir. Minerallerin son aşaması bitkilerin otlar ve tohumsuz bitkiler gibi ilk aşamasına bağlıdır. Bitkilerin palmiye ağaçları ve üzümler gibi son aşaması, hayvanların sümüklüböcekler ve kabuklular gibi yalnızca dokunma duyusu olan ilk aşamasına bağlıdır. Buradaki "bağlıdır" sözü, her grubun son aşamasının, bir sonraki grubun ilk aşamasına dönüşmeğe tamamen hazır olduğunu işaret eder.

Hayvanlar âlemi sonra genişler, türleri artar ve tedricî bir yaradılış süreci içerisinde nihayet düşünme ve tefekkür kabiliyeti olan insana gelir. İnsanın bulunduğu yüksek aşamaya maymunlar âleminden ulaşılır. Maymunlarda zekâ ve algılama vardır, ama gerçek düşünce ve tefekkür gelişmemiştir. Bu noktada, maymunlar âleminden sonra insanın ilk aşamasına geliriz. Fizikî gözlemlerimiz bu noktaya kadar gelir."[78]

Yukarıda yazılanlara ilâveten, Fuat Sezgin, al Cahiz'in hocası olan İbrahim ibn Sayyar ibn Hani Abu İshak al-Nazzam'ın günümüze ne yazık ki gelememiş olan eserlerinde, yukarıda değindiğim gibi, Darwin'in görüşlerine yakın görüşlerden bahsettiğini, al Cahiz'in *Kitab al Hayavan*'ında hocasının eserlerine yaptığı atıflara dayanarak söylemektedir[79].

Orta Çağ'da Avrupa. Avrupa'da Albertus Magnus (1193/1206-1280) ve Aziz Thomas Aquinas (1225-1274) büyük ölçüde Aziz Augustinus'u izlemiştir[80]. Ondördüncü yüzyılın en önemli Alman bilgini olan Heinrich von Hessen (yaşlısı: 1325-1397) *yeni ortaya çıkan* hastalıklara ve bunları iyileştirmek için gerekecek olan *yeni* bitkilere dikkat çekmişti[81].

Tüm bunlardan Orta Çağ'da evrim fikriyle ne Hristiyan âleminde *Kutsal Kitap* yorumunun, ne de İslâm âleminde *Kur'an*'ın yorumunun ciddî bir zıtlaşma içinde olduğunun düşünüldüğü çıkmaktadır. Aziz Augustinus'un dediğine göre, yaratılan, nasıl yaratılmış olursa olsun Tanrı'nın yaratığıdır. Eğer insansa, ne tür insan olursa olsun, Âdem'in çocuğudur. Ancak gene bu alıntı yapılan eserlerde görülen, Hristiyan dünyasında evrimin yaşam tarihinin gerekli bir parçası olarak algılanmadığıdır. Bazı görüşlerde evrimin bir yönü olduğu (ör. cansızdan canlıya, bitkiden hayvana) dile gelmekle beraber pek çoğunda değişimin belli bir gelişmeyi hattâ belirli bir mekanizmaya bağlılığı bile işaret etmediği görülmektedir (ör. Aziz Augustinus'un veya Heinrich von Hessen'in fikirleri). Halbuki Müslümanlar arasında günümüzün biyolojik evrim fikrine çok daha yakın fikirler geliştirilmiş görünmektedir. Bu fikirler ne yazık ki 14. yüzyıldan itibaren İslâm dünyasında görülen genel sosyal ve entelektüel çöküşle birlikte ortadan kalkmış ve daha gelişmiş meyveler verememişlerdir.

III. BÖLÜM

Yeni Çağ'da yeşermeye başlayan modern bilim düşünceleri içerisinde yaşamın evrimi fikri

Reformasyon ve etkileri

On altıncı yüzyılla beraber Avrupa'nın düşünce dünyasında olan en önemli değişiklik hiç şüphesiz Reformasyon'du. Reformasyon, Martin Luther'in (1483-1546) *Kutsal Kitap*'ı Almanca'ya çevirmesiyle başlayan hareketle her şeyden önce onun doğrudan yerel dillerde okunması imkânını doğurdu ve bununla beraber ilk defa tüm *Kutsal Kitap* okuyup yazma bilen herkese açıldı[82]. Bu da o tarihe kadar görülmediği şekilde *Kutsal Kitap*'ın harfi harfine sadık kalınarak açıklanması görüşüne destek kazandırdı. Orta Çağ'daki iyi okumuş manastır keşişlerinin filolojik, felsefî, tarihî ve coğrafî bilgilerine sahip olmayan, daha az okumuş kuzey ülkeleri papazları ve cahil halk doğal olarak *Kutsal Kitap*'ın içindekileri değişik bakış açılarından mecâzî olarak yorumlayamazdı. Martin Luther, açıkça *Kutsal Kitap*'ın harfi harfine okunarak anlaşılmasını tavsiye ediyordu. Bu tavsiye doğal olarak İlk ve Orta Çağ'da *Kutsal Kitap*'a dayanılarak yapılan pek çok akılcı yorumu imkânsız hale getirdi. Hiç kuşkusuz, eğer Aziz Augustinus Luther'in tavsiyesine uysaydı, *Putperestlere Karşı Tanrının Şehri* adlı önemli eserini vücuda getiremezdi.

Kutsal Kitap'ın harfi harfine okunması ve anlaşılması fikrinin yanında, reformcuların tanrıya bakışları da Orta Çağ ilâhiyatçılarınınkinden farklıydı. Katolik (ve Ortodoks) inancında tanrının yaratan vasfı hep öne çıkmıştı. Dolayısıyla Orta Çağ ilâhiyatının en temel konusu yaradılış ve onun mecâzi yorumlarla daha iyi anlaşılmasına çalışılan "İlksel Günah" gibi önemli detaylarıydı. Reformcular ise insanla Tanrı arasından ilâhiyatçılar zümresini mümkün olduğu kadar çıkartmaya çalıştıkları için, Tanrı'ya her şeyden evvel, veren, nimet bahşeden olarak bakıyorlardı. Luther'e göre tüm dünya Tanrı'nın insana verdiği nimetti. Luther'i ahiretten sonra en çok şimdiki dünya, bireyin Tanrı ile şimdiki ilişkileri ilgilendiriyordu. Bu nedenle, Lutherci öğretide doğa bilimleri şimdiki dünya ile ilgiliydi. Bu bilhassa coğrafyada çok belirgindir. Luther'in eğitim işlerindeki en güvenilir adamı olan ve *Praeceptor Germaniae* (=Almanya'nın öğretmeni) diye bilinen Philipp Melanchthon (Lâtinleşmemiş Almanca adı Schwartzert: 1497-1560; Şekil 18), derslerinde bu nedenle *Kutsal Kitap*'ın yanında giderek artan dozda Aristo öğretmeğe başlamıştı.

Şekil 18. Praeceptor Germaniae Philipp Melanchthon (1497-1560) Lutherci Avrupa'da ilk defa Kutsal Kitap'ın dışına çıkıp Aristo'yu öğretmeğe başlayarak deistik düşüncenin ve giderek seküler doğa bilimleri eğitiminin temellerini atmıştır.
Hans Holbein'in (küçüğü) bir tablosundan. Elliger'in kitabının 4. levhası, 6. şekil.

Manfred Büttner, bu şekilde Melanchthon'un Katolik dünyasında en çok revaçta olan ve saf bir matematik coğrafyadan ibaret bulunan Batlamyüs'ün (Ptolemaios) MS. 2. yüzyıldan kalma *Coğrafya Kılavuzu*'nun (*Geographike Uphegesis*) yanında diğer kaynakları da kullanan gerçek bir fiziksel ve beşerî coğrafya eğitimini yarattığını söylüyor[83].

Reformatör Jean Calvin (asıl adı Cauvin; 1509-1564) de bilime yaklaşımında Luther'e benzer görüşler taşıyor, tanrıya hayran olmak, onu sevmek ve onun eserlerinden en iyi şekilde yararlanmak için tanrının insana bahşettiği aklı kullanarak bilim yapılması gerektiğini söylüyordu[84]. Calvin, bir ara Strasbourg'da ders verdiği zaman Melanchton'la da tanışmıştı.

Bu şekilde başlayan, eğitimde *Kutsal Kitap*'ın dışına taşma eğilimi, Rönesans'ın kamçıladığı eski Yunan ve Lâtin klâsiklerini öğrenme arzusuyla birleşince, Hristiyanlığın yükselmeğe başladığı yıllardan beri, hattâ denebilir ki tâ Sokrat'tan beri, ilk defa ciddî bir din dışı merak, din dışı araştırma, doğa ile doğrudan diyalog kurma hevesi ortaya çıktı Alpler ötesi Avrupa'da. Melanchthon'dan sonra sırayla Sebastian Münster (1488-1552)[85], Gerhard Mercator (1512-1594)[86] ve Bartholomäus Keckermann (1572-1609)[87] gibi coğrafya ağırlıklı bilginlerle hızla taraftar kazanan deistik, yani Tanrı'ya inancı koruyan, fakat dinden giderek uzaklaşan bir doğa bilimi görüşü oluştu. Kronolojik olarak bu görüşün doğa bilimlerinde biyolojide meselâ William Turner'in (ca. 1508-1568) kuş listesi ile kuş biyolojisi arası bir eser olan kuş kitabından Padova ekolü anatomlarının

Şekil 19. Gabriele Fallopio (1523-1562), on altıncı yüzyılın en meşhur İtalyan anatomu ve Padua ekolünün kurucusu.

Bu gravür Paris'teki Tıp Akademisi'ndedir. 88. notta verilen makaleden.

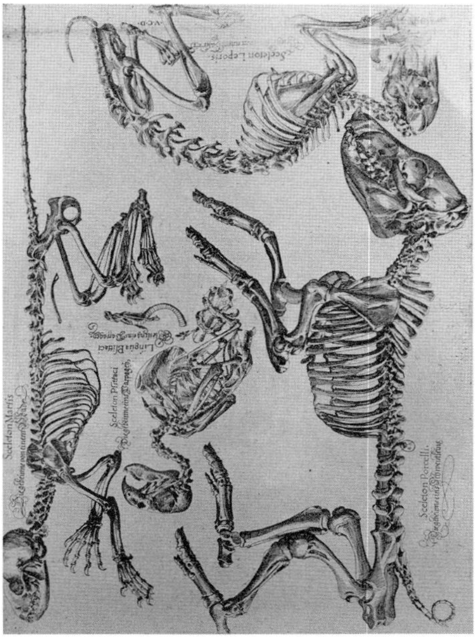

Şekil 20. Fallopio'nun 1570 yılında Venedik'te basılan Expositio in librum galeri de ossibus adlı kitabından iskelet çizimleri. Bu gözleme verilen önem, detaya bahşedilen dikkat Fallopio'nun kendisini ve tıp bilimini Orta Çağ'ın iskolastiğinden kurtarmasında en önemli rolü oynamıştır. Bu, çağın da belirmekte olan bir özelliğidir. İlk modern atlas olan ve coğrafyayı nihayet Batlamyüs haritaları tekelinden kurtaran Abraham Ortelius'un Theatrum Orbis Terrarum'u da 1570 yılının ürünüdür.

88. notta verilen makaleden.

(Gabriele Fallopio: 1523-1562[88] ; Şekil 19 ve 20, Hieronymo Fabrizio {Fabrizzi d'Acquapendente}: 1533-1619[89]; Şekil 21 ve 22, Giulio Cassiero: 1561-1616, Adriaan van der Speighel: 1578-1625) çok daha dikkatle yapılmış tasvirler içeren ve türler arası karşılaştırmalara önem veren, hayvanlar âlemini bir bütün olarak anlatmaya çalışan eserlerine, oradan da William Harvey'in (1578-1657) kan dolaşımı ve çoğalma konusundaki incelemelerine, Harvey'den Antony van Leeuwenhoek'un (1632-1723) mikroskopu keşfinden sonra görülebilen spermatozoon'un keşfine (1677)[90] doğru, giderek Orta Çağ'ın etkisinden kurtulan ve daha çok doğrudan gözleme ve tasvire önem veren bir yön olarak karşımıza çıktığını görüyoruz.

Şekil 21. Fallopio'nun öğrencisi, Padua ekolünün büyük anatomlarından Fabrizzi d'Acquapendente (1533-1619).
Museo Civico Padua'daki bir resimden. 89. notta verilen makaleden.

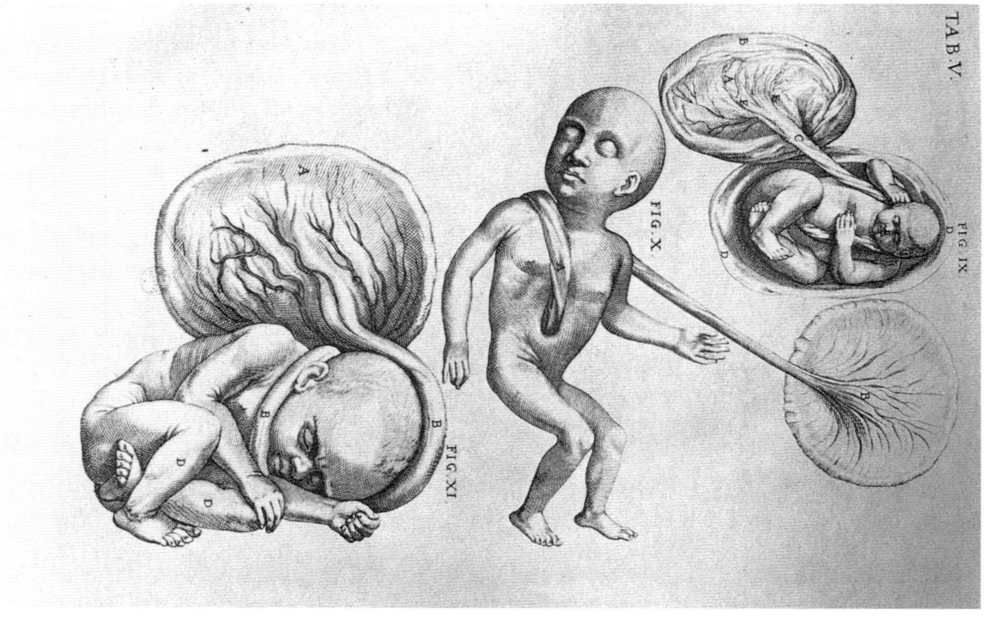

Şekil 22. Fabrizzi d'Acquapendente'nin 1604'de yayımladığı yazısı De Formatione Foetu'dan embriyo çizimleri. Bu şekiller doğrulukları ve detaya dikkatleriyle bugün bile profesyonel anatomların hayranlığını uyandırmaktadırlar.
89. notta verilen makaleden.

Aynı şey fizikte Galileo (1564-1642), Kepler (1571-1630) ve Newton (1642-1727) ile[91], coğrafyada Varenius (1620 veya 1621-1650 veya 1651)[92], jeolojide de Hooke (1635-1703) ve Steno (asıl adı Stensen; 1638-1686) ile oldu[93]. Bu dönemde giderek Rönesans Avrupa'sının ardında duraklamaya başlayan İspanya'da bile son derece önemli, zengin gözlem ve akılcı yorumlar içeren anatomi kitaplarına rastlıyoruz (ör. Juan de Valverde de Hamusco'nun insan anatomisi hakkında 1556'da Roma'da İspanyolca olarak basılan önemli eseri; bu eser üç yıl sonra *Anatomia del Corpo Humano* başlığıyla İtalyanca'ya çevrilmiştir).

On altıncı ve on yedinci yüzyılın bilim devrimi olarak bildiğimiz hareketinin özellikleri şöyle özetlenebilir: İnsanlar bu dönemde gözlemle cevaplanabilecek sorular sormağa, çalışmalarını metafiziksel değil de fiziksel konularla sınırlamağa, doğada gözledikleri nesne ve süreçlerin güya yaradılıştan olma özelliklerini sorgulamak yerine birbirleriyle karşılaştırmalarına önem vermeğe, Tanrı'nın kafasında olduğu iddia edilen "gerçek şekilleri" (Platon'un *idea*ları) aramak yerine daha doğal nedenlerini araştırmağa, doğal dünyanın özellikle matematikle ifâde edilebilecek taraflarıyla[94] uğraşmağa özen gösterdiler. Melanchthon doğal çevreyi anlatırken nasıl Aristo üzerinden giderek *Kutsal Kitap*'tan ziyade kendi gördüklerini anlatmaya başladıysa, William Turner de giderek Orta Çağ'ın hayâli hayvanlarından ziyade görülenleri tasvire başlıyor, Galileo hayalî mükemmellikte bir gökyüzünü düşünerek değil, yalnızca görüp ölçebildikleriyle, hareket eden cisimlerin mekaniğini kuruyordu. Bilim neredeyse ancak 2000 yıl sonra tekrar İyonyalı büyük doğa bilimcilerin çizgisine geri dönüyordu. Onlarınkinden tek fazlalığı, gözlenen nesneler arası karşılaştırmayı sağlıklı yapabilmek ve kurulan modelleri muğlaklığa neden olmadan dile getirebilmek için mekanik gibi bazı dallarda kullanılan matematikti. Sokrat'ın ilkel teleolojik fikirleri ve entelektüel olarak dürüst olmayan tartışma yöntemleri, hele öğrencisi Platon'un kaleminde, insanlığı görünen ve kontrol edilebilir dünyadan söküp alarak görünemeyen ve kontrolü mümkün olmayan bir spekülâsyon dünyası içine atmıştı. Daha sonra gelişen iki büyük semâvi din, Hristiyanlık ve Müslümanlık fikrî yapılarını büyük ölçüde Sokrat'a ve Platon'a (ve tabiî ki onların da borçlu oldukları ve Musevîliğin de kaynağı olan ilkel Ortadoğu din geleneğine[95]) borçlu oldukları için bunların egemen oldukları dünyada doğa bilimlerinin İyonya modelinde gelişmesi mümkün olmamıştı. On beşinci yüzyılda, Tanrı'nın yalnız yaratıcı ve hâkim değil, aynı zamanda nimet bahşeden olduğu görüşü ile birlikte nimeti oluşturan çevreye karşı yeni bir ilgi uyanmıştı. Bu ilgi, çevreyi kutsiyetten giderek ayırdı; çevre gözlenecek, betimlenecek ve bilinecek bir nesne oldu. Bu bilgi içinde çevrenin "anlaşılması" henüz pek yoktu, çünkü "anlaşılma" süreci "nedenleri", nedenler de dinî kavramları içeriyordu. Platon'un Tanrı'nın kafasında var olduğunu farz ettiği ebedî şekiller, yeni uyanan doğa bilgisi aşkının dışında kalan kavramlardı. Onaltıncı yüzyılın doğa bilimcileri sözde ebedî şekillerle değil, onların görünen âlemdeki yansımalarıyla ilgileniyorlardı. Bu, Galileo'dan da bildiğimiz gibi aynı zamanda dinin öfkesini çekmemek için uydurulmuş stratejik bir ayırımdı. Bilim yalnızca gözlediği ve betimlediği sürece dinle çatışması pek beklenmiyordu.

Bu stratejik yöntemin pek uzun ömürlü olamayacağı ilk kez gözlem gücü çıplak gözünkini geçince ortaya çıktı. Galileo'nun Jüpiter'in uydularını keşfetmesi *Eski Ahit'in Yeşu*, (10. 12) kitabı ve 93 numaralı mezmur[96] ile çelişince kızılca kıyamet koptu. Galileo engizisyon tarafından Güneş merkezli evren ve dünyanın hareketleri hakkında söylediklerini inkâra zorlandı. Ama hemen arkadan sırayla Kepler ve Newton'un gelmesi kilisenin durumunu savunulamaz bir hale getirdi. Gerçi Vatikan yirminci yüzyıla dek özür dilemedi ama bu konuda ağzını açmağa da bir daha pek cesaret edemedi[97].

Stratigrafinin gelişmesi ve jeolojik zamanı ölçme yöntemlerinin etkileri

Dünya ve yaşam tarihi hakkında on altıncı ve on yedinci yüzyılda olan gelişmeler ise Galileo'nun dinî inançlara sunduğundan daha başka bir sorun oluşturmağa başladılar din adamları için. Burada temel problem geçmişin nasıl yorumlanması gerektiği idi. Geçmişe Galileo'nun yaptığı gibi bir teleskop çevirip, "buyurun siz de bakın" demek mümkün değildi. Geçmiş, bir daha ele geçmemek üzere gidip kaybolmuş görünüyordu. Yapılacak iş, onu baştan kurmanın yöntemini bulmaktı. Bunun için iki yol vardı: Ya kutsal kitaplardaki tarihçe doğru kabul edilerek bunun doğada izleri aranacak, ya da yer ve yaşam tarihçesi hiç bilinmiyor kabul edilerek yalnızca doğadaki izler sürülerek yeni bir tarihçe yaratılacaktı.

İş, birinci seçim doğru kabul edilerek başladı. On altıncı yüzyılda Saksonya'daki Joachim Vadisi'nde (bugün Çek Cumhuriyetindeki Jáchymov) zengin maden bölgesinde doktorluk yapan Georgius Agricola[98] (Lâtinceleştirilmemiş adıyla Georg Pawer {Bauer}: 1494-1555) büyük ölçüde Aristo'nun öğretilerine dayanarak bir yer tarihi oluşturmaya çalıştı. Arkadaşı Sebastian Münster de onu izledi. Agricola'nın yer tarihi Aristo'nunki gibi yalnızca cesur tahminlere dayanıyordu. Bu tahminleri kontrol edebilecek bir yöntemi Agricola geliştirmemişti. Böyle bir yöntemler grubu bir yüzyıl sonra yaşamış olan Danimarkalı Nicolaus Stenonis'in (Niels Stensen: 1638-1686; Şekil 23)[99] eserleriyle ortaya çıktı.

Stensen ilk defa kayaç katmanlarının birbirleriyle olan çeşitli ilişkilerine bakarak katmanların içinde çökeldiği yörenin fiziksel tarihçesinin nasıl ortaya konabileceğini gösterdi. Bu suretle herhangi bir bölgenin tarihçesinin çeşitli safhalara ayrılarak incelenebileceği görüldü. Stensen'in yer tarihiyle ilgili çalışmaları 1666 sonbaharında bazı balıkçıların *Carcharodon carcharias* türüne

Şekil 23. Niels Stensen (eski tarzla Steensen; Latincesi Nicolaus Stenonis: 1638-1686).
Floransa'daki Uffizi Galerisi'ndeki tablosundan. Yapanı bilinmiyor, belki J. Sustermans (1597-1681?). Ella Hoch'un not 99'daki makalesinden.

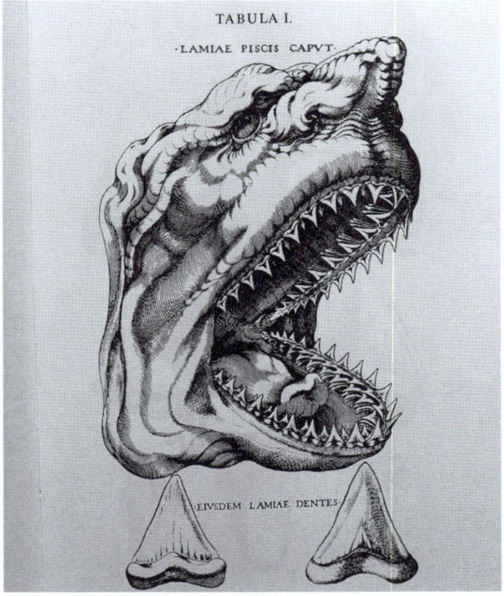

Şekil 24. Canis carchariae dissectum caput'dan (Bir carcharodon kafasının teşrihi) köpekbalığının kafasını ve iki dişini gösteren birinci levha (not 101'e bkz.).

mensup dev bir köpekbalığı[100] (Şekil 24) yakalamalarıyla ciddî olarak başladı.

Bu köpekbalığı doğa harikalarına meraklı olan Toskana Dükü'ne sunuldu. Dük de kadavrayı incelemesi için emrinde çalışan Stensen'e verdi. Stensen özellikle balığın kafasının çok detaylı anatomik bir tasvirini yapmıştır[101]. Bu anatomik tasvirin bir parçası da dev köpekbalığının dişleriydi. Stensen bu dişlerin o zaman kökenleri ekseri insanlarca meçhul olan ve "dil taşları" (*Glossopetræ*) adı altında

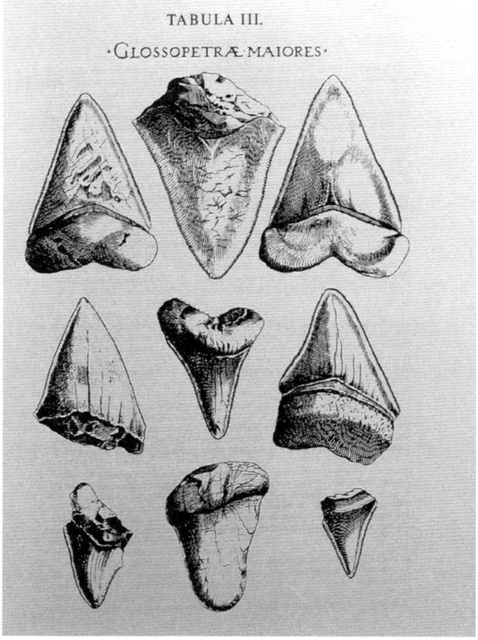

Şekil 25. Canis carchariae dissectum caput'dan (Bir carcharodon kafasının teşrihi) "dil taşlarını" gösteren üçüncü levha. "Dil taşları" ile köpekbalığının dişleri arasındaki benzerliğe dikkat ediniz.

eczanelerde panzehir niyetine satılan taşlara benzediğini hayretle gördü (Şekil 25).

Buradan şu sonuçlar çıkıyordu: 1. Köpekbalığı denizde yaşadığına göre, *glossopetræ*'yi içinde bulunduran kayaç tabakaları bir zamanlar denizin altında olmuş olmalıydı. 2. *Glossopetræ*, yani şimdi taşlaşmış olan köpekbalığı dişleri, sert taşın içine giremeyeceklerine göre, şimdi kendilerini çevreleyen sert taş bir zamanlar yumuşak olmuş olmalıydı. 1 ve 2'nin bir arada düşünülmesinden, şimdi dağlarda tabakaları oluşturan kayaçların bir zamanlar deniz diplerinde çökelmiş çökellerin sertleşmesiyle oluşmuş oldukları sonucu çıkıyordu. Stensen bu sonuçlarını, adım adım ilerleyen bir muhakemeyi dile getirir şekilde ve "iddialar" (*conjecturae*) adı altında şöyle sıraladı[102]:

"İddia 1. Hayvanların çeşitli organlarına benzeyen parçaların içinden çıkarıldığı yerey, bu tür kütleleri bugün oluşturmamaktadır.... [*güncelci yaklaşıma dikkat ediniz!*]

İddia 2. Bu yerey bahsi geçen kütleler içinde oluştukları zaman sert değildi....

İddia 3. Bu yereyin bir zamanlar su ile kaplı olmuş olduğuna ciddî itirazlar yapılamaz....

İddia 4. Bu yereyin geçmişte bir dönem suyla karışmış olduğuna itiraz edilemez....

İddia 5. Bu yereyi suda yavaş yavaş birikmiş bir çökel addetmemize mâni herhangi bir şey göremiyorum....

İddia 6. Hayvan parçalarına benzeyen ve yerden çıkarılmış kütlelerin bir zamanlar gerçek hayvan parçaları oldukları fikrine karşı herhangi bir itiraz yok gibi görünmektedir."

Stensen bu eserinde ilk defa kayaçlar içerisinde korunmuş yapılara ve fosillere dayanarak geçmişte olmuş olayları safhalara ayırarak baştan kurmayı denemişti. Önce "dil taşlarının" ne olduklarını bugünkü karşıtlarına bakarak (yani güncelci bir yaklaşımla) tanımlamış, sonra kaya içinde bulunan bir dil taşının kuramsal tarihini çıkarmıştı. Bunu yapabilmek için hem dil taşlarını hem de kayaçları oluşturan süreçleri tanıması gerekmişti[103]. Zira kayaç içine hapis olmuş bir *glossopetra*da tüm bu süreçlerin bir habercisini buluyordu. Önce bir *glossopetra*nın bir köpekbalığının kalıntısı olması, o *glossopetra*nın bulunduğu yerde eskiden köpekbalıklarının yaşadığını gösteriyordu. *Glossopetra*nın taşın içinde bulunması, köpekbalığı dişinin her nasılsa hayvanın ana gövdesinden ayrılmış olduğunu (hayvan bir şey yerken kırılmış veya ölen bir köpekbalığının kadavrasının dağılması sonucu tabana saçılmış vs.—burada dişin gövdeden ayrılması alt sürecinin belirlenmesindeki belirsizliğe dikkat edin!), bulunduğu ortamda daha sonra taşı oluşturacak çökellerin onun etrafında biriktiğini ve nihayet hepsinin birlikte taşlaşmış olduklarını görüyoruz. Burada çökelme ve sertleşerek taş olma süreçlerinin de Stensen'in güncel benzerlerinden bildiği süreçler olduğunu söylememe gerek yok.

Tüm bu çıkarımlar Danimarkalının büyük dehâsının göstergeleridir. Kendi çağdaşı olan İngiliz Robert Hooke (1635-1703) da fosillerin eskiden yaşamış canlıların kalıntıları olduğu konusunda Stensen ile benzer sonuçlara varmıştı. Fakat Hooke'un geçmişteki bir ortamın canlı ve cansız öğeleriyle Stensen'in yukarıda anlattığı gibi topyekûn baştan kurulması konusundaki düşünceleri henüz pek ilkeldi[104].

Köpekbalığı kafasının teşrihinin yayınlanmasından yalnızca iki yıl sonra Stensen jeolojinin en büyük klâsiklerinden biri olarak addedilen *De Solido intra Solidum Naturaliter Contento Dissertationis Prodromus* (*Katılar İçinde Doğal Olarak Bulunan Katılar Hakkında Bir Teze Medhal*) adlı cismi küçük fakat etkisi büyük olan eserini yayımladı. Adından da kolayca anlaşılabileceği gibi, bu kitap aslında 1667'deki köpekbalığı kafası tasvirinin ve ondan çıkan sonuçların genişletilip genelleştirilmesinden ve Toskana bölgesinin jeolojisine uygulanmasından ibaretti. Stensen burada bugün bir katıyı içeren herhangi bir katının geçmişte mutlaka sıvı olmuş olması gerektiği tezini ortaya attı. Burada kastedilen yalnızca su içinde çökelen katı maddecikler değil, aynı zamanda gene bir sıvıdan kristalleşen kristallerdi. Fakat Stensen tüm taşların kökenini sudan çökelmeye veya kristalleşmeğe bağlıyor, bunların çökelme ortamının dibinde tabakalar halinde birikeceğini söylüyordu. Bu basit gözlemden şu üç önemli ilkeyi çıkardı Stensen: 1. Tüm tabakaların alt ve üst sınırları ufka paralel uzanırlar (öyle değillerse, çökelmeden sonra yer değiştirmiş olmalıdırlar). 2. Üst üste duran tabakalarda, en alttaki ilk çökelmiş olan, yani en yaşlı, en üstteki de en son çökelmiş olan, yani en genç olandır (öyle değilse ilksel çökelme geometrisi çökelme sonrasında herhangi bir şekilde terslenmiş demektir). 3. Tüm tabakaların yatay uzanımı tabakalanma ortamının sınırlarıyla hemsınırdır. Bir başka deyişle, tabakalar içinde çökeldikleri havzanın kenarlarına kadar uzanırlar. Bu basit, basit olduğu kadar da bugün bize âşikâr görünen üç ilke, çökel kayaçlarına bakarak bir yerin geçmişinde olan olayların karakteri ve oluş sırası hakkında bir şeyler söyleyebilmek için yerbilimcinin eline müthiş silâhlar vermiştir. Bunların bizim konumuzla ilgili en önemlisi, daha sonra herhangi bir yamulma, örselenme geçirmemiş bir çökel istifinde en alttaki tabakaların istifin temsil ettiği zaman aralığının en eski dönemlerini, en üsttekilerin de en genç dönemlerini temsil ettiğini bize söyleyen ikincisidir. Çünkü, Şekil 26'da görülen istifteki a tabakalarında bulunan fosillerin f tabakalarında bulunan fosillere nazaran daha önce yaşamış canlılara ait oldukları kesindir. Eğer a canlı grubu (fosil 1 grubu) f canlı grubundan (fosil 5 ve 6 grubu) değişikse bu herhangi bir nedenden ötürü a zamanından f zamanına kadar geçen süre içinde o yerde yaşayan canlılarda bir değişiklik olduğunu gösterir. Bu değişiklik meselâ şu şekillerde açıklanabilir:

1. a zamanından sonra fosil 1 canlılar grubu başka bir yere göçmüştür (Bunu kontrol edebilmek için hemen şu soruları sorarız: a zamanından sonra ne demek? a'dan sonra fakat b'den önce mi, yani tam a/b sınırında mı, yoksa b zamanında mı, yoksa daha sonra mı? Fosil gruplarının sınırlarıyla taş gruplarının sınırlarının çakışmadığına dikkat ediniz. Her hâlükârda bu göçün f zamanından önce olmuş olması gerekir. Dikkat ederseniz burada a, b ... f kayaç katmanlarından sanki zamanlarmış gibi bahsetmeğe başladık: Halbuki a zamanı, b zamanı f zamanı yerine, a tabakasının çökeldiği zaman aralığı, b tabakasının çökeldiği zaman aralığı, f tabakasının çökeldiği zaman aralığı demeliydik. Çünkü, a zamanı, b zamanı deyince insan ister istemez bu zamanları bir anmış gibi düşünmeye eğilimli oluyor. Halbuki a tabakasının çökeldiği zaman aralığı dendiğinde bunun sonlu bir zaman süresini ifade ettiğini anlıyor. Burada apaçık gibi görünen bu farkın, dünyamızın geçmişinin incelenmesini konu edinen jeoloji biliminde ne büyük karışıklıklara yol açtığını ve evrim hakkındaki fikirlerimizin gelişmesini ne denli geciktirdiğini aşağıda göreceğiz. Aynı şekilde I, II, III, IV, V ve VI ile ifâde edilen ve fosillerin yaşama zamanlarına karşılık gelen—fakat onlarla aynı olmayan— taş hacimlerine de sonlu bir zaman atfetmek zorundayız.)

2. I zamanından sonra fosil 1 grubu canlılar tamamen yok olmuşlardır (Neden? Hangi süreç sonucu? Bu sürecin izleri nelerdir?), yerine başka canlılar gelmiştir (Nasıl? Baştan yaratılarak mı? Veya nereden?)

3. I zamanından itibaren fosil 1 grubu canlılar yavaş yavaş değişerek fosil 6 grubu canlılarına dönüşmüşlerdir. (b-e tabakalarında fosil 1 grubu canlılarla fosil 6 grubu canlıların ara tiplerini buluyor muyuz? Yani Şekil 26'da görülen fosiller (1-6)

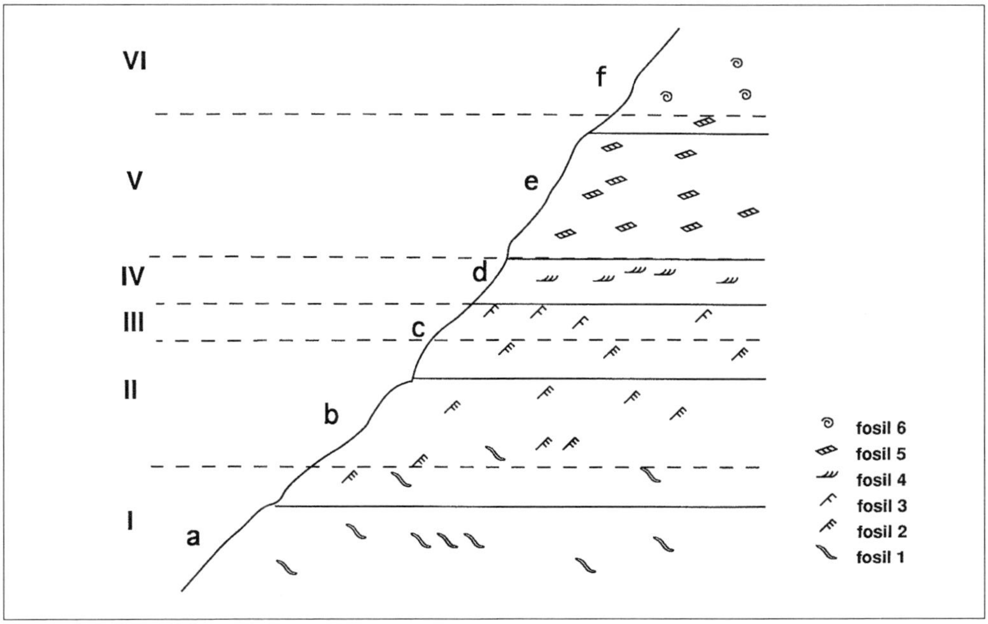

Şekil 26. a'dan f'ye uzanan bir tabakalı çökel kayaçları dizesi. Bu kayaçların içinde 1'den 6'ya kadar 6 değişik canlının fosilleri bulunmuştur. Fosillerin kayaç içindeki dağılımları kabaca I'den VI'ya kadar numaralanmış olan alanlarla belirginleştirilmiştir. Kabaca, fosil 1 grubu I alanını, fosil 2 grubu II alanını ... fosil 6 grubu VI alanını işgal etmektedir. Sınırlardaki küçük taşmalar önemsiz farzedilmektedir. Herhangi bir tabaka=fosil alanı eşitliği mevzubahis olmamakla beraber bu şekilde, kabaca, fosil alanlarıyla kayaç tabakalarının birbirlerine yakın oldukları varsayılmıştır. Hiç kuşkusuz Stensen'in incelediği kesitlerde kabaca böyle bir yakınlık mevcuttu.

tedricen birinden diğerine geçen tiplerden oluşan bir seri midir?).

1. şıkta fosil 1 grubu canlıların nereye göç ettiklerini de sorabiliriz. Bu tür göçler bugün görülmekte midir canlılar âleminde? 2. şıkkın imâ ettiği yok olma ve yaratılma süreçleri bugün görülüp gözlenebilen süreçler midir? 3. şıktaki yavaş değişme olayını bugünkü canlılarda gözleyebiliyor muyuz?

Tüm bu yukarıdaki sorular Stensen'den yüz yıl sonra hem fosiller vasıtasıyla geçmişteki yaşam hem de günümüzdeki yaşam hakkında sorulmaya başlandı. Stensen kayaçlar içindeki fosillere bakarak geçmişin baştan nasıl kurulabileceğinin ilkelerini de Po ovasında bulunan hayvan kemikleri örneğini kullanarak kısaca açıklamıştı: "...tarihin otoritesi, Arezzo'nun tarlalarından kazılarak çıkarılan dev kemiklerin 1900 yılın tahribatına dayandıklarından şüphe edilmesini men etmektedir, çünkü şunlar kesindir:

1. Orada bulunan yük hayvanlarının kafatasları, büyük uyluk kemikleri ve çok uzun kürek kemikleri bu iklimin hayvanlarına ait değildir

2. Hannibal Romalılarla Trasumene Gölünde çarpışmadan önce o tarafa geçmişti.

3. Ordusunda Afrika yük hayvanları ve kule taşıyan dev filler vardı.

4. Fiesole dağlarından aşağı inerken yük hayvanlarının büyük bir kısmı seller yüzünden bataklık alanlarda mahvoldu.

5. Kemiklerin içinden çıkarıldığı yer çevredeki dağlardan sellerin gücüyle yuvarlanmış kaya parçalarıyla dolu tabakalardan oluşuyordu. Dolayısıyla tüm detayların açıkça birbirleriyle gösterdikleri uyuşma, kemiklerin bulunduğu yerin tabiatı, kemiklerin özelliği ve tarihsel kayıtları birbirleriyle karşılaştıran hiç kimseden saklanamaz."[105]

Yukarıdaki alıntıda Stensen kuzey İtalya'da bir kayaç istifi içinde bulunan bazı kemiklerin İtalya'da yaşamayan hayvanlara ait olduğu tespitiyle işe başlıyor. Bu kemiklerin İtalya'ya geçmişte bir kez gelmiş bazı hayvanların yapılarına uyduğunu tarihsel kayıtların söylediği tespitini yapıyor. Sonra, İtalya'ya gelmiş bu hayvanların bazılarının, kemiklerin şimdi bulunduğu yerde meydana gelmiş bir sel âfeti sonucu öldüklerinin kaydını buluyor. Hayvanların kemiklerinin içinde bulunduğu çökelin sellerin çevre dağlardan koparıp getirmiş olabileceği kaya parçalarıyla dolu olduğunu görüyor. Tüm bu uyumlu manzaradan, Steno nihayet *varsayımsal* bir tarihçe kuruyor. Biz bugün Stensen'in varsayımsal yorumunun doğru olmadığını, kemiklerin Hannibal'in ordusunun yük hayvanlarıyla ilgisinin bulunmadığını, bölgedeki zengin bir Pliyosen ve Pleistosen faunasına ait olduklarını biliyoruz[106]. Ama bunu gene Stensen'in burada öğütlediği yöntemi kullanarak öğrendik: Bir değil, bir sürü fosil içeren katman bulduk; bir değil bir sürü sel gösteren çökel tespit ettik; çok çeşitli yerlerdeki bilgilerimizi birleştirerek fil benzeri hayvanların bir tek Hannibal ile değil, ondan çok önce de çok defalar Avrupa'ya gelip gittiğini öğrendik. Fakat Stensen'in prensibi, yani "bugün artık bir yerde yaşamayan hayvanların kalıntılarının orada eskiden çökelmiş bir kayaç içinde bulunması o hayvanların orada o kayacı oluşturan çökeller oluşurken bulunduklarını gösterir" fikri, bizim de tüm jeolojik araştırmalarımızın temelini oluşturur.

Stensen'in çalışması hiç kuşkusuz dünyamızın doğal tarihini araştırmak yolunda yepyeni bir yöntem oluşturmuş, başkalarına da kılavuzluk etmiştir. Stensen'den etkilenen ilk doğa bilimcilerden biri Newton'la hemen hemen aynı zamanda diferansiyel ve entegral hesabı icat ettiğini bildiğimiz evrensel dehâ Gottfried Wilhelm Leibniz'dir (1646-1716: Şekil 27)[107]. Leibniz ya 1674'de İtalya'da veya daha sonra Saksonya'da Stensen'le tanışmış, onun jeolojik fikirlerinden etkilenmiştir.

Şekil 27. Orta Çağ'dan sonra yaşamın evrimi fikrini ilk defa dile getiren evrensel dehâ Gottfried Wilhelm Leibniz (1646-1716).

Leibniz'in jeolojik görüşlerini içeren eseri *Protogaea* (İlkel Dünya) ölümünden ancak 33 yıl sonra L. C. Scheidt tarafından yayımlanmıştır[108]. Ancak jeolojiyle ciddî olarak ilgilenmeye başlamasının esas nedeninin, yazmaya başladığı Hannover hanedanı Guelphler'in tarihini yerkürenin tarihiyle başlatmak arzusu olduğu sanılmaktadır. Her ne hal ise, Leibniz'in yazdığı yer tarihine de temel olarak kendisinin geliştirdiği monad felsefesini aldığı görülmektedir. Bu felsefeye göre kâinattaki her şey diğerleriyle hiçbir ilişkisi bulunmayan ve monad denilen bireylerden oluşur. Monadlar sürekli değiştikçe, onlardan oluşan kâinat da değişir[109]. Leibniz'in kendi yaşamı esnasında yayımlanan kısa özette bir zamanlar suların dünyada her yeri kapladığı, hattâ en yüksek dağları bile örttüğü, sonra yer kabuğunun kırılmasıyla bu suyun bir kısmının yeraltındaki büyük mağaralara çekildiği anlatılmaktadır[110]. Bu yorumunda Leibniz kuşkusuz Stensen'in yanında Descartes'dan da etkilenmiştir[111]. Leibniz'in bu küçük yayınında yaşamın tarihi hakkında hiçbir not yoktur. Leibniz'in ölümünden yıllar sonra yayımlanan kitapta ise, suların çekilmesinin fosilleri oraya buraya dağıttığından bahsedilmesinin ardından şu kelimeler yer almaktadır: "Bazıları keyfî tahminlerde o denli ileri giderler ki, bir zamanlar, okyanusun her şeyi örttüğü dönemlerde, şimdi karada yaşayan hayvanların su hayvanları olmuş olduğuna, daha sonra suyun çekilmesiyle amfibi [=çiftyaşamlı] olduklarına ve zamanla bunların çocuklarının ilk yurtlarına yabancılaşmış olduğuna inanırlar. Ama bu kutsal yazarlara ters düşer ki onlardan ayrılmak günahtır."[112] Leibniz'in—kendi anlattıkları çerçevesinde—akla çok yatkın gelen bu fikri bu açıklıkla dile getirmesi, sonra da tek bir cümle ile dine aykırı olduğu için doğru olamaz diyerek kestirip atması çok gariptir. Eğer Leibniz bu fikri gerçekten zırva bulsaydı bu şekilde sunmazdı. Kaldı ki Leibniz, *Protogaea*'da yer tarihinde meydana gelen büyük değişiklerin, türlerde de değişikliklere yol açmış olduğunu açıkça söylemektedir[113]. Leibniz ayrıca Arthur O. Lovejoy'un önemini vurguladığı[114] ve yakın zamanda François Ellenberger tarafından tekrar okuyucuların dikkatine sunulan ve 1710'da *Miscellanea Berolinensa ad incrementum scientiarum, ex scriptis Societate Regiae Scientiarum*'un, 1. cildinin 118. ve 120. sahifeleri arasında yayımlanan kısa notunda da evrim düşüncesi içeren bu tür fikirlere açıkça destek vermektedir. Hem evrim fikrinin tarihçesi, hem de genel bilim tarihi açısından büyük önemi olduğunu sandığım ve aslında bakırlı arduvazlar (*Kupferschiefer*) içerisinde bulunan fosillerle ilgili bir tezin yazarı olan Christian Maximilian Spener adlı birisine yazılmış bir mektuptan ibaret olup ve orijinali Lâtince olarak yayımlanmış bulunan bu notun[115], Ellenberger'nin Fransızca tercümesinden yaptığım Türkçe tercümesini aşağıda veriyorum:

"O! Ünlü ve itibarlı kişi! Harikulade fosil timsahın için seni kutlarım ve teşviklerim sonucu yazdığın eserini bitirdiğin için mutluluğumu ifade etmek isterim. Kesin bir bilgi olmadığından ben hâlâ aynı fikirdeyim; yani metalin ifadesi art arda gelişir, bir diğer ifadeyle ritmik bir şekilde. Ben düşüncemi daha uzunca bir şekilde uzun yıllar önce yazdığım ve hâlâ yayınlanmamış, *Doğanın Kendi Anıtlarından En Eski Tarihçenin İzleri Hakkında* olan eserimde ifade etmiştim[[116]]. Bu arada, *Acta Lipsiae*'de yayımlanan Protogaea adlı bir denememde de küçük bir özet sunmuştum.

Eisleben'dekiler gibi bir gölün varlığı ve orada bulunan balıklar hakkında bazı tahminler öne sürmüştüm. Bunlar her açıdan sana tatminkâr gözükmeseler bile topunun birden reddedilmemesi gerektiğini düşünüyorum. Harz Dağları'nın eteğindeki Osterode'de (ve bildiğim kadarıyla başka yerlerde de) olduğu gibi balıkların yüzen bir dayk içerisinde[117], yani yataya yakın bir şekilde, bulunmuş olmaları, bunların eskiden de yatay bir yüzey şeklinde olduklarını, yani herhangi bir gölde olmuş olmaları gerektiğini gösteriyor.

Buradan şuraya gidiyorum: Pek çoğu Nuh'un Tufanından sonra idiyse, bazı diğerleri de ondan önceydi. Pek çok şey, Kutsal Kitap'la da uyumlu olarak, bize insanın ortaya çıkışından önce yerkürenin sular altında olduğunu gösteriyor. Bundan sonra Tanrı, sulara karalardan çekilmelerini emretmişti. Daha önce, ışık karanlıktan ayrılana kadar, ateş egemendi. Daha sonra bugün düşünülemeyen kadar büyük değişiklikler oldu.

Bu bilinmeyen dünyanın kalıntılarını, bulduğumuz hayvanlarının su hayvanları mı veya en azından çift yaşamlı mı olduklarının araştırılmağa değer olduğu kanısındayım. Bunları görerek, bilhassa denizel veya çiftyaşamlı olanlardan bazılarının, sular kendilerini tamamen terk ettikten sonra, karasal hayvanlara dönüştüklerini ve nihayet suda yaşamalarının imkânsız hale gelmiş olduğunu düşünebiliriz.

Ben kendim merhum Cl. Tenzel'e uzun yıllar önce Guelfebitum yakınlarındaki bir taş ocağında bulunmuş bir hayvanın kalıntılarını ve bilhassa filinkine çok benzeyen fakat gene de ondan farklı olan dişli bir çene kemiğini göstermiştim. Bunun karasal mı yoksa suda yaşayan bir hayvan mı olduğu konusunda bir yargıya varmayacağım. Karasal hayvanların uzak sahiller üzerinde, çatlaklar içine akan suların gücüyle buralara taşınabileceklerini ve bu suretle yer içindeki boşluklara ulaşabileceklerini de reddetmeyeceğim. Lukianos'un Hierapolis'deki mağaralardan anlattığı gibi[118].

Fakat bundan da ötede, ben çok eskilerde, ülkelerimizde yaşamış bazı karasal hayvanların nesillerinin tükenmiş olduğu kanısındayım. Bu belki iklimin değişmesinden, belki de başka nedenlerden ötürü olmuş olabilir. Çok eskiden olmuş bu olayların üzerindeki karanlık perdesini aralayarak nedenlerini tahmin etmek çok güç.

Bu arada şöhretli Scheuchzer'imizin[119] gözlemleri ne kadar sevindirici, Doğa gerçekleri hakkında ne kadar değerli: Gözlemleri, taş üzerindeki bitki şekillerinin gerçek bitkilerin detaylarını o denli yakından izlediğini gösteriyor ki, bunların gerçek bitki izleri olduğundan şüphe etmek çok zor. Cl. Heinius bizlere komple bir *Yeraltı Botaniği* vaat ediyor ve Hint Adaları'nın bitkilerini Saksonya madenlerinde buluyor. Gerçi onun ileri sürdüğü pek çok zekice muhakemeye göre bunların temelde 'doğanın oyunları' denilen şeylerden başka bir şey olup olmadığı tartışılmalıdır. Fakat diğer bir açıdan, bu derece mükemmel bir benzerlik beni başka türlü düşünmemiz gerektiğine ikna ediyor. Selâm!"

Bilebildiğim kadarıyla, semâvi dinlerle evrim düşüncesinin ilk defa Leibniz'in *Protogaea*'da yayımlanan ve yukarıdaki mektuptan önce alıntıladığım cümlelerinde çatıştıkları görülüyor. Leibniz, meselâ Aziz Augustinus'un yukarıda bahsettiğimiz "evrimci" düşüncelerine atıf yaparak Anaksimandros'un fikirlerini destekleyemez miydi? Kanımca bu çok zor olurdu, çünkü, Aziz Augustinus yalnızca kökü Âdem'e dayanmak şartıyla her türlü evrimi kabul eder görünüyordu. Fakat Anaksimandros açıkça insanın hayvandan çıktığını söylediği için doğrudan *Tekvin*'in metniyle çelişiyordu. Zaten aşağıda da göreceğimiz gibi, evrim teorisinin dinle arasındaki en önemli sorun evrimin olup olmamış olması değil, insanın yaratılışı sorunudur. 19. yüzyılda bile Charles Lyell gibi büyük bir doğa bilimci insanın da evrim sonucu ortaya çıktığını kabullenmekte çok zorlanmıştır. Denir ki, Darwin'in *Türlerin Kökeni*'nin büyük başarısının nedenlerinden biri, içinde insanın kökenine—akıllıca bir strateji sonucu—hiç değinilmemiş olmasıdır.

İlk bilimsel doğa tarihi: Buffon ve evrim fikri

Leibniz'in *Protogaea*'sının kitap halinde yayımlandığı yıl aynı zamanda tüm bilim tarihinin en büyük doğa bilimi eserlerinden birinin, Buffon'un sonunda 44 cilde ulaşan dev eseri *Histoire Naturelle*'in yayımlanmağa başladığı yıldır.

Montesqieu, Voltaire ve Rousseau ile birlikte Aydınlanma Çağı'nın dört büyük ışığından biri addedilen George Louis Le Clerk Comte de Buffon (1707-1788: Şekil 28)[120] , doğa tarihi terimini en geniş anlamıyla alarak, on sekizinci yüzyılın belki de en çok okunan kitaplarından biri olan muazzam eserinde güneş sisteminin doğuşundan, dünyanın yapısına ve gelişmesine, oradan da dünya üzerinde bulunan tüm cansız ve canlı varlıkların detaylı ve karşılaştırmalı bir tasvirine kadar uzanan zengin bir manzara sunmuştur okurlarına (Şekil 29).

Şekil 28. Akıl Çağı'nın yaratıcılarından George Louis Le Clerk Comte de Buffon (1707-1788) bu dönemin en yaygın okunan, en büyük ve en etkili eseri, 44 ciltlik Histoire Naturelle'i yaratarak Cuvier, Lamarck ve Darwin gibi büyük biyologlara yol göstermiştir. Zamanının bir gravüründen.

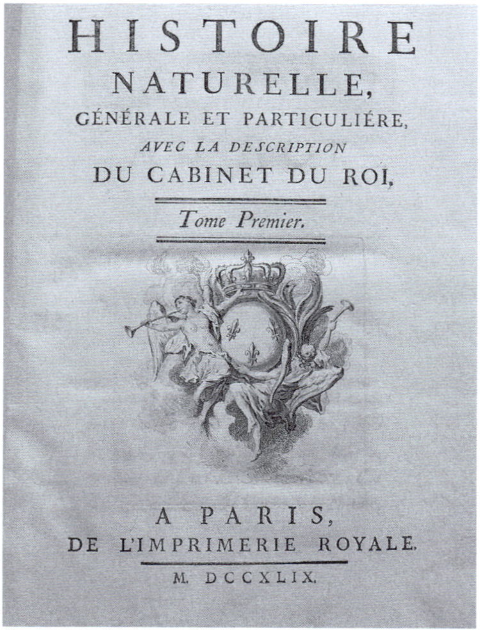

Şekil 29. Histoire Naturelle'in birinci cildinin ilk baskısının serlevhası (1749).

Buffon, yalnız iyi bir bilimci olmakla kalmıyordu. Başarılı bir iş adamı, insan ilişkilerini kendi arzuları yönünde çok ustalıklı kullanan yüksek rütbeli bir devlet memuru ve hiç kuşkusuz çağının en mahir kalemlerinden biriydi. Bu nedenle tüm Avrupa ve Amerika'da geniş bir okuyucu kitlesine ulaşan eseri Paris'te Kraliyet Matbaası'nda basılmıştı. Bu, Buffon'un sırtından basım masraflarını aldığı gibi, eseri de kilisenin sansüründen kurtarıyordu. Bu nedenle Buffon kitabında yer yer Hristiyanlığın en temel doktrinleriyle çelişen ifâdelere yer vermekten çekinmemiştir.

Buffon, hayvanların dünya yüzünde, yalnız türlerin bolluğuna yansıyan bir zenginlikle değil, aynı zamanda türler içinde görülen çeşitlilikle de ifâde edilen büyük bir değişkenlik gösterdiklerini gözlemişti. Değişik kıt'alarda değişik hayvan grupları vardı. Örneğin, Güney Amerika'nın hayvan topluluğunun diğer kıt'alarınkinden farklı ve tamamen yerli olduğunu ilk kez Buffon fark etmişti. Bu değişikliklerin kökenini izlemek amacıyla 1756'da Buffon her yabanî hayvan türü için bir "ana vatan" (*patrie d'origine*) saptamağa çalıştı. Bu fikir daha sonra göreceğimiz gibi "yaradılış merkezleri" (*centres de création*) şekline dönüştü. Böylece Buffon, *Kutsal Kitap*'ta dile gelen her canlının tek bir merkezden (yani Cennetten) yaratılarak yayıldığı fikriyle ters düşmüş oluyordu. Halbuki kendinden önce gelen doğa bilimcilerin bu konudaki fikirleri *Kutsal Kitap*'la uyum içindeydi—ama bunların hiçbiri canlılar âlemine Buffon'un baktığı detay ve çerçevede bakmamışlardı. Örneğin, Leibniz hem *Protogaea*'da, hem de daha önce lengüistik (=dilbilim) üzerine yaptığı çalışmalarında İskit ülkesini (Güney Rusya) *vagina populorum*, yani tüm halkların çıktığı yer olarak ilân etmişti[121]. Daha sonra çift isimli (binomial) sınıflamanın babası olan büyük İsveçli doğa bilimci Carl von Linné[122] tüm canlıların cennette yaratılmış olduklarını (çünkü Âdem her birine tek tek isim vermişti), bunların hepsini (ve dolayısıyla iklimleri) barındırabilmesi için Cennet'in ekvatordan çok uzak olmayan yüksek bir dağ olması lâzım geldiğini, bu dağı Tufan'ın sularının örtmediğini ve Tufan'dan sonra insanlar dahil tüm canlıların bu merkezden yeryüzüne dağıldıklarını iddia etmişti[123]. Bu iddiası tam yirmi yıl sonra doktora öğrencisi Alexander de Karamyschew tarafından ele alınmış ve Rusya'nın Asya'daki topraklarının güney kesimleri (yani Orta Asya) Cennetin eskiden bulunmuş olması lâzım gelen yer olarak öne sürülmüştü[124].

Bu Cennet merkezli yaradılış kuramları onsekizinci yüzyılda çok popülerdiler. Örneğin büyük Sinolog ve doğu bilimci Joseph de Guignes (1721-1800), Türklerin tarihi hakkında yazdığı büyük eserinde, Anadolu'dan İran, Afganistan ve Pakistan üzerinden Himalaya'ya uzanan büyük dağ sistemini "Tufan Dağı" olarak kabul ediyor, İranlıların, Hintlilerin ve Çinlilerin bu dağdan güneye, Türklerin de kuzeye dağıldıklarını söylüyordu[125]. Rus tarihinin aydınlanmasına önemli katkılar yapan Alman tarihçi August Ludwig Schlözer (1735-1809) *Rus Vakayinameleri* (*Probe Russischer Annalen*) adlı eserinin ikinci kısmında Rusya'dan aynen Leibniz gibi *vaginae gentium & officinæ nationum* (insanların kaynağı ve ulusların yapıcısı) olarak bahsediyordu[126].

Buffon ise bu tür düşüncelere yabancıydı. Bugün hayvanlar âleminde gördüğü türler arası çeşitlilik ve türler içi değişkenlik Buffon'a bunların yakın bir zaman önce tek bir merkezden ziyade belirli merkezlerden dağılma ile meydana geldikleri fikrini ilham etmişti[127]. Bu yaratılış merkezlerinden uzaklaşıldıkça iklimin ve besinin değişmesi sonucu hayvanlarda belirli bir *dejenerasyon* görülüyordu[128]. Buffon bu dejenerasyon sonucunda her bir tür içerisinde belirli farklılıklar arz eden birey gruplarının, ırkların teşekkül ettiği görüşünü savunuyordu.

Buffon'un bu görüşlerinin temeli iki ana fikre dayanır. Bunlardan biri tâ 1555'de Pierre Belon'un (1517-1564) Paris'te yayımladığı *Histoire de la Nature des Oyseaux* (*Kuşların Doğa Tarihi*)'dan beri biyolojik kavramlar arasında bulunan *ilkel desen*

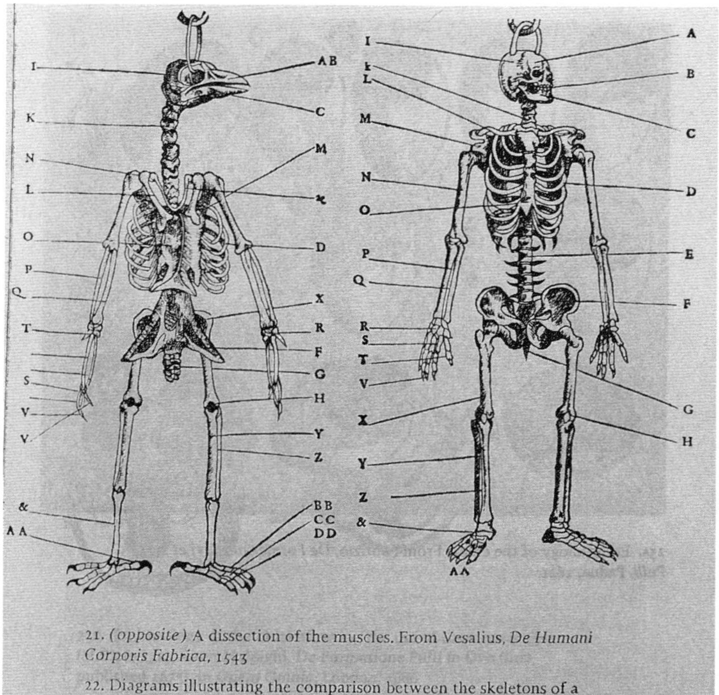

Şekil 30.1555'de Pierre Belon'un (1517-1564)[251] Paris'te yayımladığı Histoire de la Nature des Oyseaux 'dan kuş ve insan iskeletlerinin karşılaştırılması. Her iki iskelete de benzer bir duruş verildiğine ve her iki iskelette de birbirlerine karşılık geldiği düşünülen kemiklerin aynı harflerle gösterildiğine dikkat ediniz. Bu tür gözlemler on altıncı yüzyıldan itibaren canlılarda bir ilkel desenin bulunduğu yolunda fikirlerin gelişmesine neden olmuştur.
Crombie'nin 54. nottaki kitabının 22. şeklinden.

(*dessein primitif*) kavramı[129] (Şekil 30) ve Buffon'un üreme kuramıdır[130].

Bu iki kuramda varsayılanlar belirli bir ilkel tipten her nesilde giderek artan değişikliklerin olabilmesini mümkün kılmıştır. *İlkel desen* fikri, birbirine hiç benzemedikleri sanılan örneğin kuş ve insan gibi iki canlının yapısına bakıldığında, bunların birbirinden âdeta ortak bir desenin muhtelif öğelerinin değişikliğe uğramasıyla giderek uzaklaşmış ikincil desenler olduğu düşüncesini içerir. Bu uzaklaşmanın nasıl olabileceğini de Buffon'un üreme teorisi ışığında anlayabiliyoruz. Buffon, modern genetik biliminin babası sayılabilecek olan Pierre Louis Moreau de Maupertuis'in (1698-1759) 1751 yılında yayımlanmış olan *Doğanın Sistemi* (*Système de la Nature*) adlı kitabında tanıttığı ve embriyoyu oluşturduğunu düşündüğü canlı parçacıklar fikrini[131] izleyerek, nasıl cansız maddenin temel yapıtaşları atomlar ve moleküllerse[132], canlıların da organik moleküller (*molécules organiques*) olduğuna inanıyordu. Bu moleküller bir canlının ölmesiyle ortalığa saçılıyor, çeşitli yollarla (bu yolların tamamına Buffon *intussuseption*[133] adını vermişti) diğer canlıların içine girerek bunların büyümesine yardımcı oluyorlardı. Ancak büyümesi duran—yani ergenliğe erişen—canlılarda organik molekül fazlalığı başlıyor, bunlar da belirli yerlerde toplanarak sperm hayvancıklarını oluşturuyorlardı. Bu nedenle ancak ergenliğe erişmiş hayvanlar çoğalma yeteneğini kazanabiliyorlardı. Erkek ve dişi çiftleştikleri zaman dişi içerisinde erkeğin ve dişinin organik molekülleri organize oluyor, örneğin başlardan gelen moleküller yavrunun başını oluşturmak üzere bir araya geliyor, kollardan gelen moleküller kolları yapmak üzere toplanıyorlardı. Yavrunun cinsiyetini ise molekülleri daha bol olan ebeveynin cinsiyeti tayin ediyordu.

Moleküller nereye gideceklerini nasıl biliyorlardı? Bunun için Buffon "iç kalıp" (*moule intérieur*) adını verdiği bir varsayım geliştirmişti. İç kalıp fikri bir hayvanı oluşturan maddelerin nasıl organize edilmesi gerektiğinin doğada var olduğu tasavvur edilen bir plânından ibaretti. On sekizinci yüzyılda dile geldiğinde âdeta sihirli bir güç gibi görülen iç kalıp varsayımı, bugün bizim genetik program dediğimiz fikrin yerine Buffon'un mikrobiyolojinin gelişmesinden önce geliştirdiği bir kavramdır (Buffon, iç kalıp fikrinin yerçekimi gücü varsayımı gibi bir bilimsel varsayım olduğunu söylüyordu).

Doğaldır ki içinde milyonlarca organik molekülün yer aldığı bu karmaşık üreme mekanizması birbirinin tıpatıp aynısı canlılar üretemeyecek kadar belirsizlikler içeren bir olaylar zincirinden oluşuyordu. Bu nedenle Buffon, tür kavramının von Linné'nin yazılarındaki "birbirinin aynısı olan canlılar ailesi" gibi gerçekçi olamayacak kadar şematik bir şekilde tanımlanmasına karşı çıktı ve türü "kendi aralarında verimli döl üretebilen bireylerin oluştuğu topluluk" olarak yorumladı (aşağıdaki alıntıya bkz.). Buffon aynı zamanda Linné'nin, son derece sun'i bulduğu sınıflamasını eleştirirken canlılar âlemindeki doğal grupların yalnızca türlerden ibaret olduğunu, bunun üzerindeki aile, şube, vb. kategorilerin tamamen biyologun kafasında oluşturduğu yapay topluluklar olduğunu savunuyordu.

Peki, türlerin kökeni neydi? Buffon bunun en açık cevabını *Histoire Naturelle*'in 1753'de yayımlanan 4. cildindeki eşek ile ilgili bölümün girişinde vermiştir:

"Bu hayvanı dikkatli gözlerle ve çok detaylı olarak incelediğimiz zaman bile yalnızca dejenere olmuş bir at olarak görünür: Beyinde, akciğerlerde, midede, bağırsaklarda, kalpte, karaciğerde, diğer iç organların düzeninde görülen mükemmel benzerlikle, gövdede, butlarda, ayaklarda ve tüm iskelette görülen büyük benzerlik bu fikri desteklemektedir. Bu iki hayvan arasında bulunan ufak farklar, iklimin çok eski etkilerine, besine ve giderek dejenerasyonları artan yarı dejenere küçük yabanî at nesillerinin birbirlerini tesadüfî bir şekilde izlemiş olmasına bağlanabilir. Bunlar nihayet olabilecekleri kadar dejenere olurlar ve bizim gözlerimize yeni ve sabit bir tür olarak görünürler; veya birbirine benzerlikleri artmış, hepsi aynı şekilde bozulmuş ve attan değişik bir tür olarak görülebilecek kadar farklılaşmış bireyler olarak. Bu fikri destekleyen bir şey, atların kendi aralarında tüylerinin rengi açısından eşeklerden daha çok değişiklik göstermeleridir. Demek ki atlar daha eskiden evcilleştirilmişlerdir, çünkü tüm evcil hayvanların rengi aynı türün yabanîsine nazaran daha çok değişiklik gösterir. Gezginlerin anlattığı vahşî atların çoğu küçük yapılıdır ve eşeklerdeki gibi tüyleri gri, kuyrukları çıplak ve ucu dik olur. Sırtlarında siyah bir hat ve eşeklerinkine yaklaşan bazı diğer özellikleri olan vahşî, hattâ evcil atlar bile vardır. Diğer taraftan, bu iki hayvanın yapısının sonucu olan huy, tabiat, alışkanlık farklılıkları ve bilhassa ikisini kararak ortak bir tür, veya dölü verimli olacak melez bir tür üretmenin olanaksızlığı ve hele eşeğin attan yapısının minyonluğu, kafasının büyüklüğü, kulaklarının uzunluğu, derisinin kalınlığı, kuyruğunun çıplaklığı, kalçasının şekli ve kalça civarındaki kısımların boyutları, sesi, iştahı ve içme şekli ile ayrılamayacağı düşünülürse, bu her iki hayvanın da biri en azından diğeri kadar eski ve baştan beri birbirinden bugünkü kadar farklı iki türe ait oldukları görülür. Şimdi, at ve eşek ortak bir kökten mi gelmişlerdir? Terminolojimizin dediği gibi, aynı aileye mi aittirler? Veya bu böyle olmayıp baştan beri iki değişik hayvan mıydılar?

Doğa bilimcilerin genelliğini, zorluğunu, sonuçlarını gayet iyi bildikleri ve birbirlerine herhangi başka bir varlıktan daha yakın olan varlıkların meydana gelmesi konusuna değindiği için ilk defa bu makalede ele almak zorunda olduğumuza inandığımız bu soru, doğaya yeni bir bakış açısı sağlayabileceğinden açıklığa kavuşturulmalıdır. Eğer evreni dolduran tüm canlıların sunduğu muazzam çeşitlilik içinde biz, bilgimize temel olmak üzere bir hayvan veya hattâ insan vücudunu seçersek ve bunu karşılaştırma yoluyla diğer canlı varlıklarla ilişkilendirirsek, tüm canlıların tek tek mevcut olmalarına ve dereceli farklılıklarla sonsuz değişkenlik göstermelerine karşın, pek çok detaylarına kadar izleyebileceğimiz genel ve ilksel bir desenin bulunduğunu ve bunda olacak bozuklukların bireylerde görülen bozukluklardan çok daha az olduğunu görürüz. Çünkü, tüm hayvanlarda görülen ve onlarsız hayvanın hayvan olamayacağı, ne yaşayabileceği ne de üreyebileceği, sindirim, dolaşım ve üreme organlarını bir yana bıraksak bile, dış görünümün değişikliklerine en çok katkı yapan kısımlarda dahî bütünün kendisine dayanılarak tasarlandığı bir plânın varlığına inanmamızı gerektiren muazzam bir benzerlik vardır. Örneğin, ilk bakışta bir insanın gövdesinden son derece farklı gözüken at gövdesi bile detaylı ve parça parça bir karşılaştırma yapıldığı zaman arada bizi şaşırtacak bir farkın bulunması yerine, benzerliğin neredeyse tam olmasıyla bizi hayrete düşürür: İnsan iskeletini alın, kalça kemiğini yatırın, uyluk, bacak ve kol kemiklerini kısaltın, ayak ve el kemiklerini uzatın, parmak kemiklerini birbirine kaynatın, cephe kemiğini kısaltmak şartıyla çeneyi uzatın ve en son da omurgayı uzatın. Bu iskelet bir insanın kalıntısı olmaktan çıkacak ve bir atın iskeleti olacaktır. Fakat bu ilişkileri daha da şumûllendirmek için hayvanın şekli için mutlak gerekli bazı kısımlar ayrı ayrı ele alınır. Örneğin, kaburgalar tüm dört ayaklılarda, kuşlarda, balıklarda görülür, izleri kaplumbağalarda kabuğun altında oluklar halinde resmedilmiştir. Daubenton'un dediği gibi, bir atın ayağı bir insan elinden görünüşte ne kadar farklıdır; fakat aynı kemiklerden yapılmıştır ve biz her parmağımızın ucunda atın ayağının ucunu oluşturan toynağı yapan aynı kemikçiğe (*osselet*) sahibiz. Böylece bu saklı benzerliğin görünür farklılıklardan daha harika olup olmadığı akla gelir. İnsandan dört ayaklılara, dört ayaklılardan balinalar gibi deniz memelilerine, onlardan kuşlara, kuşlardan sürüngenlere, sürüngenlerden balıklara izlenen ve içinde kalp, bağırsaklar, omurga, duyular gibi temel parçaların her zaman bulunduğu bu sabit uyum ve desen, hayvanları yaratırken Yüce Varlığın yalnızca bir fikir kullanmak istediğini, ama bunu akla gelebilecek her şekilde başkalaşımlara uğrattığını düşündürüyor. İnsan hem işin ihtişamına hem de plânın basitliğine hayran oluyor.

Bu açıdan bakıldığında sadece eşek ve at değil, hattâ insan, maymun, dört ayaklılar ve tüm hayvanlar aynı ailenin üyeleri sayılabilirler. Fakat Tanrı'nın tek başına tasarlayıp yoktan var ettiği bu büyük ve kalabalık ailede Doğa tarafından ayrılmış ve zamanın oluşturduğu, at ve eşek gibi yalnızca iki üyeden oluşan veya sansarlar, zerdevalar, dağ gelincikleri ve taş zerdevaları gibi daha çok üyeden meydana gelen diğer küçük ailelerin varlığı kabul edilmemeli midir? Bitkilerde bile on, yirmi, otuz üyeden oluşan aileler yok mudur? Eğer bu aileler gerçekten var iseler, bunlar yalnızca ilksel türlerin karışımı, birbirini izleyen değişimleri ve dejenerasyonları sonucu oluşmuşlardır. Bir kez de hayvanlarda ve bitkilerde ailelerin varlığı kabul edildi mi, eşek at ailesinin, attan sadece dejenerasyon yoluyla ayrılmış bir üyesi olarak görüldü mü, maymunun da insan ailesinin bir üyesi olduğu söylenebilir: Maymun dejenere olmuş bir insandır. Maymunla insanın da at ve eşek gibi ortak bir kökenleri vardır. Hem hayvanlarda hem de bitkilerde her ailenin tek bir kaynağı vardır. Hattâ tüm hayvanlar zaman içinde dejenerasyon veya gelişme yoluyla diğer tüm hayvan ırklarını üretmiş olan tek bir hayvandan türemişlerdir.

Hayvanlar ve bitkiler için en yüzeysel şekilde bile olsa, aileler saptayan doğa bilimciler bunun bizi nereye götürebileceğinin farkına varmamış gibidirler; bu, ilk yaradılışı istenilen kadar sınırlı sayıda bireye indirgeyebilir, çünkü bir kez bu aileler geçerli nedenlere dayanılarak saptanırsa, bitkilerde de hayvanlarda da, birkaç demiyorum, tek bir tür, dejenerasyon yoluyla diğerlerini türetebilir. O zaman eşeğin yalnızca dejenere olmuş bir at olduğu doğru olur, Doğanın gücüne sınır konamaz ve tüm canlıların zaman içinde tek bir canlıdan türediklerini varsaymak yanlış olmaz.

Fakat, hayır! Muhakkak ki tüm hayvanlar yaradılışın faziletinin parçalarıdır. Her türün ilk iki üyesi tam oluşmuş olarak Yaratan'ın elinden çıkmışlardır ve bize torunları bugün nasıl görünüyorlarsa o zaman da aşağı yukarı öyle olduklarına inanılmalıdır. Üstelik, Doğaya baktığımızda, Aristo'nun zamanından bizimkine kadar yeni türlerin oluşmuş olduklarını, maddenin parçalarını taşıyan, parçalayan ve dağıtan hızlı harekete, geçmiş yirmi yüzyıl içerisinde olmuş olması gereken sonsuz sayıda birleşimlere, uzak veya yakın hayvan türlerinin hep verimsiz döl üreten ve bu yüzden yeni türlere kök olamayacak tesâdüfi veya zecrî çiftleşmelerine rağmen görmüyoruz. Diğer bazı hayvanlar arasında at ile eşek arasındaki benzerlikten daha fazla olabilecek bir dış veya iç benzerlik, dolayısıyla bizleri bunları bir aile içine sıkıştırmaya, hele bunlara ortak bir köken varsaymaya itmemelidir. Çünkü aynı aileden olsalar, aynı kökten gelseler, insan bunları tekrar yaklaştırarak zamanın yaptığını geriye çevirebilir.

Şu da göz önüne alınmalıdır ki, her ne kadar Doğa genellikle göze görülmeyen nüanslar ve derecelerle iş yaparsa da bu derecelerin veya nüansların aralıklarının hepsi birbirlerine eşit değildir, hattâ böyle bir eşitlikten çok uzaktırlar. Bir tür ne kadar büyükse o denli enderdir ve üyeleri arasındaki nüans aralıkları o denli büyüktür. Tersine küçük boylu türler çok kalabalıktır ve birbirlerine çok yakındır. Öyle ki, onların bir aileye ait olduğunu sanırız; bizi çoklukları ve hafızamızda tutmak zorunda olduğumuz aralarındaki küçük farklılıklarla bezdirir ve yorarlar. Fakat unutmamalıyız ki, bu aileler bizim uydurmalarımızdır. Onları sadece hafızamızın yükünü hafifletmek için uydurmuşuzdur. Eğer bütün varlıkların gerçek sırasını anlamıyorsak, bu, sözde aileleri değil yalnızca bireyleri tanıyan Doğadan ziyade kendi kabahatimizdir.

Birey tek başınadır, soyutlanmıştır, ayrıktır ve onlara benzese de onlardan farklı olsa da diğer varlıklarla hiçbir ortak tarafı yoktur. Dünyanın yüzünde birbirine benzeyen tüm bireyler bu bireyin türünün üyeleri addedilirler. Fakat bir türü oluşturan, birbirine benzer bireylerin ne sayısı ne de topluluğudur. Türü oluşturan sabit bir silsile ve bireylerin kesintisiz yenilenmesidir. Sonsuza kadar kalacak bir birey bir türe ait değildir. Sonsuza kadar kalabilecek birbirine benzeyen bir milyon varlığın topluluğu da bir tür değildir. Dolayısıyla tür kelimesi soyut ve geneldir ve yalnızca Doğayı zamanın akışı içinde ve varlıkların sürekli tahribatı ve yenilenmesi çerçevesinde düşündüğümüz sürece vardır. Günümüzün Doğasını diğer zamanlardaki Doğa ile ve güncel bireyleri geçmişin bireyleriyle karşılaştırarak tür dediğimiz şey hakkında açık bir fikir sahibi olabiliriz. Bireylerin sayısı veya benzerlikleri her zaman yalnızca yardımcı fikirlerdir ve her zaman birinciden bağımsızdırlar. Çünkü bir eşek bir ata, bir kanişin bir tazıya benzediğinden daha çok benzer, fakat tazıyla kaniş bir türdürler, zira kendileri gibi diğerlerini dünyaya getirecek bireyler üretebilirler. Atla eşekse kesinlikle bir tür değillerdir zira birlikte sadece bozulmuş ve verimsiz bireyler üretebilirler.

Dolayısıyla türlerin karakteristik farklılığında Doğanın nüanslarının aralıkları en çok hissedilir ve en belirgindir. Denebilir ki türler arasındaki aralıklar en eşit ve hepsinin en az değişken olanıdır, çünkü insan iki tür arasından her zaman onları ayıran bir çizgi çekebilir, yani kendi kendini çoğaltabilen fakat birbiriyle karışamayan iki grup arasından. Benzer şekilde, karıştıkları zaman verimli bir şekilde üreyebilen bireyleri bir tür içinde toplayabilir. Bu doğa tarihinde sahip olduğumuz en kesin noktadır. Varlıkların karşılaştırmasında kullanılabilecek diğer tüm benzerlikler veya farklılıklar ne sabittir, ne gerçektir, ne kesindir. Bu aralıklar da eserimizde bulunabilecek tek ayırım hatlarıdır."

Yukarıdaki metin, yorumu kolay olmayan bir metindir. Buffon cidden türlerin birbirinden türediğine inanmıyor muydu, yoksa bunu Sorbonne'un ilâhiyat fakültesi ile çatışmaktan çekindiği için mi böyle yazmıştı? Buffon'un tüm eserlerinin ve bilhassa *Histoire Naturelle*'in İnsan, At ve Eşek maddelerinde yazdıklarının incelenmesi, beni büyük doğa bilimcinin türlerin birbirlerinden türediklerine gerçekten inanmadığı konusunda ikna etmiştir. Bunun nedenleri şunlardır: 1) Buffon, tür içi değişikliklerin türler arası değişikliklerden fazla olduğu kanısındaydı. Atların tüylerinin renk çeşitlilikleri hakkında söyledikleri bunun bir örneğidir. 2) Aristo'dan bu yana herhangi bir yeni türün ortaya çıkmamış olduğuna emindi[134]. 3) Türler arası çiftleşmelerin döllerinin kısırlığı Buffon'da başkalaşımın ancak tür içinde mümkün olacağı inancını uyandırmıştı. 4) Eğer eşek atın dejenerasyonu ile türemişse, at ile eşek arasındaki geçiş türlerini şimdi veya fosil olarak görmeliydik. Buffon bunların olmadığı kanaatindeydi (Buffon Orta Asya ve Tibet'in detaylı keşfini göremedi. Görseydi, buralarda olmadığını sandığı *Equus przschewalskii* veya yirminci yüzyılın sonunda Çin'de Qinghai'da keşfedilen ufak vahşi atlar gibi ara tiplerin olduğunu öğrenecekti).

Bu şekilde on sekizinci yüzyılın büyük doğa bilimcisi, türlerin yaradılışın ilk gününden beri var olan birlikler olduğu kanısına varmıştı. 1753 yılında kaleme alınmış yukarıdaki ifadelerinde türleri Tanrı'nın yarattığını söyleyen Buffon, 1778 yılında yayımlanan ve *Doğanın Çağları* (*Les Épochs de la Nature*) alt başlığı ile meşhur olan *Histoire Naturelle*'in 5. ek cildinde (Şekil 31), canlıların cansız maddeden kimyasal sentez yoluyla organik moleküllerin ortaya çıkması sonucunda oluştuğunu yazmıştı (bu fikri daha sonra Lamarck'ı etkilemiştir).

İnsan sanır ki bu moleküller yavaş yavaş birleşerek önce basit canlıları oluşturmuş olsunlar, daha sonra daha karmaşık canlılar meydana gelsin. Ama bu görüş tabiî ki evrim kuramının egemen olduğu bir görüştür. Buffon ise evrimi

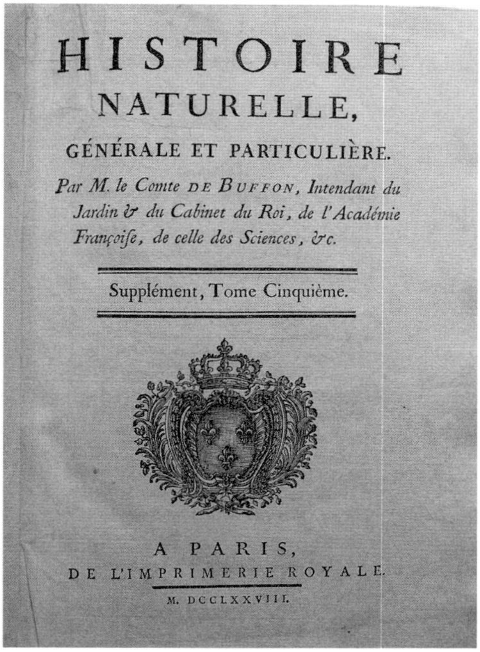
HISTOIRE
NATURELLE,
GÉNÉRALE ET PARTICULIÈRE.
Par M. le Comte DE BUFFON, *Intendant du Jardin & du Cabinet du Roi, de l'Académie Françoise, de celle des Sciences, &c.*

Supplément, Tome Cinquième.

A PARIS,
DE L'IMPRIMERIE ROYALE.
M. DCCLXXVIII.

Şekil 31.Histoire Naturelle'in 1778'de yayınlanan 5. ek cildi: Les Épochs de la Nature. Bu ciltte yayımlanan fikirler hem Lamarck'ı hem de Cuvier'yi derinden etkileyerek on dokuzuncu yüzyılda zoolojinin ve zoocoğrafyanın gelişimine yön vermiştir. Bu cilt,aynı zamanda Buffon'un başını nihayet Sorbonne'un ilâhiyat fakültesiyle derde sokmuştur!

düşünmüş olduğu halde elindeki verilerin bu fikri desteklemediğini sandığından evrimci olmamıştı. Buffon'a göre dev ammonitler, mamutlar ve mastodonlar gibi filler ve diğer bazı ilkel ve büyük, karmaşık varlıklar dünyanın ilk soğuduğu nokta olarak kabul ettiği kuzeydoğu Sibirya'daki "yaradılış merkezinde" organik moleküllerden *doğruca* meydana gelmişlerdi. Daha sonra dünya soğumağa devam edince bu hayvanlar güneye göçmüş, ısı daha da düşünce nesilleri tükenmişti. Onların yerine kuzeyde yeni oluşmuş bir canlılar grubu gelmiş, onlar da yeni bir göç dalgasıyla güneye gelmişler ve sonra onlar da yok olmuşlardı.

Buffon Sibirya'nın kuzeydoğusunda bir canlı oluşturma fabrikası, bir yaradılış merkezi kabul etmiş, cansız maddeden kimyasal sentez yoluyla oluşturduğu organik molekülleri günümüzden daha büyük canlılar yapmak için kullanmış, bu canlıları da düşen sıcaklığın peşinden güneye yollamıştı. Bu olay birkaç kez tekrarlanmıştı.

Bu varsayımda, Buffon büyük halefi George Cuvier'ye öncülük etmiş, örnek olmuştur. Zaten Buffon'un eşek maddesinde yazdıklarını okuduktan sonra bir doğa bilimciye yaşamın tarihi ve canlıların zaman içindeki değişmelerinin mekanizması hakkında fikirlerini geliştirebileceği iki yol kalıyordu: Ya, Buffon'un türlerin değişmezliği konusundaki sonucunu ciddiye alacak, ya da eşeğin attan türemiş olabileceği, maymunun insanla aynı aileden geldiği gibi fikirlerini benimseyerek türler arası geçiş tiplerinin olmamasını veri eksikliğine, tarihsel dönemde yeni türlerin oluşmamasını da zamanın kısalığına bağlayarak yeni tür oluşturma mekanizmalarının peşine düşecekti. Georges Cuvier bunlardan birinci yolu, meslekdaşı Jean-Baptiste de Lamarck da ikincisini seçti.

Ancak Buffon'un türlerin değişmezliği konusundaki inancını gene kendi bazı gözlemleri zayıflatıyordu ki kanımca bunların en önemlisi genç ve yaşlı yereylerin fosil içeriklerinin birbirlerinin aynı olmamasıdır. *Les Épochs de la Nature*'de dünyada görülen kayaç malzemesinin camlaşabilenler (*vitrescibles*) ve kireçleşebilenler (*calcinables*) olarak iki ana kökenden geldiğini anlatan kesimin sonunda, kireçleşebilenlerin birincil değil ikincil kökenli olduklarını doğanın bizlere sunduğu anıtlara (*monumens*) dayanarak belgelemek maksadıyla Buffon şunları yazmıştır:

"BİRİNCİ ANITLAR. Yerin içinde ve yüzeyinde kabuklar ve denizin diğer ürünleri bulunur. Kireçtaşları tamamen bunların döküntülerinden oluşur.

İKİNCİ ANITLAR. Fransa'da, İngiltere'de, Almanya'da ve Avrupa'nın geri kalan kısımlarında denizden çıkarılan bu kabukları ve deniz ürünlerini inceleyince, bu hayvan kalıntılarının temsil ettiği türlere, yanı başlarındaki denizlerde rastlanmadığı görürüz. Bu türler, artık yaşamamaktadır veya yalnızca güney denizlerinde görülürler. Benzer şekilde, büyük derinliklerde arduvazlarda ve diğer malzemeler içinde, aralarında bizim iklimimize ait hiçbir tür bulundurmayan balık ve bitki izleri vardır. Bunların da nesilleri artık ya yoktur ya da yalnızca güney iklimlerinde kalmıştır.

ÜÇÜNCÜ ANITLAR. Sibirya'da ve Avrupa ve Asya'nın diğer kuzey ülkelerinde fil, suaygırı ve gergedan iskeletleri, savunma dişleri ve kemikleri o denli büyük miktarlarda bulunmuştur ki bugün yalnızca güneyde üreyebilen bu hayvanların bir zamanlar kuzey ülkelerinde de yaşadığından şüphemiz kalmamıştır. Ayrıca fillerin ve diğer hayvanların kalıntılarının çok az bir derinlikte bulundukları görülmüştür. Buna karşın, kabuklar ve diğer deniz ürünleri daha derine gömülmüş olarak bulunmuştur.

DÖRDÜNCÜ ANITLAR. Fillerin savunma dişleri ve suaygırı dişleri yalnız bizim kıt'amızın kuzeyinde değil, Amerika'nın kuzeyinde de bulunmuştur. Halbuki bu hayvanların türleri yeni dünyada yoktur.

BEŞİNCİ ANITLAR. Kıt'aların ortasında, denizden en uzak yerlerde çok büyük sayıda kabuk bulunmaktadır ki bunların bazıları bugün güney denizlerinde yaşayan türlere aittir, bazılarının da hiçbir yaşayan karşılığı bulunmamaktadır. Buradaki türlerin nesilleri bugüne kadar bilinmeyen nedenlerle yok olmuştur."

Buffon burada saydığı "anıtların" doğanın bizlere bıraktığı deliller olduğu kanaatindedir. Bunlar, içinde gömülü bulundukları ve/veya oluşturdukları kayaçların özellikleriyle beraber, gezegenimizin geçmişinin şahitleridir. Yukarıdaki anıtların en önemli özellikleri pek çoğunun *bugün artık yaşamadığı* Buffon tarafından açıkça dile getirilmiş olan hayvan türlerini içermesidir. Aynı türlerin dünyanın oluşumundan hemen sonra organik moleküllerin bir araya gelmesiyle oluştuğunu söylemiş olan Buffon, şimdi her türün hemen yaratılmamış olduğunu da imâ etmektedir. Fakat her tür, âdeta sıfırdan organik moleküllerden derlenmiş, sonra kuzeyden güneye göç etmiş ve sonunda bazıları orada kaybolmuşlardır. Türden türe geçişe izin vermeyen bu görüş aslında gene de evrimci bir görüştür. Çünkü zaman içinde dünyadaki tür bileşiminin değiştiğini söylemekte bunun da giderek soğuyan bir dünyada sıcaklık tarafından kontrol edilen yönlü bir süreç olduğunu imâ etmektedir. Bu "evrim" teorisini Şekil 32 şematize ederek sergilemektedir.

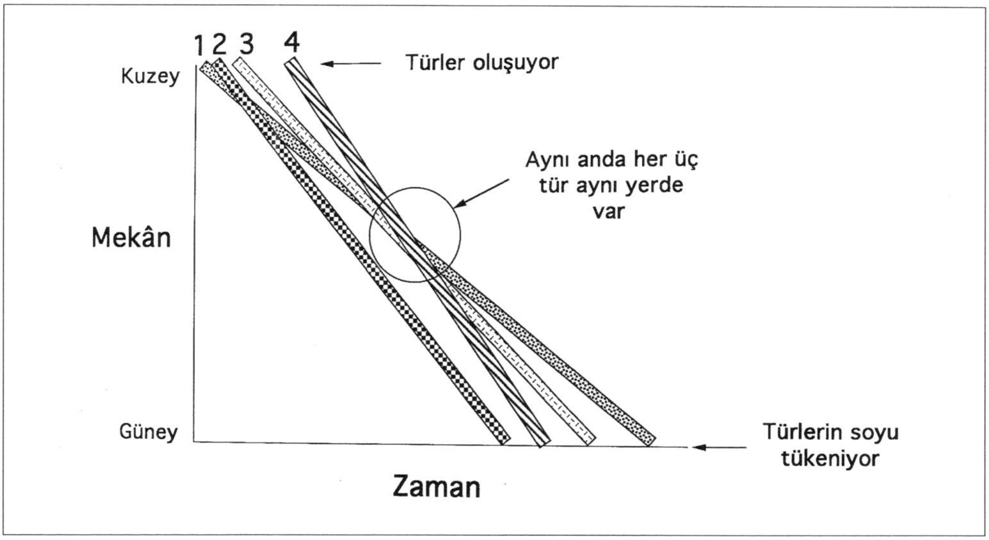

Şekil 32.Buffon'un "evrim" kuramı. Canlı türleri (burada 1, 2, 3 ve 4 ile ifade edilenler) kuzeyde oluştuktan sonra zaman içinde güneye göç ediyor, nihayet orada soyları tükeniyor. Canlılar kuzeyde tek tek oluşsalar bile, göç hızı farkları varsayılırsa, kutupla ekvator arasında herhangi bir mahalde ve herhangi bir anda tür çeşitliliği elde edilebilir. Ancak Buffon canlıların tek tek değil, gruplar halinde oluştuklarını sanıyordu. O takdirde herhangi bir yerde tür çeşitliliği elde etmek sorun olmaz.

Bu görüşleri yüzünden Buffon'un korktuğu sonunda başına gelmiş, Sorbonne'un ilâhiyat fakültesi *Les Époches de la Nature*'de ifâde edilen görüşleri tekdire lâyık bulmuştur[135].

Buffon'un tekdire lâyık bulunan görüşlerinden biri de dünyanın 74.832 yaşında olduğunu söyleyerek yaklaşık 6000 yıl olan *Kutsal Kitap* kronolojisi ile çelişmesiydi[136]. Sorbonne'un kabul edilemez bulduğu bu yaş, Buffon'un eserinin el yazmalarında 2.993.280 yıl olarak görülmektedir! Bu çekingenliğin nedeni tabiî ki Buffon'un Sorbonne'un ilâhiyatçılarından korkması olamazdı, çünkü onlar için 2.993.280 yıl ne kadar küfürse, 74.832 yıl da o kadar küfürdü. Buffon burada milyonlarca yıldan bahsederek okuyucularının anlayış kapasitelerini zorlamaktan çekinmiştir[137]. On sekizinci yüzyılda artık *Kutsal Kitap*'ın kronolojisi inanılırlığını en azından entelektüeller arasında kaybetmişti. Ama o tarihlerde henüz pek az entelektüelin milyonlarca yılı tahayyül edebilecek durumda olduğu sanılmaktadır[138].

IV. BÖLÜM

Darwin'e kadar Yakın Çağ'da evrim fikri: modern jeoloji ve modern biyolojinin doğuşu

Kielmeyer, Cuvier ve Lamarck

Buffon'un düşüncelerinin tohumları on sekizinci yüzyıl sonu Paris'inin verimli topraklarına düştü ve 14 Haziran 1793'den itibaren adı "Kraliyet Şifalı Bitkiler Bahçesi"nden (*Jardin Royal des Plantes Médicinales*)[139] "Ulusal Doğa Tarihi Müzesi"ne (*Muséum National d'Histoire Naturelle*) çevrilen ünlü kurumda iki büyük doğa bilimcinin, iki büyük biyologun kafasında bu tohumlardan on dokuzuncu ve yirminci yüzyılda fizik ve kimya dışında tüm doğa bilimlerine yön verecek fikirlerin dev ağaçları büyüdü. Yukarıda dediğim gibi, bunlardan biri Jean-Léopold-Nicolas-Frédéric "Georges"[140] Cuvier (1769-1832)[141] diğeri de Jean-Baptiste-Pierre-Antoine de Monnet de Lamarck'tı (1744-1829; Şekil 33)[142]. Ancak on sekizinci yüzyıl sonunda yaşamın evrimiyle ilgili fikirlerin gelişimine bakarken Cuvier ve Lamarck'tan önce kısaca değinilmesi gereken bir bilim adamı vardır ki, evrim hakkında ileri sürdüğü şaşırtıcı modernlikteki görüşlerinin yanında Cuvier'ye ilk anatomi ve doğa tarihi zevkini tattırmış kişi olması dolayısıyla büyük bir önemi haizdir: Bu bilimci büyük Alman zoologu Carl Friedrich Kielmeyer'dir (1765-1844).

Kielmeyer hakkındaki bilgilerimiz, yayınlarının az olması ve 1938 yılında eserlerinin F. H. Holler'in Julius Schuster'in katkılarıyla hazırladığı toplu basımının dağıtım yapılamadan bir hava bombardımanı esnasında yanması nedeniyle çok yetersizdir. Benim burada sunduğum bilgiler tamamen William Coleman'ın yukarıda 21. notta verilmiş olan Cuvier biyografisinde, ve gene Coleman'ın *Dictionary of Scientific Biography*'de yayımlanmış olan Kielmeyer maddesinde[143] yazdıklarından derlenmiştir.

Kielmeyer, Almanya'da Tübingen yakınlarında küçük bir kasabada dünyaya geldi ve Stuttgart'daki Karlsschule'de okudu. Okul arkadaşları arasında kendisinden dört yaş küçük olan Cuvier de vardı. Cuvier ilk anatomik teşrih yöntemlerini ve doğa tarihi hakkındaki bilgilerini Kielmeyer'e borçlu olduğunu kaydeder. Kielmeyer, mezuniyetten sonra Göttingen'in meşhur üniversitesinde büyük anatom Johann Friedrich Blumenbach (1752-1840), kimyacı Johann Friedrich Gmelin (1748-1804) ve en önemlisi fizikçi Georg Christoph Lichtenberg (1742-1799) gibi hocaların yanında okudu. Üniversiteyi bitirince bir müddet Avrupa'da seyahat ederek kuzey Almanya'daki en önemli laboratuarları ve müzeleri ziyaret etti. Daha sonra Karsschule'ye dönerek hoca oldu ve 1790-1793 yılları arasında çok meşhur olmuş olan anatomi derslerini verdi. Kendisinin son derece yetenekli bir anatom olduğundan bahsedilir. Ancak Kielmeyer'in ilgisi sırf anatomiyle sınırlı değildi. Immanuel Kant'ın (1724-1804) eleştirel felsefesinin etkisiyle gözleme ve gözlem ışığında eleştiriye büyük önem veriyordu[144]. Bazı görüşleri kendisinin doğayı bir bütün halinde görmek isteyen romantik *Naturphilosophie* (doğa felsefesi) akımına yakın olarak görülmesi sonucunu doğurmuşsa da Kielmeyer romantikten çok aydınlanma çağının bir çocuğu olarak Schelling gibi doğa felsefecilerinin bilimsel olmayan görüşlerine sempatiyle bakmıyordu.

Kielmeyer'de Alman felsefecisi Johann Gottfried von Herder'in (1744-1803) de büyük etkisi görülür. Von Herder'in etkisiyle Kielmeyer tüm doğayı fizik ve kimya kanunları içerisinde çalışan dinamik bir bütün olarak görüyordu. Bu nedenle anatomiye de o zamana kadar yapılan statik bir teşrih esprisi içerisinde değil, karşılaştırmalı bir fizyolog gözüyle yaklaşarak tüm canlıların dereceli bir silsile (*Stufenfolge*) oluşturduklarını iddia etti. Bu kısmen hem Müslümanların hem de Avrupa'daki "Varlıkların Büyük Zinciri" (*the Great Chain of Being*) fikirlerinin bir türeviydi. Ancak Kielmeyer hem canlılar hem de cansızlar âlemini anlamak için onların yalnız bugünlerinin değil, geçmişlerinin ve hattâ geleceklerinin de inceleme alanına alınmasını savunuyordu. 11 Şubat 1793'de Württemberg Dükü Karl Eugen'in doğum günü kutlamaları münasebetiyle yaptığı *Ueber die Verhältnisse der organischen Kräfte unter einander in der Reihe der verschiedenen Organisationen, die Gesetze und Folgen dieser Verhältnisse* (Organik güçlerin çeşitli organizasyonların silsilesi içinde birbirleriyle ilişkileri ve bu ilişkilerin yasaları ve sonuçları) başlıklı konuşmasında Kielmeyer şunları söylemişti:

> "Geçmiş zamanlarda dünyamızda bir dizi organizmayı meydana getiren güç, bugün her organizma bireyinin gelişme devresini oluşturan güçle esası ve etkisi açısından aynıdır."[145]

Aynı yıl Stuttgart'ta yayınlanan bu önemli eserinde Kielmeyer'in, daha sonra Darwin'in Almanya'daki büyük destekçisi olan Ernst Haeckel'in "*Die Ontogenie ist eine kurze Recapitulation der Phylogenie*" (Ontojenez {yani bireyin oluşum tarihi}, filojenezin {yani soyun oluşum tarihinin} kısa bir özetidir) şeklinde dile getireceği[146] önemli gözlemin ilk ifâdesini bu şekilde ortaya koyduğu genel olarak kabul edilir. Canlıları meydana getiren ve evrimlerini sağlayan bu gücün ne olduğu konusunda Kielmeyer herhangi bir fikir geliştirmemiştir. Kant'ı izleyip[147] tüm organların birbirleriyle bir amaç birliği içinde bulunduklarını iddia ederek organizmanın bir bütün olarak çalıştığını düşünüyordu. (Bu fikir daha sonra Kielmeyer'in arkadaşı ve öğrencisi Cuvier tarafından geliştirilmiştir). Kielmeyer'in bu amacın organizmaya nasıl verildiği konusunda, güç nereden geliyorsa amacın da aynı kaynaktan sağlandığı şeklinde genel bir görüşü vardı. Coleman, Kielmeyer'ın bu görüşünün temelde Hristiyan inancına dayandığını söylüyorsa da buna bir dayanak sağlamıyor. Zaten Kielmeyer'in Kant'ın bir izleyicisi olduğunu bilmemiz, bir Hristiyan bakış açısını savunmuş olmasını çok zayıf bir ihtimal haline getirmektedir. Belki de Kielmeyer daha sonra göreceğimiz Lamarck'ın fikirlerine yakın fikirler taşıyordu.

Kielmeyer'in görüşleri zamanının damgasını taşımaktadır. On sekizinci yüzyılın sonlarında, aydınlanmanın akılcı akımı içerisinde, tüm doğanın daha önce sanıldığından çok daha dinamik ve rasyonel bir yapısının olduğu düşünülmeğe başlamıştı. Bu dönemde felsefede bir Kant'ın, jeolojide bir Hutton'un, biyolojide bir Erasmus Darwin'in yetişmiş olması zamanın karakterini yansıtıyordu. Jeolojide ve biyolojide on sekizinci yüzyıl sonunda meydana gelen önemli yeniliklerde aydınlanma ruhunun ve özellikle dinsel motiflerden uzaklaşmanın etkileri (bu konuda tüm yazılanlara rağmen) ne yazık ki yeterince incelenmemiştir.

Şekil 33. Canlıların evrimi tartışmasını alevlendiren büyük Fransız biyologu Jean-Baptiste-Pierre-Antoine de Monnet de Lamarck (1744-1829).
142. notta verilen Lamarck'ın doğmununun ikiyüzüncü yılı için yayımlanmış olan sempozyumdan.

Hem Cuvier ve hem de Lamarck'ta Kielmeyer'in bilimsel faaliyetinin ve düşüncelerinin âdeta birer devamını görürüz. Cuvier daha ziyade anatom

Kielmeyer'in, Lamarck ise daha çok doğa felsefecisi Kielmeyer'in uzantısı gibi görünürler. Kielmeyer'in Cuvier üzerindeki etkisinin kişisel temasa dayandığını daha önce belirtmiştim.

Hemen tüm popüler bilim tarihleri ve basit ders kitapları Cuvier'yi evrim karşıtı, âfetçi, hattâ bazıları yaradılışçı, Lamarck'ı ise evrimin ilk savunucusu, tekdüzeci ve bilimsel olarak sunarlar. Bu sunumlarda kuşkusuz doğruluk payı da varsa yanlışların yeri çok daha büyüktür. Bu yanlışlar arasında en büyüğü ve en haksızı hiç kuşkusuz Cuvier gibi bir bilimsel dehâyı yaradılışçı olarak tanıtmaktır. Eserlerinin pek çoğunu gözden geçirdiğim ve hakkında pek çok kitap okuduğum Cuvier tüm yaşamı boyunca kendisine yaradılışçılık yakıştıranları uzaktan olsa bile haklı çıkaracak tek lâf etmemiş, tek satır yazı yazmamıştır.

Lamarck, Buffon'un yaşamın gelişmesi konusundaki fikirlerini birbirine zıt yönde geliştiren iki büyük bilim adamının daha yaşlı olanıdır. Asil fakat fakir bir ailenin on birinci çocuğu olan Lamarck, önce papaz olması için bir Cizvit okuluna yollanmış, babasının ölümü üzerine asker olmağa heveslenerek Yedi Yıl Savaşlarında,Willinghausen muharebesinde yararlılık gösterip teğmenliğe yükselmiştir. Sağlık nedenleriyle askerliği terk ettikten sonra tıp tahsil ederken Fransa'nın güneyinde bulunan Provance'da botaniğe heveslenmiş, sonunda 24 yaşındayken botanik aşkına, tıbbı da bırakarak büyük Fransız botanikçisi Bernad de Jussieu'nün (1699-1777) öğrencisi olmuştur. 1793 tarihine kadar hemen tamamen botanikle ilgilenen Lamarck'ın ileride geliştireceği evrim fikirlerinin temelleri ilk botanik çalışmalarında atılmıştır. Bu dönemde hem hocası Jussieu'nün "doğal bitki sınıflaması" üzerindeki fikirleri[148], hem de *Jardin du Roi*'nın müdürü Buffon'un yukarıda gözden geçirdiğimiz görüşleri Lamarck üzerinde derin izler bırakmışlardır. Henri Humbert, Lamarck'ın botaniğe hevesinin zengin bir Akdeniz bitki topluluğunun bulunduğu bir yerde gelişmiş olmasının, onu ilk defa tür kavramının karmaşıklıkları ile karşı karşıya getirdiğini yazmaktadır[149]. Belki burada öğrendikleri, daha sonra Lamarck'ın Buffon'un türlerin değişmezliği fikrini terk ederek türlerin evrim geçirerek değişebileceği fikrine gelmesinin ilk tohumlarını atmıştır.

Botanikçi Lamarck'ın ilk ürünü—başlık sahifesinde 1778 yazmasına rağmen—1779'da yayımlanmış olan *Flore Française* adlı eseridir. Bu eserin ilk cildindeki *Discours préliminaire* başlıklı giriş kısmında Lamarck'ın amacı, tek yönlü, derecelendirilmiş ve düz bir çizgi üzerinde her bitki türünün karşılaştırmalı yapısal ilişkilere göre nerede bulunması gerektiğini saptamaktı. Lamarck bunda başarılı olamadı ve hocası Jussieu'nünki gibi cins düzeyinde doğal bir sınıflamayla yetinmek zorunda kaldı. Bu sınıflamayı yaparken de çağının tüm doğa bilimcileri gibi karmaşıktan basite doğru dejenere olan bir sistem yaratmaya çalıştı. Ancak bunu yaparken Lamarck—belki de Buffon'un üreme teorisinin de etkisiyle—bunun tersinin, yani bir sınıflamada basitten karmaşığa yükselmenin, pratikte daha kolay olduğunu gördü. Bu "ters düzen" daha sonra Lamarck'ın evrim fikrini geliştirmesinde rol oynamıştır.

Flore Française'in girişinde Lamarck'ın, Buffon'un canlıların değişime uğraması konusundaki en temel fikirlerinden birini, çevrenin, özellikle iklimin, bitkiler üzerindeki etkisini detaylı bir şekilde tartıştığını görüyoruz. Aynı bitkiden alınan iki tohumun değişik iklimlerde iki değişik türü doğurduğunu kaydeden Lamarck, burada türlerin sâbit olmayabilecekleri fikrinin ilk ilhamlarını almış olabilir. Lamarck bilhassa sun'i yetiştirme esnasında bitkilerin uğratıldığı önemli değişiklikleri gözledi ve bunlara, hiç kuşkusuz Buffon'un etkisiyle, tenzil (=degradasyon, alçalış) adını verdi. 1800 yılında Lamarck evrim hakkındaki ilk fikirlerini açıklarken, gene bu tenzil fikrini kullanmış, türlerin değişiminin bir türden diğerine tenzille, yani "alçalmayla" gerçekleştiğini söylemişti[150].

Lamarck'ın yaşamını kaleme alan tüm bilim tarihçileri, büyük biyologun 1799 ilkbaharında henüz Buffon'un etkisiyle türlerin değişmezliği fikrine bağlı olduğunu, bunun 1800 ilkbaharına kadar geçen dönem içinde değiştiğini söylüyorlar. Richard Burckhardt bu değişimi, Lamarck'ın iki temel konudaki görüşlerinin bu dönemde değişmesine bağlıyor: Türlerin soylarının tükenmesi ve yaşamın kendiliğinden oluşabilmesi[151]. Lamarck'ın bu konularda fikir beyan etmesine de hem kendi yaşamındaki hem de Fransız bilim dünyasında meydana gelen değişmeler neden oldu. *Jardin du Roi*, ihtilâl hükümetince eski rejimin bir kalıntısı olarak lağvedilip 1793'te *Muséum National d'Histoire Naturelle* olarak baştan organize edilince, botanik kadrolarında yer olmadığından Lamarck böcek ve kurtlardan sorumlu bir zooloji profesörlüğüne atanmıştı. Burada kısmen eski ve müteveffa arkadaşı Jean-Guillaume Bruguière'in (1749-1798) kurtlar üzerine yaptığı incelemeleri sürdüren Lamarck, aynı zamanda kendisinin "omurgasızlar" (*invertebrata*) adını verdiği hayvanların genel bir sınıflamasına da girişti. 1799'da yayımlanan *Yeni bir kabuklu sınıflamasına medhal*[152] adlı makalesinin hemen akabinde yaşayan kabuklu türleri ile fosil kabuklular arasındaki ilişkiler gündeme geldi. Bu soru gerçi Paris'teki bilim dünyasını en az dört yıldır meşgul ediyordu. Cuvier ve Geoffroy'nın 1795'te mamutun Asya ve Afrika fillerinden ayrı, artık nesli olmayan bir fil türünü temsil ettiğini tespit etmiş olmaları ve Cuvier'nin bu konudaki klâsik yayınları geçmişte yaşamış bazı tür hayvanların artık bulunmadığını tartışma götürmez bir kesinlikle ortaya koymuştu (yukarıda 19.

ve 23. notlara bkz). Şimdi soru, kabuklularda durumun böyle olup olmadığının tespitiydi (Gerçi Buffon, kabuklular için de durumun aynı olduğunu söylemişti).

Bu soru da Lamarck'tan önce soy tükenme olayının tüm canlıları kapsadığı ve bunun yer tarihinin muhtelif etaplarının belirlenmesinde önemli bir belirteç olabileceği yönünde cevaplandırılmıştı. Rahip Jean-Louis Giraud Soulavie (1752-1813)[153] kısa adı *Güney Fransa'nın Doğa Tarihi* olan ve 1780-1784 yılları arasında yayımlanan sekiz ciltlik eserinin birinci cildinde, Massif Centrale'i Rhône vadisinden ayıran Vivarais bölgesindeki doğu-güneydoğuya eğimli bir istifte yüzeyleyen İkinci Zaman (Triyas-Alt Kretase, yer yer Üst Kretase) tabakalarını inceleyerek bunlar içindeki fosillerin tabakanın konumuna, yani yaşına göre değişiklik gösterdiğini görerek Buffon'un daha önce yaptığı genel gözlemi Vivarais'deki yerel gözlemlerle desteklemiştir: "Artık benzerlerini görmediğimiz deniz hayvanları arasında ammonitler[154], belemnitler[155], horoz ve tavuk da denen terebratulalar[156], grifitler[157] ve antroklar[158] vardır."[159] Soulavie, geniş Rhône vadisinin batı kenarını oluşturan Vivarais'den Aubenas'a doğru inildikçe, alçalan topoğrafya ile birlikte karşılaşılan yereylerin de gençleştiğine dikkat etmiştir. "Geometrik olarak en aşağıdaki tabakalara doğru indikçe, kaçınılmaz olarak daha genç anıtlara doğru ineriz ve hayvan fosilleri daha iyi korunmuş olarak görünürler ve günümüzdekilere daha çok benzerler."[160] Burada da Buffon'un inkâr edilemez etkisi derhal göze çarpmaktadır. Soulavie, yalnızca zaman içinde hayvanlar ve bitkiler âleminin değiştiğini gözlemekle kalmamış, hayatın giderek zenginleştiğini, zaman içinde de denizden karalara taştığını düşünmüştür. Denizlerde kabukluların daha gelişmiş diğer hayvanlardan önce yaşadığını not etmiştir. Türlerin zaman içinde birbirini izlediğini vurgulayan Soulavie, Buffon'un yozlaşma fikrinden hareketle, bunun neden olduğu başkalaşımın giderek hayvanlar âleminde değişik türlere neden olacağını da açıkça söylemiştir:

"361. Doğanın Kralının şâheseri olan insanın bile yozlaştığını, piçleştiğini görmüyor muyuz? Vücudunun güzelliğini oluşturan, muhteşem şekilleri ve etkileyici oranları kuzeyin iç kapayıcı ikliminin etkisiyle bozulmuyor mu? Yozlaşmış Lapon, eğer doğa tarihi bu acayip değişimin süreçlerini incelemeseydi, başka bir kökendenmiş gibi gözükmez miydi?

362. Benzerlerinin denizlerimizde artık görülmediği fosil kabuklarını kireçtaşlarının egemenliğinin ilk çağında gözlerken, bunların dış düzenlerinde gene de denizler imparatorluğundaki bir sonraki nesle ait ailelerin ilk çizgilerini buluyoruz."[161]

Görüldüğü gibi Soulavie, Buffon'un atmadığı adımı atarak, onun "yozlaşma" dediği başkalaşım sürecinin zamanla yeni türleri yaratacağını söylemiş, buna paleontolojiden de destek göstermiştir. Ancak Rappaport'un belirttiği gibi, Soulavie'nin fikirleri eserinin tümünde tutarlı değildir. Meselâ, içinde yaşadığı zamanın düşünce dünyasının esiri olmaktan da kurtulamayan Soulavie bir taraftan zenginliği artan doğanın diğer yandan yaşlanmakta olduğunu, eskiden yarattığı maden yataklarının artık günümüzde oluşmadığını yazmıştır[162]. Ancak Soulavie'nin kitabının, Buffon'un hem gözlemlerine hem de düşüncelerine yönelttiği sert eleştirilerine rağmen okunduğu ve Lamarck gibi spekülâsyondan çekinmeyenler üzerinde önemli etki yaptığı kuşkusuzdur.

On sekizinci yüzyılın son on yılı içinde evrim yanlısı fikirleri dile getirenlerin ikisi Büyük Britanyalıdır: İngiliz tıp doktoru ve şairi Erasmus Darwin ve İskoçyalı bilgin James Hutton. Bu iki insan arkadaştır ve evrimle ilgili fikirlerini aynı yıl yayımlanan kitaplarda dile getirmişlerdir. Daha sonra evrime uygun bir mekanizma teklif ederek hem bu fikre hem de kendisine ölümsüzlük kazandıracak olan Charles Darwin'in dedesi olan Erasmus Darwin (1731-1802: Şekil 34)[163], 1794 yılında yayımladığı *Zoonomia* adlı kitabının "Üreme üzerine" (*On generation*) başlıklı 39. kısmında önce kurbağa, kelebek gibi tekil hayvanların yaşamları süresince meydana gelen değişimlere dikkat çekmekte, daha sonra kasıtlı olarak at, sığır veya köpek yetiştiricilerinin hayvanlarda kimi özellikleri daha belirgin yapabilmek için husule getirdikleri değişiklikleri anlatmaktadır[164].

Şekil 34. İlk kendi içinde tutarlı ve kapsamlı evrim teorisini geliştiren İngiliz tabibi ve şairi Erasmus Darwin (1731-1802) aynı zamanda evrim görüşünü bilim dünyasına kabul ettiren Charles R. Darwin'in de dedesiydi.
King-Hele'in 34. notta verilen kitabından.

Buradan Darwin anormal doğanlara geçerek bu tür anormalliklerin ebeveynden çocuğa geçen cinsten olduklarını vurgulamaktadır: "Bu tür şekil anormalliklerinin çoğu ırsîdir ve yeni bir tür olmasa bile, hayvanın değişik bir şekli olarak süregelir. Ben her ayağında ilâve bir tırnak taşıyan bir kedi soyu gördüm; ayrıca ilâve bir parmağı olan tavuklar ve ayaklarında kanatları olanlar."[165] Darwin, canlıların tek bir iplikçikten türediklerini sanıyordu. Canlı, annenin içinde bu tek iplikçik üzerine inşa ediliyordu. Darwin, her canlının kısmen kendi eforu kısmen de çevrenin baskısıyla değişikliğe uğramasının kaçınılmaz olduğunu iddia ediyordu. "Erkekler arasındaki mücadelenin nihaî nedeni en güçlü ve en faal hayvanın türü sürdürmesi ve türün bu şekilde gelişmesi olarak görülüyor."[166] Darwin, benzer şekilde, yiyecek bulabilmek için de organizmanın çevreye uyum sağladığını iddia ediyordu. Bazı kuşların gagası fıstık kabuklarını kırmak için, diğerlerinin daha sert tohumları yemek için, bazı diğerlerinin de yumuşak ve nemli toprak içinde kurtçuk aramak için gelişmiştir. Bütün bunlar sayısız nesiller boyunca yiyecek ihtiyacını daha kolay karşılayabilmek için gelişmiştir. Darwin, tüm yaşamın basit bir iplikçikten türediğini, çevrenin baskısı altında sürekli gelişerek bugüne geldiğini söylüyordu.

Darwin'in dediklerini doğaya yaptırabilmesi için çok, ama çok uzun bir zamana ihtiyacı vardı. Onu da jeolog dostu James Hutton 1788'de yayınladığı klâsik makalesinde geliştirdiği yer davranışı kuramıyla temin etmiş bulunuyordu. Hutton'un meşhur eseri yerin mevcudiyetinin ne başlangıcının bir izi ne de sonunun herhangi bir habercisi olduğu sözüyle bitmiyor muydu? Bu âdeta Anaksimandrosvâri sonsuz zaman manzarası hiç kuşkusuz Darwin'i cesaretlendiren faktörlerden biriydi. Fakat Hutton'un bizzat kendisi de 1794 yılında yayımladığı üç ciltlik büyük bilgibilim (=epistemoloji) kitabında türlerin üzerindeki çevre baskısını dile getirmiş, bunu yaparken de Erasmus Darwin'in torununun 65 yıl sonra kullanacağı dile çok benzer bir dil kullanmıştır:

"Eğer insan hayvanlar âlemine ait olmanın dışında hiçbir ilkeye bağlı olmadan yaşasaydı, diğer hayvanlar arasında insan kendisini doğanın gereklerine karşı en az koruyabilen olurdu; ve rakipleri veya düşmanları olan diğerleriyle başa çıkmakta yeterli beceriye sahip olamazdı. Dolayısıyla en sağlıklı ilkeler ışığında denebilirdi ki, bu durumda, insan türü dünyada ilk soyu tükenecek olandır."[167]

Hutton, her bitki ve hayvan türünün "mükemmel bir akılla" ("in perfect wisdom") hareket ederek canlılar dünyasının kavgaları arasında kendini korumak ve ırkını çoğaltmak amacını güttüğünü yazmıştır[168]. Bu fikirler yarım yüzyıl sonra Charles Darwin'i meşhur edecek fikirlerin parçaları oldukları gibi, Maupertuis'in yarım yüzyıl önceki fikirlerinden etkilendikleri de muhakkaktır. Pek çok açıdan, on sekizinci yüzyılın Akıl Çağı'nın düşünürleri ve doğa bilimcileri (ekseri halde bunlar aynı kişilerdi), evrim fikrinin gelişmesi için gerekli sorunsalı vazetmekle kalmamışlar, on dokuzuncu yüzyılın, hattâ yirminci yüzyılın bu sorunsal için bulacakları cevapların ilk tohumlarını da ekmişlerdir.

On sekizinci yüzyıl, hem jeolojik zaman içerisinde canlıların değiştiği gözleminin yapıldığı hem de biyolojik olarak canlıların değişmesine imkân verecek mekanizmaların araştırıldığı bir zaman dilimi olmuştur. Ayrıca biyolojik değişimi mümkün kılacak çok uzun zaman dilimlerinin gerçekten geçmiş olduğu da ilk defa bu yüzyılda bilimsel bir çıkarım olarak tartışılmaya başlanmıştır. Tüm bu gelişmenin arkasındaki büyük kaynak, hiç kuşkusuz Buffon'du. O olmadan evrim fikrinin ve evrim mekanizmalarının çok daha geç ortaya çıkmış olacakları kuşkusuzdur.

Fakat bu yüzyılda Buffon'dan bağımsız bir diğer fikir evrim hakkındaki düşüncelerin gelişmesine önemli katkıda bulunmuştur ki bu da ilerleme, eski tâbirle terakkî fikridir. Bu fikir eski olmakla birlikte, on sekizinci yüzyılla beraber giderek artan bir ivme kazanmış, hemen hemen atom bombasının 1945 yılında ilk defa kullanılmasına kadar da genelde okumuşlarca kabul görmüştür. İlk defa atom bombası pek çok entelektüeli bilimsel ilerlemenin insan varlığının da otomatikman ona paralel ilerlemesi anlamına gelemeyeceği fikrine getirmiştir. Günümüzde pek çok entelektüel arasında gücünü—ne yazık ki—kaybetmiş olan ilerleme fikri 1789 Fransız İhtilâli'nden önce entelektüeller arasında sık konuşulan, varlığından şüphe edilmeyen bir olguyu dile getirdiğine inanılan bir fikirdi. Ancak bu fikir, doğanın yavaş yavaş yaşlanmakta, hattâ ölmekte olduğu fikriyle de paralel olarak yaşamını sürdürüyordu. Buffon gibi doğa bilimciler hep en karmaşık, en gelişmiş türlerden başlayıp bunların giderek yozlaşmasıyla daha alt yaşam türlerinin oluştuğuna inanıyorlardı. Fransız İhtilali'nden sonra dinsel düşüncelerin rağbetten düşmeleri ve Tanrı fikrinin eski saygınlığını kaybetmesiyle ilerleme fikri büyük bir ivme kazandı. Değişme artık mutlaka yozlaşma demek değildi. Lamarck'ın fikirlerini bu yeni ilerleme heyecanı ışığında ele almak zorundayız[169].

Lamarck, geçmişte yaşamış kabukluların bugünkü kabuklulara benzemediğini kendisi de gördükten sonra, bunu şu dört yoldan birinden giderek yorumlayabilirdi: 1) Eski kabukluların soyu tükenmiştir; 2) Eski kabuklular başka bir yöreye göçmüşlerdir; 3) Eski kabuklular bir âfet sonucu ortadan kalkmışlardır; 4) Eski kabuklular evrim sonucu yeni kabuklulara dönüşmüşlerdir. Lamarck canlıların sürekli bir seri oluşturduklarına inandığı için âfetli veya âfetsiz soy tükenmesi fikrine sıcak bakmıyordu. Buffon'un uzun uzun üzerinde durmuş olduğu göç fikri de Lamarck'ı ikna etmemişti. Sonuçta Lamarck zaten eğilimli olduğu canlıların evrimleşmesi fikrini jeolojik zaman içerisinde canlıların değişiminin sebebi olarak ileri sürdü. 1801'de, evrim ile ilgili fikirleri ilk defa yayımlandığı zaman, Lamarck kendiliğinden yaşamın ortaya çıkmasının akabinde Doğanın her şeyi zaman ve şartlar çerçevesinde oluşturmuş olduğunu söyledi. Bunun detayları, bu ilk yayında yoktu. Lamarck burada yalnızca değişen şartların organizmada yeni huylar yaratacağını, bu huyların da vücudun belirli organlarını diğerlerine nazaran daha çok geliştireceğini söylüyordu. Lamarck fikirlerini 1802'de yayımlanan *Canlı Vücutlarının Organizasyonu Üzerine Araştırmalar* (*Recherches sur l'Organisation des Corps Vivans*) adlı eserinde geliştirdi ve nihayet 1809'da büyük klasiği *Zoolojik Felsefe*'yi (*Philosophie Zoologique*) yayımladı (Şekil 35)[170]. Bu büyük eserin birinci cildi evrimin mekanizmasına ayrılmıştır ki burada Lamarck iki önemli yasayı dile getirir. Birincisi, daha çok kullanılan vücut kısımlarının, organların, diğerlerine nazaran daha çok gelişeceği, ikincisi de bireyin yaşamı esnasında vücudunda çevre baskısıyla oluşacak değişimlerin doğrudan bireyin çocuğuna yansıyacağı.

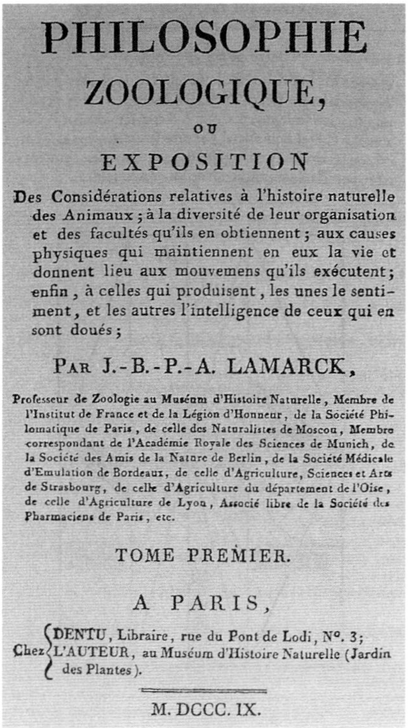
PHILOSOPHIE
ZOOLOGIQUE,
OU
EXPOSITION
Des Considérations relatives à l'histoire naturelle des Animaux ; à la diversité de leur organisation et des facultés qu'ils en obtiennent ; aux causes physiques qui maintiennent en eux la vie et donnent lieu aux mouvemens qu'ils exécutent ; enfin, à celles qui produisent, les unes le sentiment, et les autres l'intelligence de ceux qui en sont doués ;

PAR J.-B.-P.-A. LAMARCK,

Professeur de Zoologie au Muséum d'Histoire Naturelle, Membre de l'Institut de France et de la Légion d'Honneur, de la Société Philomatique de Paris, de celle des Naturalistes de Moscou, Membre correspondant de l'Académie Royale des Sciences de Munich, de la Société des Amis de la Nature de Berlin, de la Société Médicale d'Emulation de Bordeaux, de celle d'Agriculture, Sciences et Arts de Strasbourg, de celle d'Agriculture du département de l'Oise, de celle d'Agriculture de Lyon, Associé libre de la Société des Pharmaciens de Paris, etc.

TOME PREMIER.

A PARIS,

Chez DENTU, Libraire, rue du Pont de Lodi, N°. 3 ; L'AUTEUR, au Muséum d'Histoire Naturelle (Jardin des Plantes).

M. DCCC. IX.

Şekil 35. Lamarck'ın en büyük eseri kabul edilen Philosophie Zoologique'in serlevhası (1809).

Çevre baskısıyla organın gelişmesi, Lamarck'ın en çok yanlış anlaşılan ve bu nedenle de en çok saldırılan kavramlarından biri olan *iç his* (*sentiment intérieur*) sayesindeydi. Bu iç his, pek çoklarının sandığı gibi herhangi bir gizli, esrarengiz güç veya hayvanın şuurlu bir arzusu değildi. Lamarck, organizmaların isteyerek yaptıkları bazı hareketlerin huy haline geldiğini görmüştü. Bu huylar da vücut içinde bir sinir sıvısını harekete geçirerek huyda kullanılan organların gelişmesine neden oluyordu. Tüm yaşamı tamamen fiziksel bir olay olarak gören Lamarck'ın zaten evrimi herhangi bir mistik mekanizmaya bağlaması mümkün değildi.

Lamarck'ın fikirlerine en şiddetli muhalefet Muséum'daki meslektaşı Georges Cuvier'den geldi. Neredeyse iki yüzyıldır pek çok yazar bu muhalefetin gizli bir dinî nedeni olduğunu, Lamarck'ın materyalist fikirlerinin Cuvier'yi rahatsız ettiğini yazmışlardır. Bunun böyle olduğu konusunda en ufak bir ipucu yoktur aslında. Kendi eserlerinden hareketle Cuvier de en azından Lamarck kadar materyalist olarak gözükmektedir. Cuvier'nin sıkıntısı, Lamarck'ın fikirlerini destekleyecek doğrudan herhangi bir verinin bulunamamasıydı. Cuvier, 1795'ten itibaren fosil dört ayaklı hayvanları büyük bir dikkatle incelemiş, bilhassa fosil fillerin etüdü sonucunda Asya filinin ve Afrika filinin değişik türler olmasının yanında, fosilleri tüm kuzey Avrasya'da, bilhassa Sibirya'da pek bol bulunan tüylü fil mamutun da kendi başına bir tür olduğunu tespit etmişti. Ancak mamut artık yaşamıyordu. Nesli tükenmişti. Mamut fosilleri Sibirya'da denizel kabuklularla birlikte bulunmuşlar, fakat en önemlisi 1799 yılında Lena deltasında Yakutsk'lu kürk tüccarı Roman Boltunof tarafından donmuş toprağa gömülü bulunan mamutun hortumunun 1803 veya 1804 tarihlerinde Boltunof'un köpekleri tarafından yenilmesi olmuştu (Şekil 36).

Şekil 36. 1799'da Lena Nehrinin denize döküldüğü yere yakın bir mevkide bulunan donmuş mamutun Yakutsklu kürk tüccarı Roman Boltunof tarafından 1803 veya 1804 tarihinde çizilmiş resmi. Hortumun yenmiş olduğuna dikkat ediniz (muhtemelen kulaklar daha önce kaybolmuştu?).

Resmin orijinali Berlin'de Humboldt Üniversitesi Doğa Tarihi Müzesi'nde bulunmaktadır. Fosilin kendisi ise St. Petersburg'dadır.

Bundan önce de Peter Simon Pallas'ın Vilyui nehri boyunda kürklü bir gergedan bulmuş olması[171] ve yüzyıllardır mamut buluntularının sık sık et parçaları, hattâ kan pıhtılarıyla birlikte bulunması bu hayvanların öldükten çok kısa bir süre sonra donduklarını göstermekteydi. Ama yenilebilecek kalitede etin bulunması, fosilin öldükten en çok birkaç saat sonra tamamen donduğunu göstererek Cuvier'ye ölümün ve donmanın çok hızlı cereyan ettiği düşüncesini ilham etmişti. Mamut kürklü bir fil olmakla beraber herhalde bugünkü dondurucu ortamda yaşayıp yiyeceğini temin etmiş olamaz diye düşünüyordu Cuvier. Dolayısıyla mamutları öldürüp donduran olay aynı zamanda çevre şartlarını da kalıcı biçimde değiştirmiş olmalıydı. Mamut ve kürklü gergedan kadavralarının tüm Sibirya'ya ve Kuzey Avrupa'ya saçılı bulunması, bunların denizel fosillerle ilişkileri, Cuvier'ye bu hayvanları öldüren ve ortamı soğutan âfetin bir su basması olabileceği fikrini ilham etmişti. Zaten devrin Alman Pallas, Leopold von Buch, İsviçreli Jean-André De Luc, İskoçyalı Sir James Hall, Fransız André Chrysologue de Gy[172] gibi pek çok jeologu ve Cuvier'nin ilham aldığı Alman anatom Johann Friedrich Blumenbach (1752-1840) da böyle düşünüyordu[173]. Bu su basması niçin olmuştu? Cuvier bu soruya cevap aramağa kalkışmadı. Yukarıda değindiğim gibi, bir kometin dünyaya yaklaşarak böyle bir âfete neden olmuş olabileceğini çevresindekilere söylediğini biliyoruz; ama bunu hiçbir zaman ciddî bir bilimsel hipotez olarak yayınlamadı. Bunun nedeni Cuvier'nin gerçek bir ampirisist, yani gözlem tutkunu, tam bir pozitivist olmasıydı. Cuvier kendini gözlemin bir adım dışına çıkmağa yetkili görmüyordu; Lamarck gibi çıkanlara da müthiş kızıyordu. Bilimin temelsiz tahminlerden, rasgele uydurulmuş varsayımlardan çok zarar gördüğü kanısındaydı. Jeolojinin geçmişte böyle uydurma görüşlerin dile getirilmesi yüzünden ciddiye alınmadığına inanıyordu. Şimdi yapılması gereken, verilerin pozitif ışığında büyük bir dikkatle yer tarihini baştan kurmağa çalışmaktı. Cuvier, Chrysologue de Gy'nin 1806 yılında yayımlanmış olan jeoloji kitabı hakkında akademiye Haüy ve Lelièvre ile birlikte sunduğu (fakat kendisinin tek başına kaleme aldığı) meşhur raporda paleontolojinin kendi geliştirdiği karşılaştırmalı anatomi yöntemleri sayesinde jeolojiye sunduğu yeni gözlem ve çıkarım imkânlarını tartışmış, burada döne döne varsayımdan kaçarak gözleme önem verilmesi gereğini vurgulamıştır[174].

Cuvier, mamutun soyunun âniden tükenmiş olduğunu göstermekle kalmıyor, hiçbir yerde mamut iskeletleriyle birlikte insan fosilleri bulunmamış olduğu için, insanın mamutlar ortadan kalkar kalkmaz ortaya çıktığını iddia ediyordu. Mamut ne hızla yok olduysa insan da aynı hızla var oluvermişti. Bu gözlemler, Cuvier'yi hayvan türlerinin zaman içindeki değişimlerinin yavaş yavaş olamayacağı konusunda ikna etmişti. Cuvier, giderek gençleşen tabakalar içindeki hayvan fosillerinin değiştiğini inkâr etmiyordu. Sorun değişimin hızıydı. Cuvier soyların ortadan kalkışının âni âfetler esnasında olduğunu iddia ediyordu. Geçişlerin çok âni olduğunu gösteren jeolojik gözlemlere ilâveten, Cuvier günümüzde bir türden diğerine yavaşça geçişi gösterecek herhangi bir değişim görülmediğini de vurguluyordu. Fransız ordusunun kalabalık bir bilim adamı grubuyla 1798-1801 yılları arasında Napolyon komutasında Mısır'a yaptığı sefer her ne kadar askerî bir hezimetle sonuçlanmışsa da, bilim adamları bu maceradan elleri dolu dönmüşlerdi. Mısırdan gelen bilimsel ganimetler arasında firavun mezarlarında mumyalanmış olarak bulunmuş timsahlar, ibis kuşları, maymunlar vs. 1802 yılında Lamarck, Cuvier ve Lacépède'in imzalarını taşıyan bir raporda kısaca tasvir edilerek bunların bugünkü karşılıklarından hiçbir farkları olmadığı vurgulanmıştı. Bu Cuvier için büyük bir zaferdi. Aradan geçen "kırk yüzyıla" rağmen hayvanların görünüşlerinde en ufak bir değişikliğin meydana gelmemiş olması, Lamarck'ın türlerin ufak değişimlerle yavaş yavaş değiştikleri tezine karşı güçlü bir veriydi[175].

Cuvier ve Lamarck ile beraber on dokuzuncu yüzyılın ilk yıllarına ve böylece hem canlılar hem de cansızlar âleminde geçmişte çok önemli değişiklikler olduğunun tüm bilim dünyası tarafından kabul edildiği bir döneme gelmiş bulunuyoruz. Bu yıllarda bilim dünyasındaki en büyük sorun bu değişikliklerin hangi hızda ve hangi mekanizmalarla meydana geldiği idi. Herkes canlılar âlemindeki değişikliklerin cansız çevredeki değişiklikler sonucu olduğunda hemfikirdi. Bu nedenle önce cansız çevrenin davranışının sorununun çözülmesi gerekti. Cansız çevrenin ne şekilde davrandığı anlaşılır anlaşılmaz, canlılar âlemindeki değişikliklerin de hız ve mekanizması hakkında ilk ciddî varsayım ortaya geldi.

Rastgele değişim ve çevreyle uyumlu canlılar: Modern evrim fikirlerinin jeoloji etkisinde oluşması

On dokuzuncu yüzyıl başına kadar canlılar âleminde yeni türlerin ortaya çıkması fikrinin önündeki en ciddî engel, bilinen en eski zamanlardan beri hâlen yaşayan canlıların dışında yeni türlerin ortaya çıkmamış olmasıydı. Hâlen yaşayan canlıların kökeni belli bir zamana uzandırılabiliyor, bundan önceki canlıların da hâlen yaşayan canlılarla herhangi bir ilişkisinin olamayacağı, çünkü onların tamamen başka türlere ait oldukları ileri sürülüyordu. Bu fikri Cuvier ilk defa 1812'de yayımlanan meşhur eseri *Dört Ayaklı Hayvanların Fosil Kemikleri Üzerine Araştırmalar*'da zengin fosil malzemesine dayanarak vurgulamış, onun öğrencileri de aynı görüşü on dokuzuncu yüzyılın ortasına kadar taşımışlardı. Alcide d'Orbigny, 1849-1852 yılları arasında yayımlanan büyük eseri, *Cours Élémentaire de Paléontologie et de Géologie Stratigraphique*'in birinci cildindeki giriş kısmında jeolojik devirlerin birinden diğerine devam eder görülen türlerin aslında kötü betimlemelerin neden olduğu yanlış yapılmış teşhislere dayanan hatâlar olduğunu iddia edecek kadar ileri gitmişti[176]. Fakat her şeye rağmen yaşamın en eski devirlerden günümüze doğru bir gelişme gösterdiğini, her devirdeki canlıların çoğunun kendinden öncekilerle ve kendinden sonrakilerle bariz anatomik ilişkileri olduğu kesindi. Baştan yaratılmalar fikri bu gelişme bileşenini açıklamadığı gibi, gelişmenin coğrafi dağılımını da açıklayamıyordu: Buffon'un "yaradılış merkezleri" (*centres de création*) olarak yorumlamayı tercih ettiği "anavatan" (*patrie d'origine*) fikri gerçekten doğruya benziyordu. Belirli soylar belirli yerlerde gelişmişti.

Charles Lyell'in 1830-1833 yılları arasında ilk baskısını yayımladığı *Jeoloji'nin Prensipleri* adlı temel eseri hemen herkesi ikna etmemekle beraber jeolojide Hutton'un bakış açısını tekrar tartışmaların odağı yapmağa muvaffak olmuştu. Yirmi yıl sonra, yani 1850 yılında, Lyell benzerlerinin en eskisi ve en prestijlisi olan Londra Jeoloji Cemiyeti'nin (*The Geological Society*) yıllık toplantısında başkan olarak konuşmasını yaptığı zaman, güncelci ve büyük ölçüde tekdüzeci görüş artık jeolojik araştırmalarda geçmişçi ve âfetçi görüşü savunmaya itmiş durumdaydı. Üstelik sadece biri dışında bugün kullandığımız tüm jeolojik devirler tanımlanmışlardı. Bu devirlerin karşılığı olan kayaç "sistemleri" yalnız Avrupa içinde değil, tüm kıt'alarda jeolojik kronolojiyi kurmağa ve kıt'alararası deneştirmelere imkân veriyorlardı. Bu kuşkusuz on dokuzuncu yüzyılın en gözde bilimi olan jeoloji için göz kamaştırıcı bir başarıydı. Lyell'in konuşmasının hemen ardından büyük sömürge imparatorlukları ana vatanlarında olduğu gibi sömürgelerde de hızla jeoloji servisleri kurmağa, giderek artan enerji ve hammadde ihtiyacını sayıları çığ gibi büyüyen usta jeologların ellerine bırakmağa başladılar[177].

Tüm bu parlak ilerleme öyküsü içinde olduğu yerde sayan tek konu yaşamın gelişmesiydi. Hem anatomik hem paleontolojik inceleme malzemesi on dokuzuncu yüzyılın ilk yarısında çığ gibi artmıştı. Paleontolojik malzeme Lyell'in tekdüze yaşam tarihi ümidini söndürmüştü. Yaşamın gerçekten ilk zamanlardan günümüze gelişip serpildiği görülüyordu. Anatomik malzeme de canlıların birbirleriyle sanıldığından çok daha yakın ilişkileri olduğunu gösteriyordu.

Cuvier'nin Lamarck'ın görüşlerini verilere dayanarak çürütmesinden yaklaşık çeyrek yüzyıl sonra Cuvier'nin eski arkadaşı Étienne Geoffroy Saint-Hilaire (1772-1844: Şekil 37), nihayet uzun yıllardır yavaş yavaş geliştirdiği, tüm canlıların tek bir temel plana göre yapılandıkları fikrini 1830 yılında Paris Bilimler Akademisi'ne Latreille ile birlikte yazdığı bir raporda açıkça dile getirdi.

Şekil 37. Cuvier'ye evrim konusunda meydan okuyan arkadaşı Étienne Geoffroy Saint-Hilaire (1772-1844).
Cahn'ın 178. notta verilen eserinden.

Latreille'in kendisi de daha 1823'de kafadanbacaklılar hakkında yayımladığı bir incelemede bu omurgasız hayvanları balıklarla karşılaştırmıştı. Bu raporda Cuvier'nin kullandığı yöntemlerin artık modasının geçmiş olduğu, modern zoolojinin canlı yapılarının ortak bir ana plana göre kuruldukları fikrinin karşılaştırmalı anatomiye yeni bir bakış açısı ve yeni bir yöntem getirdiği iddia ediliyordu. Fransız biyolog ve moralisti Charles Girou de Buzareingues (1805-1891) de 1828'de yayınladığı *De la Génération* (Oluşum Üzerine) adlı eserinde evrim (evolution) kelimesini aynen Kielmeyer'in aldığı gibi soyun geçirdiği değişiklikler olarak yorumladı ve bireyin evriminin tüm hayvanlar âleminin evrimini yansıttığını söyledi. Buna temel aldığı görüş, değişen kalıtımsal öğelerin ebeveynden yavruya geçmesiydi. Bunun için Girou de Buzareingues de canlıların temelde bir plân birliğinden bahsediyordu. Geoffroy Saint-Hilaire'in Girou de Buzareingues'den etkilendiği muhakkaktır. Cuvier vakit geçirmeden Akademi'nin 22 Şubat'taki bir toplantısında iddia edilen plan birliğinin bazı benzerlik ve analojilerden ibaret olduğunu, ileri sürülen gözlemlerin ne birliği, ne aynılığı gösterdiğini, ne de sanıldığı gibi yeni bir ilke ortaya koyduğunu söyledi. Geoffroy'nın bu sert eleştiriye verdiği cevap hem yumuşak hem de içerikten yoksundu. 22 Mart ve 5 Nisan'daki toplantılarda Cuvier, Geoffroy'nın da incelemiş olduğu dil kemiğini ele alarak bunun dört ayaklılarda ve kuşlarda gösterdiği değişiklikleri büyük bir detayla anlattı ve bu değişikliklerin Geoffroy'nın iddia ettiği plan birliğinin olmadığını gösterdiğini ileri sürdü. Cuvier arkadaşı Geoffroy'ya hayalî plânlar peşinde koşmaktansa her hayvanın çevresiyle ve kendi içinde gösterdiği uyumu incelemesini, karşılaştırmalı anatominin her şeyden önce hayvanın fonksiyonları temeline oturması gerektiğini, bunun yegâne gerçek ilke olduğunu söyledi[178].

Goethe ve yaşamın evrimi fikri

Paris Bilimler Akademisi'nde olan bu tartışmanın haberi o zaman Weimar'da bulunan Goethe'ye ulaştığında, büyük bir şair olduğu kadar büyük de bir doğa bilimci olan evrensel dâhi (Şekil 38) müthiş heyecanlanmış, kendisini 2 Ağustos'ta görmeğe gelen sekreteri Johann Peter Eckermann'a (1792-1854) "Ee, bu büyük olay hakkında ne düşünüyorsunuz? Volkan nihayet patladı. Her şey alevler içinde. Bu artık kapalı kapılar ardında yapılan bir tartışma değildir" demişti.

Şekil 38. Goethe'nin 1835 yılında Angelica Facius tarafından yapılmış bir kabartması. 178. notta verilen Artemis-Verlag baskısından.

Goethe'nin, haberleri Weimar'a henüz ulaşmakta olan ve Fransa'da kral X. Charles'ın tahttan uzaklaşması ve Louis-Philippe'in kral olmasıyla sonuçlanan "Temmuz İhtilâli"nden bahsettiğini sanan Eckermann, "Feci bir olay! Ama bilinen şartlardan ve böyle bakanlardan sonunda kral ailesinin kovulmasından başka ne beklenirdi?" diye cevap verince, Goethe "Sevgili dostum galiba bir yanlış anlaşma oldu" diyerek "Onlardan bahsetmiyorum. Ben bambaşka şeylerle ilgiliyim. Ben Akademi'de herkesin önünde parlayan ve bilim için son derece önemli olan Cuvier ve Geoffroy de Saint-Hilaire arasındaki münakaşadan bahsediyorum" sözleriyle devam etmiştir[179].

Goethe'nin bu kadar heyecanlanmasının nedeni, kendisinin de Geoffroy'nın ve Lamarck'ın fikirlerine benzer fikirleri henüz 1780'lerde geliştirmiş olmasıydı. 1771'de arkadaşı Johann Heinrich Merck'in (1741-1791) teşvikiyle anatomik çalışmalarına başlayan Goethe, 1775'de Weimar'a gittikten sonra bu çalışmalarına hız vermiş, 1786'da Amsterdam'daki ünlü anatom Pieter Camper'e (1722-1789) insanlarda üst çene ara kemiğinin bulunduğu keşfini içeren bir yazısını göndermişti [180]. Bu yazıya Goethe büyük önem veriyordu, çünkü o tarihte anatomların ekserisi insanla hayvanlar arasında anatomik yönden de farklılıklar olduğuna dayanarak insanın hayvandan türemiş olduğu fikirlerine soğuk bakıyorlardı. Üst çene ara kemiğinin insanda gûya bulunmayışını bu önemli farklardan biri addeden Camper de bunlar arasındaydı. Goethe'nin yazısını çok sıcak karşılamakla beraber amacını anlamamış göründü ve cesaretini kırdı. Bundan kırk yıl sonra, 1824'de yukarıda bahsi geçen Alman anatomu Johann Friedrich Blumenbach (1752-1840) Goethe'nin keşfini bağımsız olarak tekrarladı.

Goethe hem yaptığı kemikbilim (osteoloji) çalışmalarında hem de bitkilerin uğradığı değişiklikler hakkındaki incelemeleri sonunda tüm canlıların tek bir büyük aile oldukları fikrine varmıştı. Bu çalışmalarında anatomiden farklı olarak canlıların şekil özelliklerini incelemiş, canlı organlarının ve organ gruplarının şekil evrimleri üzerinde durarak canlılar arasında şekil karşılaştırmaları yapmıştı. Goethe bu çalışmalarına Morfoloji (şekil bilimi) adını vermişti[181]. Burada Cuvier'nin anatom olmasına karşılık hem Lamarck'ın hem de Goeffroy'nın morfolog olduklarını vurgulamalıyım. Anatom yalnızca tasvirle uğraşır; morfolog ise şekillerin yorumuyla ilgilidir.

Goethe'nin heyecanı genelde 1830'ların bilim dünyasınca paylaşılmadı. Tartışmadan genel kanıya göre Geoffroy yenik çıkmış, Cuvier bir kez daha canlıların zaman içinde tedrici olarak değiştiğini ileri süren fikirlerin temelsiz olduğunu ispat etmişti. *Değişim olduğu kuşkusuzdu.* Hayvanlar dünyanın ilk çağlarında oldukları gibi değillerdi bugün. Ama sözümona pek çok defalar olmuş olan bu değişim âni ve hemen hemen evrensel oluyordu hep ve dünyamızın uğradığı tahmin edilen evrensel jeolojik âfetlere bağlıydı.

Lyell ve Darwin

Fakat 1830 aynı zamanda Lyell'in *Jeoloji'nin Prensipleri*'nin ilk cildinin yayımlandığı yıldı. Bir yıl sonra 27 Aralık 1831'de Majestelerinin *Beagle* gemisi İngiltere'den ayrılırken gemi süvarisi FitzRoy Darwin'e gemide giderken okuması için bu eserin yeni çıkmış olan birinci cildini hediye etmişti[182]. Darwin'in Cambridge'den botanik hocası John Stevens Henslow (1796-1861) da öğrencisine Lyell'in eserini (Şekil 5) mutlaka okumasını ama içinde söylenenlere asla inanmamasını salık vermişti onu uğurlarken. Darwin bu gezi esnasında Yeşil Burun Takımadaları'ndan St. Jago'da (São Tiago) yaptığı ilk jeolojik gözlemlerde Lyell'in fikirlerinin o zamanın ekseri jeolojik kuramlarından ne denli üstün olduğunu görmüştü[183]. Her şey eskiden bugün olduğu gibi oluyor idiyse, gördüğümüz her kayacı veya kayaçlar içindeki yapıları, içerdikleri fosilleri, kayaç kütlelerinin birbirleriyle olan zaman/mekân ilişkilerini, bugünkü dünyadaki karşılıklarına bakarak açıklamak, daha da önemlisi, zamanın etkisiyle bir kısmı harap olmuş nesneleri baştan kurmak mümkün olacaktı. Darwin, St. Jago'da bunu ilk elden tecrübe etmiş, adanın geçmiş dönemlerdeki muhtelif çökme ve yükselme devrelerini saptamış, volkanizmanın, içinde günümüze ait hayvanların fosillerinin bulunduğu bir kireçtaşı ünitesi ile ve muhtelif yaşlardaki volkanizma ürünlerinin de birbirleriyle olan ilişkilerinden adanın uzun ve tedricî gelişen volkanik tarihçesini çıkarmıştı. Ayrıca Darwin St. Jago'da sahilde güncel çakıltaşlarının oluştuğunu gözlemişti[184].

Eğer geçmişte her şey günümüzdeki gibi oluyorsa, bugün karşımızda duran yer şekillerinin ve o yer şekilleri içinde gördüğümüz jeolojik yapıların oluşması için muazzam bir zamana ihtiyaç vardı. Tarihsel coğrafya ile günümüzdeki coğrafyayı karşılaştırdığımızda ancak ufak tefek değişiklikler göze çarpıyordu: Bazı deltaların büyüdüğü, bazı volkanik adaların ortaya çıktığı, bazı sahillerden denizin çekildiği, nehirlerin vadilerinde kalmak şartıyla yatak değiştirdiği, bazı sahillerin özellikle depremler sonrası sular altında kaldığı... İnsan tarihinin kaydedebildiği değişiklikler işte bunlardan ibaretti. Halbuki jeoloji bize koca koca kıt'aların sulara batıp çıktığını, dağ silsilelerinin oluşup tekrar yok olduğunu söylüyordu. Tarihin kaydettiği ufacık jeolojik değişiklikler bile yüzlerce, binlerce yıl aldığına göre çok daha büyük olaylar milyonlarca yıl gerektirmiş olmalıydılar. Darwin *Türlerin Kökeni*'nde bunu şu sözlerle vurguluyordu: "Sir Charles Lyell'in Jeolojinin Prensipleri adlı muhteşem eserini okuyanlar geçmiş zamanların ne kadar uzun olmuş olması gerektiğini hâlâ kabul etmiyorlarsa, bu kitabı derhal kapatabilirler."[185] Darwin, Croll'un bir makalesine atıf yaparak, bu araştırıcının 1000 ayak kalınlığında (yaklaşık 300 metre) bir kayaç istifinin tamamen aşınmasının 6 milyon yıl alacağına işaret ediyor. Ancak Croll haklı olarak 6 milyon yılın ne anlama geldiğini çoğu insanın anlayamayacağını, bunun için de bir benzetme gerektiğini söylüyor. 83 ayak 4 inç uzunluğunda (yaklaşık 28 metre) ince bir kâğıt şeridi bir duvar boyunca uzatınız, diyor. Sonra bir ucundan onda bir inçlik (~2.5 mm'lik) bir kesimi işaretleyiniz. Bu yüz yılı, tüm şeridin uzunluğu da bir milyon yılı temsil eder. Darwin bu benzetmeyi anlattıktan sonra, yüz yılın iki hayvan yetiştiricisinin tüm yaşamları boyu yapabileceklerinin tamamını oluşturduğunu, halbuki özel seçme ile oluşturulan hayvan ırklarının meydana getirilmesinin nesiller aldığını hatırlatıyor. Üstelik doğada hayvanların değişikliğe uğraması, yetiştirme çiftliklerinde kasıtlı olarak yapılan değişikliklere nazaran çok daha fazla zaman alıyor. Dolayısıyla, evrim sonucu yeni türlerin teşekkülüne çok, ama çok uzun bir zaman gerektiği görülüyor[186]. Modern jeoloji, diyor Darwin, bu zamanın gerçekten geçmiş olduğunu bizlere göstermektedir ki bu Lyell'in modern evrim teorisinin ortaya çıkmasına yaptığı en büyük katkıdır[187]. Darwin'in tüm ömrünü büyük dağların olmadığı ılıman bir iklim bölgesinde geçirmiş olması onu aynen Lyell gibi jeolojik olayların hızları konusunda yanıltmıştır gerçi. Örneğin, Darwin güney İngiltere'de Weald yapısının aşınma hızına bakarak bugün 65 milyon yıl önce bitmiş olduğunu bildiğimiz ve sonunda dinozorlar, ammonitler gibi halk arasında da yaygın olarak bilinen varlıkların soylarının tükendiği Tebeşir Devri'nin (Kretase Devri) 300 milyon yıl önce son bulduğunu sanıyordu. Bu yanılgı, büyük ölçüde aşındırma, çökeltme gibi yüzey olaylarının tekdüze gelişmemesi, bunların bil'akis ihtilâclarla kısa zaman aralıklarında çok iş yaparak uzun sürelerde âdeta rölantide çalıştıklarını takdir etmemekten gelmektedir. Örneğin, 1999 Aralık ayının ortasında Venezuela'da meydana gelen ve on binleri cansız, evsiz, barksız bırakan muazzam sel âfetinde en çok zarar veren unsur yer yer 7 metreyi geçen çamur çökellerinin oluşmasıydı. Çamur pek çok kasabayı, bu arada La Guaira şehrini örtmüş, 52.000 ev ve kilometrelerce yol çamur altında kalmıştı[188]. Tüm bu çökelim birkaç gün içinde olmuştur. Normal şartlarda bir yüzyılda birikemeyen çökel, âfet anında birkaç gün, hattâ birkaç saat gibi bir sürede çökelebilmektedir. Hem Lyell hem de Darwin bu tür âfet olaylarının jeolojik zabıtlarına çok dikkat etmemişler, jeolojik zamanı yüzey âmillerinin rölanti hızlarıyla hesap etmeğe kalkmışlardır.

Fakat her şeye rağmen Lyell jeolojik zamanın o güne kadar pek çoklarının sandığından çok, ama çok daha uzun olmuş olması gerektiğini göstermiş, bu şekilde ondokuzuncu yüzyılda MÖ 5. yüzyılda yaşamış İyonyalı doğa bilimcilerin tahminlerine bir dönüş yapmıştır.

Darwin'e prelüd: Robert Chambers ve *"Vestiges"*

Lyell'in *Jeolojinin Prensipleri*'nin yayınlanmasından sonra da canlıların evrimine dair pek çok eser yayınlandı. İngiltere'de bunların en meşhuru hiç kuşkusuz Robert Chambers'in (1802-1871) anonim olarak yayınlanmış olan *Yaradılışın Doğa Tarihinin İzleri (Vestiges of the Natural History of Creation* 1844), Fransa'da da meşhur antropolog Jacques Boucher de Crèvecœur de Perthes'in (1788-1868)[189] beş ciltlik *Yaradılış Hakkında*'sıydı (*De la Création, Essai sur l'Origine et la Progression des Êtres*, 1838-1841). Her iki eser de Darwin'den önceki yıllarda canlıların evrimi fikrini gündemde tutarak toplumun ilgisini bu konuya teksif ettiler. Hele Chambers'in kitabı İngiltere'de büyük patırtı kopardı, buna rağmen on dört yıl gibi kısa bir zamanda on bir baskı yaparak 23.350 nüsha sattı. Chambers'a itirazlar iki açıdan yapılıyordu. Birinci açı dindar çevrelerin kitabın neredeyse ateizme kaçan tonundan duydukları rahatsızlıktı. Chambers bu reaksiyonu bekliyordu. Ama bilim çevrelerinden gelen sert tepki hem yazara hem de halka bilimsel konuların bilimsel verilere dikkat etmeden tartışılamayacağı konusunda pek güzel bir ders verdi. Chambers ev ödevini gerektiği gibi yapmamıştı. Kimyacı Lyon Playfair (1818-1898), zoolog-paleontolog Edward Forbes (1815-1854), astronom John F. W. Herschel (1792-1871), 1845 yılında Londra'ya gelen Chambers'a *Vestiges*'in yazarının (bunun Chambers'in kendisi olduğunu bilmeden) bilimsel gaflarını sayıp dökmüşlerdi. Bilim âleminden en sert tepki Cambridge'in şöhretli jeoloji profesörü (ve aynı zamanda bir Anglikan papazı) olan Adam Sedgwick'ten geldi. Sedgwick (1785-1873) Chambers'ın fosil malzemesini bilgili bir şekilde kullanmadığını belgeledi. Şaşılacak bir şekilde, Sedgwick o zamana kadar karşı olduğu Lyell'in tarafına geçerek jeolojik geçmişte yaşamın sürekli gelişip gelişmediğinin açık olmadığını yazdı. Ancak uzun tenkidinin sonunda Sedgwick kendini ele veriyordu: Onu esas dertlendiren *Vestiges*'in dine vereceği zarardı. Whewell gibi Sedgwick de eğer *Vesitges*'de yazılanlar doğruysa *Kutsal Kitap*'ın bir yalan, âhiretin ise rahatlatıcı bir masaldan ibaret olacağı endişesini taşıyordu. Bu nedenle Chambers büyük jeologun bilimsel itirazlarını not etti, kullandığı dili ise "en aşağı tabakadan bir yobazın kini ile bezenmiş"[190] olarak betimledi.

Chambers'a (ve Boucher de Perthes'e ve onlardan önceki Goethe, Lamarck, Geoffroy gibi tüm evrim taraftarlarına) yöneltilen en ciddî eleştiri, verilerin nesnel ve detaylı bir şekilde ileri sürülen iddianın temelinde kullanılmamış olmasıydı. Evrim fikri yeni değildi. Yeni olmadığı gibi kimse hayvanların ve bitkilerin zaman içinde değişikliğe uğramış olduğunu reddetmiyordu. Bilinmeyen, zaman içinde değişime uğrayan hayvanların tek bir kökü mü yoksa çeşitli yerlerde çeşitli zamanlarda ortaya çıkmış değişik kökleri mi temsil ettikleri sorunuydu. Bu kökler tekse, aslında manzara tâ Aziz Agustinus'un gösterdiği gibi *Kutsal Kitap*'la uyum içindeydi. Tek sorun tek kökün ürünlerinin ne derece değiştikleriydi. En büyük muamma da insanın kökeniydi. Eğer insan da daha alt düzeydeki hayvanlardan türediyse bu *Kutsal Kitap*'la tam bir tezat yaratıyor ve aslında dindar kişilerin kafasında evrim düşüncesinin karşısındaki en güç bariyeri oluşturuyordu. Bu nedenle Buffon- ve Cuviervârî, değişik zamanlarda, değişik yerlerde yaratılış varsayımları *Kutsal Kitap*'la uyum içinde olmamalarına rağmen dinî otoritelere daha sempatik geliyordu. En azından bu suretle insanın *Kutsal Kitap*'ın betimlediği şekilde yaratıldığını varsayma imkânı kalıyordu. Bu konuda ise on dokuzuncu yüzyıl ortası insanlarının gönülleri rahattı. Mamutların, mastodonların, tüylü gergedanların ve onlarla birlikte bir sürü Dördüncü Zaman hayvanının ortadan kalktığını gösteren büyük Cuvier, insanın hiçbir zaman bu hayvanlarla birlikte yaşamadığını ispat etmiş, insan mamutların ortadan kalkmasından hemen sonra ortaya çıkmış, yani belli ki özel olarak yaratılmıştı. On dokuzuncu yüzyılda büyük çoğunluk insanın tanrının özel bir yaratığı olduğundan hâlâ emindi. Onun için, dünya önce hazırlanmış, sonra korkunç yaratıklardan temizlenmiş ve nihayet bugünkü güzel dünyaya insan indirilmişti.

Ancak bu güzel ve rahat hikâye de muhaliflerden âri değildi. Bilhassa Fransa'da Abbeville gümrük kontrolörü Boucher de Perthes'in (1788-1868) Moulin-Quignon civarındaki mağaralarda 1838'de Dördüncü Zaman hayvan fosilleriyle insan ürünlerini bir arada bulduğunu ilân etmesi ortalığı karıştırdı. Bu iddia gerçi yeni değildi: 1829'da İngiltere'de Kent'deki Torquay mağarasında Katolik papazı J. McEnery mağaranın stalagtitlerden oluşan taban tabakasının altında fosil gergedan ve bazı diğer Dördüncü Zaman hayvanlarıyla birlikte çakmaktaşından yapılmış âletler bulmuştu. Prehistoryanın büyük babası denen François Jouannet (1765-1845) 1810'da Fransa'nın güneyinde Dordogne'daki Combe-Grenal mağaralarında Dördüncü Zaman hayvan fosilleri toplamak için kazılar başlatmıştı[191]. Hem o, hem de Aude bölgesindeki meşhur Bize mağarasını 1827'da kazmaya başlayan Pierre Tournal, buralarda Dördüncü Zaman hayvan fosilleriyle beraber insan fosillerinin bulunduğunu rapor etmişlerdi. Ama işi açığa çıkarmak Boucher de Perthes'e nasip oldu. 1847 yılında *Kelt ve Tufan Öncesi Kalıntıları* (*Antiquités Celtiques et Antédiluviennes*: 1847-1864) adlı eserin yayınlanmağa başlamasıyla Fransız bilim dünyası Boucher de Perthes'e karşı olanlar ve ondan yana olanlar olarak ikiye ayrıldı. Jules Verne'nin *Arzın Merkezine Seyahat* (*Voyage au Centre de la Terre* 1866) adlı romanında romanın kahramanı Profesör Lidenbrock'un ağzından özetlediği bu tartışma büyük ölçüde İngiltere'de yapılan çalışmalarla Boucher de Perthes lehine sonuca bağlandı.

Önce meşhur paleontolog Hugh Falconer (1808-1865) Sicilya'ya yapacağı bir geziye giderken Fransa'da Abbeville'e uğrayarak tartışılan verileri bizzat görüp çok etkilendi. Onun tavsiyesi üzerine İngiliz jeologu Joseph Prestwich (1812-1865) arkeolog, nümizmatist ve jeolog John Evans (1823-1908) ile birlikte Abbeville'i ve St. Acheul'ü gezerek koleksiyonları ve fosillerin yüzeylediği çakıl kuyularını gördü. Dönüşte Royal Society'e takdim ettiği bir tebliğ çok olumlu bir etki yaptı[192]. Bu etki yalnızca Prestwich'in saygı duyulan tecrübeli bir jeolog olmasından kaynaklanmıyordu. Prestwich aynı zamanda İngiltere'den de Boucher de Perthes'in sonuçlarını destekleyen sonuçlar çıktığını ilân etmişti: Peder McEnery'nin yakınlarından William Pengelly (1812-1894) Devon'daki Brixham mağarasında insan fosillerini Dördüncü Zaman hayvanlarıyla bir arada bulmuştu! İnsanı kendinden önceki "yaradılıştan" ayıran perde böylece yırtılmış oluyordu[193]. Goethe üst çene kemiği arası kemiğini keşfederek insanla ona şeklen en yakın hayvanlar arasında hiçbir temel anatomik farkın olmadığını ispat etmişti. Şimdi Boucher de Perthes Fransa'da, Pengelly de İngiltere'de insanın kendisine zamansal olarak en yakıl fosil hayvanlardan zamansal olarak da ayrılamayacağını ispat ediyorlardı.

Yıl 1858, Charles Darwin'in büyük eserinin yayımından yalnızca bir yıl önceydi. Darwin'in yakın dostu, jeolojik kılavuzu Sir Charles Lyell, Pengelly'nin bulgularından ve Prestwich'in makalesinden son derece rahatsız olmuştu. İnsanı tanrının özel bir yaratığı olarak muhafaza etmek artık imkânsız görünüyordu. Ama Sir Charles her şeye rağmen Pengelly'den verileri kendisine bizzat yerinde göstermesini rica etti.

Charles Darwin ve modern evrim kuramının doğuşu

Sir Charles'ı Brixham'a giden yolda düşünceleriyle baş başa bırakarak, artık evrim teorisine nihayet ilk defa tüm bilim âlemince ciddiye alınabilir bir şekil veren arkadaşı Charles Darwin'in çalışmalarına bir göz atmalıyız (Şekil 39).

Darwin'in eseri, büyük bir dehâ ürünü olmakla beraber, aynı zamanda temelleri Miletos'a Anaksimandros ve öğrencilerinin çalışmalarına kadar inen, tüm insanlığın 25 yüzyıldır orasına burasına katkıda bulunduğu, üzerinde insanoğlunun en saygıdeğer temsilcilerinin adları yazılı muazzam bir zekâ ve bilgi anıtının üzerine yerleştirilmiş parlak bir taçtır. O taç hiç kuşkusuz onu taşıyanla birlikte gerçek değerini bulur.

Şekil 39.Charles Robert Darwin (1809-1882) Türlerin Kökeni'nin yayımlanmasından birkaç ay sonra. Torunu Nora Barlow'un restore ettiği otobiyografisinden (not 194).

Darwin'in[194] türlerin kökeni konusuyla karşı karşıya gelmesi, 1831 yılında bir dünya turuna çıkmaya hazırlanan *Beagle* gemisinin süvarisi olan Kaptan Robert FitzRoy'un (1805-1865) gemiye boğaz tokluğuna gelecek "centilmen" (yani üst sosyal sınıflardan) bir doğa bilimciye kendi kamarasının yarısını vermeğe hazır olduğunu ilân etmesi ve Darwin'in de hocası John Stevens Henslow'un tavsiyesiyle gönüllü olarak bu sefere katılmasıyla başlar[195]: "H.M.S. *Beagle*'dayken Güney Amerika'nın sakinlerinin dağılımındaki bazı gerçekler ve bu kıt'anın şimdiki sakinlerinin geçmişteki sakinleriyle olan jeolojik ilişkileri bana çok çarpıcı gelmişti. Bu gerçekler türlerin kökeninini—en büyük filozoflarımızdan birinin tâbiriyle o esrarların esrarını—bir miktar aydınlatıyor gibi geldi bana. Vatana dönünce, 1837'de, onunla ilgili her türlü gözlemi toplayıp bunlar üzerinde düşünerek bu sorunla ilgili bir şeyler yapılabilir gibi göründü."[196] Darwin büyük klâsiği *Türlerin Kökeni*'ni yukarıdaki sözlerle açar (Şekil 40). Gerçekten de *Beagle* gezisi esnasında Darwin'in büyük bir enerjiyle topladığı örnekler ve yaptığı gözlemler, onu türlerin sâbit olamayacakları fikrine götürmeğe başlamıştı. Güney Amerika'da Darwin soyu tükenmiş armadilloların fosillerini bulmuştu. Bunlar bugün orada yaşayan armadillolara benzemekle beraber onların aynısı değillerdi. Arjantin'de türlerin coğrafi konumlarına göre değişiklik gösterdikleri dikkatini çekmişti: Örneğin pampalarda yaşayan dev devekuşları güneye, Patagonya'ya gidildikçe yerlerini daha ufak boylu başka bir türe bırakıyorlardı. Bunların her ikisi de Afrika devekuşuna benzemekle beraber onun aynısı değillerdi. Ekvador sahiline yakın olan Galapagos adalarındaki kuşlar ve kaplumbağaların Ekvador'dakilere benzemeleri, buna karşılık diğer Galapagos adalarında tamamen değişik hayvan topluluklarının olması Darwin'i düşünceye sevk etmişti. Galapagos takımadalarında ispinoz kuşu örnekleri toplarken Darwin, bunların bir türün ayrı değişkenlerine ait olduklarını sanıyordu. Londra'daki uzman dostlarının bunların her birinin ayrı bir türe ait olduğunu söylemesi onu çok şaşırttı. Buradaki alaycı kuşların üç, kaplumbağaların en az iki türe ait olduklarını da öğrendi. Bu türlerin hepsi de adalara aittiler ve adaların yakınındaki her iki Amerika'da da görülmüyorlardı. 1837 Mart'ında Darwin not defterine türlerin sabit olmadığını, coğrafi mahale ve jeolojik zamana göre değişiklik gösterdiklerini yazdı. Fakat bu yeni bir buluş değil, herkesin bildiği şeydi. Darwin bunu 1859'da *Türlerin Kökeni*'ne yazdığı "Giriş" kısmında çok güzel dile getirir: "Türlerin Kökeni hakkında kafa yorarken, organik varlıkların karşılıklı alâkalarını, embriyolojik ilişkilerini, coğrafi dağılımlarını, jeolojik sıralarını ve diğer bazı benzer gözlemleri düşünen bir doğa bilimci her türün bağımsız olarak yaratılmadığı ve bir türün değişkenleri gibi diğer türlerden türediği sonucuna varabilir. Böyle bir sonuç, iyi temellendirilmiş bile olsa, bu dünyada bulunan pek çok türün hayranlığımıza mazhar olan yapı ve uyum mükemmelliğine ulaşmak için nasıl değişikliğe uğradığını açıklamadığı sürece tatminkâr olmayacaktır."[197] Demek Darwin, kendisini türlerin değişikliğe uğrayıp uğramadıklarını keşfeden biri olarak değil, zaten keşfedilmiş olan bu gözlemi açıklaması gereken bir kişi olarak görmektedir. Bu kitabın bundan önceki kısımlarında gözden geçirdiğimiz tarih de bu teşhisi zaten doğrulamaktadır.

1838 Eylül'ünde Darwin Thomas Robert Malthus'un (1766-1834)[198] meşhur *Nüfus Prensibi Üzerine Bir Deneme* (*An Essay on the Principle of Population*)[199] adlı eserini okumuştur. Geometrik nüfus artışıyla yalnızca aritmetik olarak artan besin miktarı arasındaki matematik ilişkiyi rakamlara vuran Malthus eninde sonunda besin kaynağındaki kısıtlamanın nüfus artışına bir kontrol getireceğini vurgulamıştır (Carlyle, Malthus'un eserini okuduktan sonra ekonomiye "iç kapatıcı bilim" {*dismal science*} demiştir![200]). Darwin burada türlerin niçin sonsuza kadar artamayacağının, niçin bazı türlerin çevrede bir âfet olmasa da ortadan kalkmaları gerektiğinin anahtarını bulmuştur.

Tekrar edelim: Türlerin zaman içinde değişikliğe uğradıkları, bazılarının yeni ortaya çıktığı, bazılarının da ortadan kalktığı Darwin'den önce de biliniyordu. Ancak bunun niçin böyle olduğu, türlerin hangi mekanizmayla ortaya çıkıp neden yok oldukları muğlaktı. Cuvier, Buffon'un organik moleküllerinin hazır canlılar

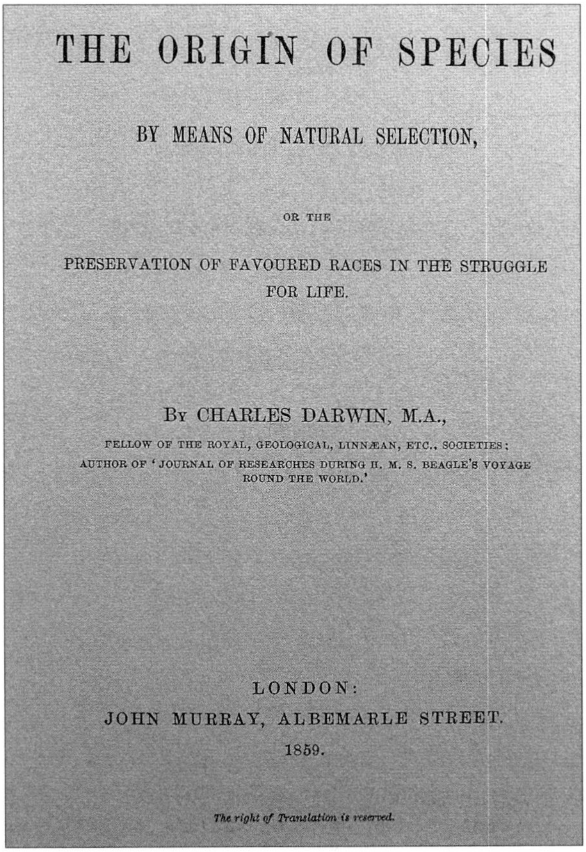

THE ORIGIN OF SPECIES

BY MEANS OF NATURAL SELECTION,

OR THE

PRESERVATION OF FAVOURED RACES IN THE STRUGGLE FOR LIFE.

BY CHARLES DARWIN, M.A.,

FELLOW OF THE ROYAL, GEOLOGICAL, LINNÆAN, ETC., SOCIETIES;
AUTHOR OF 'JOURNAL OF RESEARCHES DURING H. M. S. BEAGLE'S VOYAGE ROUND THE WORLD.'

LONDON:
JOHN MURRAY, ALBEMARLE STREET.
1859.

The right of Translation is reserved.

Şekil 40.Darwin'in Türlerin Kökeni'nin ilk baskısının serlevhası.

türeteceği tezini açıkça söylemeden kabul etmiş, evrensele yakın büyük âfetlerin de türleri silip süpüreceğini öne sürmüştü. Cuvier kendi zamanındaki az jeolojik ve paleontolojik bilgiyi bu varsayımlar çerçevesinde yorumlamış, öğrencisi Alcide d'Orbigny bu yorumu on dokuzuncu yüzyılın ortasına taşımıştı. Ancak Lyell'in güncelci ve tekdüzeci jeolojisi Cuvier'nin evrensel âfetlerine olanak tanımıyordu. Darwin'in kendine verdiği görev tekdüzeye yakın bir fiziksel gelişmesi olduğu sanılan bir dünyada türlerin köken ve sonlarının nedenlerini araştırmaktı. Malthus'un kitabı birdenbire Darwin'e aradığı anahtarın birini, türlerin ortadan kalkma mekanizmasını vermişti.

Türlerin nasıl ortaya çıktıkları sorununa ise Darwin aynen Buffon, Goethe, Lamarck ve Geoffroy gibi önce tür içi değişiklikleri ve çeşitlenmeleri inceleyerek yaklaştı. Burada da bu değişiklik ve çeşitlenmelerin Buffon'un dediği gibi en bâriz olduğu evcil türleri önce inceledi. Zaten *Türlerin Kökeni*'nin "Giriş"ten sonraki ilk bölümü olan evcil türlerde elde edilen değişim ve çeşitlenmelerle ilgili kısım, Buffon'un çeşitlenmenin evcil türlerde yabanî türlere nazaran daha zengin ve belirgin olduğu gözlemiyle açılır. Darwin daha sonra benzer değişim ve çeşitlenmenin yabanî hayvanlarda da görüldüğünü, ancak serbest doğada bu olayların yetiştirme çiftliklerinde kastî olarak yapılan çeşitlenme deneylerine nazaran çok daha yavaş cereyan ettiğine dikkat çeker.

Hayvanların bu suretle zaman içinde yeni türler ürettiklerini gösteren Darwin, bir sonraki bölümde bu türlerin oluşum mekanizmalarına inmektense Malthus'un nüfus teorisi temeline oturan doğal seçme kuramını takdim eder. Bu kuram türlerin kontrolsüz bir şekilde artmasının önündeki engeldir. Bazen bir değişim yeni bir tür olamadan ortadan kaybolabilir. Bazen şartlar değişime bile engel olabilirler. Bazen de çok elverişli durumlarda (Galapagos gibi) türler hızla artar. Darwin, Malthus'un kuramını doğaya uygularken, nüfus kontrolünün doğada insan toplumundakine nazaran çok daha acımasızca olacağına dikkat çekmiştir. Doğada evlilik kontrolü olmadığı gibi, karşılıklı yardım insan cemiyetindeki gibi değildir. Doğada herkes herkese karşıdır. Mücadele türler arası olduğu gibi aynı zamanda tür içinde bireyler arasında da olur[201].

Darwin türlerin nasıl oluşup nasıl yok olacaklarını içeren kendi içinde tutarlı ve simetrik kuramını bu şekilde sunduktan sonra, kitabının 5. bölümünde değişim yasaları başlığı ile türlerin ortaya çıkış mekanizmalarının detaylarına eğiliyor. Bu kısım hiç kuşkusuz *Türlerin Kökeni*'nin en zayıf bölümüdür, çünkü Darwin *Türlerin Kökeni* adını verdiği eserinde bu bölümde dahî türlerin nasıl oluştuklarını anlatan bir mekanizma sunamıyor. Anlattıkları, organların sürekli kullanma ile değişmesi, iklimlere uyum, büyüme esnasında bir organın değişmesi halinde diğer bazılarında da değişim görülebilme olasılığı, büyümede bir yerin çok büyümesi halinde diğer yerlerin körelebileceği ("büyüme ekonomisi"), Goethe'ye ait olan sonuncusu hariç hepsi Lamarck'ın, hattâ bazıları Buffon'un ortaya attıklarıdır. Kuşkusuz Darwin bunları büyük bir ustalıkla sunmuş, akıllıca seçilmiş pek çok örnekle desteklemiştir; ama yeni bir şey söylememiştir. Kitabını okuyan arkadaşı Charles Lyell defterine "Bu çeşitliliği yapan güç nedir? İşte esas mesele budur." diye yazmamış mıydı?[202] Bu belirsizliğin nedeni, Darwin'in ölümünden uzun yıllar sonra onun eserinin etkisiyle yapılan buluşlara bakılınca görülür. Darwin'in *Türlerin Kökeni* problemini çözebilmek için mütasyon teorisine ve genetik bilimine ihtiyacı vardı. Genetik hakkında Gregor Mendel'in (1822-1884) uzun yıllar unutulan katkısı hariç[203], hem mütasyon teorisi, hem de genetik bilimi ancak 20. yüzyılda gelişebilmiştir.

Darwin böylece 1859 yılında yayımladığı *Türlerin Kökeni* ile canlıların zaman içinde uğradıkları değişikliğe, bir diğer ifâde ile esrarların esrarı addedilen *Türlerin Köken*ine bol veriyle desteklenen, gözlemle reddedilebilecek bir açıklama getirmiştir. Türlerin zaman içinde değişikliğe uğradıklarının Darwin tarafından keşfedilmediğini tekrar tekrar vurgulamak çok önemlidir. Bu çıkarım Darwin'den yüzyıllarca önce yapılmış, hele Darwin'in çağında herkesin bildiği bir şeydi. Nasıl ki gezegenlerin varlığını ve yörüngelerini keşfeden Newton değil, fakat onları bir kuram çerçevesinde açıklayan Newton'dur, Darwin de evrimi keşfeden değil, fakat ona inandırıcı, en azından ciddî olarak düşündürücü bir açıklama getiren kişidir.

Darwin herkesi inandırabildi mi? Hayır![204] Dostu ve destekçisi Lyell ve doğal seçme kuramını ondan bağımsız olarak keşfetmiş olan Alfred Russel Wallace (bir sonraki bahse bkz.) bile Darwin'in kuramının özellikle insan soyunun kökeni hakkında imâ ettiklerini düşünerek korkmuşlardır. Lyell'in gizli ümidi insan fosilleriyle Dördüncü Zaman fosillerinin bir arada bulunamamalarıydı. Ancak bu ümit de boş çıktı. Lyell British Association'ın başkanı olarak konuşmasını yapmak için 1859'da Aberdeen'e giderken Brixham'da çalışan William Pengelly'i ziyaret etti. Burada Pengelly'nin gösterdikleri Lyell'in son ümidini de söndürdü. İnsan tür olarak gerçekten sanıldığından daha eskiydi ve gerçekten de şimdi nesli tükenmiş bazı Dördüncü Zaman hayvanlarıyla birlikte yaşamıştı. İnsanın özel bir yaratık olduğu inancı da böylece son desteğini kaybediyordu. Lyell Aberdeen'de Pengelly'nin buluşlarını desteklemekle kalmadı[205], kendisi de derhal insanın jeolojik geçmişi hakkında bir kitap yazmağa koyuldu. 1863 Şubat'ında yayımlanan bu önemli eser[206], Nisan'da ikinci baskısını, Kasım'da üçüncü baskısını yaptı! Bir yılda üç baskı yapan bu bilimsel klâsiğin dördüncü baskısı 1873 yılında çıktı.

Alfred Russel Wallace: Ruhanîlik kurbanı bir tabiîyeci

Darwin ve evrim sürecine anlaşılabilir ve kabul edilebilir bir mekanizma bulunması hakkındaki kısımda, aynı mekanizmayı, yani doğal seçmeyi, Darwin'den bağımsız olarak keşfetmiş olan Alfred Russel Wallace'dan bahsetmedim, çünkü Wallace olmasa da Darwin'in doğal seçme kuramı bilimin malı olacaktı. Ancak bu kuramın türlerin çeşitlilikleri, geçmişleri ve başkalaşımları hakkındaki gözlemleri açıklamaktaki gücünü ve özellikle on dokuzuncu yüzyılın ortasındaki insanlar için neler imâ ettiğini daha iyi anlayabilmek için Wallace'ın bağımsız keşfinin de kısaca tarihini izlemek yararlıdır.

Şekil 41. Alfred Russel Wallace (sağda) 1860 yılında maden mühendisi Frederick Geach ile birlikte Güneydoğu Asya'da. Burada iki yıl önce doğal seçme fikrini Darwin'den bağımsız olarak bulmuştu.

Alfred Russel Wallace (Şekil 41) 8 Ocak 1823'de Büyük Britanya'nın Galler bölgesindeki Usk şehri yakınlarında orta halli fakat giderek fakirleşen İngiliz bir ailenin çocuğu olarak dünyaya geldi[207]. Babasının kötüleşen mâli durumu 14 yaşında okuldan ayrılarak Londra'da bulunan büyük kardeşinin yanında kadastro ve inşaat asistanı olarak çalışmasını gerektirdi. Bu arada Wallace yarım kalan tahsilini çalıştığı yerlerde bulabildiği halka açık kütüphanelerde okuyarak elinden geldiğince ikmale çalışıyordu. Bu arada Alexander von Humboldt'un Güney Amerika gezilerini okudu, sosyalist Robert Owen'in ütopist konferanslarını dinledi. Owen'in oğlu Robert Dale Owen'in yayınladığı bir broşürde cehennemde ebedî ceza fikrinin ne büyük bir adaletsizlik olduğu fikriyle karşılaştı. Bu fikir onu çok etkiledi ve Wallace, Hristiyan inançlarından uzaklaştı.

Bu arada, Wallace ağabeyi ile beraber Londra dışındaki işlere de gidiyordu. Bu işler esnasında botaniğe merak sardı ve kazandığı çok cüz'î paradan arttırabildiği birkaç kuruş ile kendi herbariumunu kurmağa başladı (kitap almağa parası yetmediği için onları yalnızca ödünç alabiliyordu). Herbariumun kurulması doğal olarak genç Wallace'ı von Linné'nin biyolojik sınıflaması ile tanıştırdı ve onda türlerin nasıl oluşmuş olabilecekleri konusunda bir merak uyandırdı. Ancak bu merakın ciddî bir sorun halinde karşısına çıkması daha sonra kendisi gibi genç bir amatör olan, geleceğin meşhur tabiîyecisi Henry Walter Bates (1825-1892) ile tanışmasından ve onun sayesinde böceklerle ilgilenmeğe başlamasından sonradır. Bates, Wallace'a kendi böcek koleksiyonunu gösterdi ve bulundukları yerin civarında, on millik bir yarıçapa sahip bir alan içerisinde bin kadar kınkanatlı türünün olduğunu söyledi. Tüm Britanya adalarında bu sayı belki üç bin kadardı. Wallace şaşırmıştı! Bu tür zenginliğinin nedeni ne olabilirdi? Bu arada aynen Darwin gibi Wallace da Malthus'un *Nüfus Prensibi Üzerine Bir Deneme*'sini okudu. O anda bu eser, üzerinde büyük bir etki yapmadı, ama yıllar sonra, Güneydoğu Asya'da, Halmahera adasının unutulmuş küçücük bir koyunda, hamağında battaniyelere sarılı olarak bir yandan sıtma nöbetleriyle cebelleşir, diğer yandan da Malay takımadalarında gördüğü muazzam tür zenginliğinin nedenlerini anlamaya çalışırken, birden bu kitapta yazılanlar aklına geldi ve bunlar, aynen Darwin'e olduğu gibi, ona doğal seçme fikrini ilham ettiler.

1845'te Wallace bir de Chambers'in *Vestiges*'ini okudu. Bu eserin içerdiği tüm yanlışlara rağmen, organik dünyanın jeolojik tarih boyunca sürekli bir değişim geçirmiş olması fikri ona son derece mantıkî geldi. Zaten türlerin doğal süreçlerle zaman içerisinde değiştikleri 1845'te yeni bir fikir değildi. Doğa bilimcilerin hemen hepsi bu değişikliği kabul ediyor, ancak mekanizmasını bilemiyorlardı. Aynı yıl Darwin'in *Journals*'ını okudu ve Galapagos Adaları gibi coğrafi alan olarak çok küçük, fakat buna rağmen birbirinden izole olmuş pek çok adadan oluşan bir alanda ispinozların çeşitliliğinin o esrarların esrarı denilen *Türlerin Kökeni* sorununa bir çözüm bulunmasında yardımcı olabileceği yorumunu not etti. 1846'dan itibaren Wallace'ın özel bir "Doğa Tarihi Not Defteri" tutmağa başladığını görüyoruz. Bu arada Londra'da Doğa Tarihi Müzesine (British Museum {Natural History}; şimdi The Natural History Museum) yapılan ziyaretler ve bir Paris seyahati esnasında görüp hayran olduğu Muséum d'Histoire Naturelle, Wallace'a profesyonel bir koleksiyoncu olma fikrini verdi. On dokuzuncu yüzyılın ortasında Avrupa'daki doğa tarihi müzeleri henüz yeni yeni kendilerini buluyorlar ve dünyanın her yanından örnek topluyorlardı. Bu toplama işinde en büyük yardımcıları profesyonel koleksiyonculardı. Aristokratlar ve diğer zengin okumuşlar arasında da dünyanın uzak yerlerinden getirilmiş doğa harikaları pek çok alıcı buluyordu. Dolayısıyla, genç, enerjik, cesur ve bilgili bir insanın hayvan, bitki ve mineral koleksiyonları yapıp satarak hem dünyanın en ücra köşelerini görmesi, hem de iyi bir geçim sağlaması mümkündü. Wallace ve Bates bu mesleği denemeye karar verdiler. Ancak her ikisi de bunu sırf para kazanıp dünyayı turlamak amacıyla yapmayacaklardı. Kafalarında çözülmesi gereken bilimsel sorunlar vardı ki bunların başında da türlerin kökeni sorunu geliyordu.

İki gencin profesyonel koleksiyoncu olarak talihlerini denemeye karar verdikleri yer, dünyanın en büyük yağmur ormanlarının içerisinde akan ve en çok su taşıyan nehri Amazon'un dev akaçlama havzasıydı. Wallace 26 Mayıs 1848'de Brezilya'ya vardı. 12 Temmuz 1851'de İngiltere'ye dönmek üzere *Helen* adlı gemiye bindiği zaman, bu dev nehrin büyük bir kesimini ve en önemli kollarından biri olan Rio Negro'nun (Kara Nehir) da tüm çığrını görmüş, von Humboldt'un ilk defa dünyaya tanıttığı ve Amazon ile Orinoco arasında irtibatı sağlayan Casiquiare'ye kadar kuzeye çıkmıştı. Edindiği deneyim son derece değerliydi. Hem tecrübeli bir koleksiyoncu olmuş, hem de kendini ilgilendiren bilimsel sorunlar hakkında pek çok gözlem yapabilmişti. İngiltere'ye dönerken Atlas Okyanusu ortasında *Helen* tutuştu, Wallace canını kurtarabildi ama birlikte götürdüğü tüm koleksiyonlarını ve ondan da acısı, not defterlerini kaybetti.

Helen faciası gözünü yıldırmamıştı. Bu sefer, Güneydoğu Asya'da Malay takımadalarına gitmeğe karar verdi. Büyük jeolog Sir Roderick I. Murchison'un yardımıyla Kraliyet Coğrafya Cemiyeti'nden de destek sağladı. Güneydoğu Asya'da

Borneo'da çalışırken, Wallace türlerin değişimi hakkındaki gözlem ve fikirlerini kaydettiği yeni bir defter tutmaya başladı. Borneo'da uygarlıktan ve tanıdıklardan uzak olarak notlarını değerlendirecek ve onlar hakkında düşünecek fırsat buluyordu. Bu arada büyük bir olasılıkla daha henüz Singapur'dayken modern denizel biyocoğrafyanın kurucularından Edward Forbes'un 1854'te Londra Jeoloji Cemiyeti'nin başkanlık konuşmasını yaparken ortaya attığı "kutuplaşma kuramı"ndan (*polarity theory*) haberdar oldu. Forbes bu kuramında yaratılışçı bir yaklaşımla organize doğada tanrısal bir şema olduğunu savunuyordu. Wallace daha sonra bu teori hakkında Güney Amerika'da bıraktığı arkadaşı Bates'e "ideal zırvalık" (*ideal absurdity*) diye yazmıştır.

Wallace, Forbes'un konuşmasında ortaya attığı fikirlere epey kızmıştı. Derhal kağıda kaleme sarıldı ve literatürde genellikle yazıldığı yere atfen "Sarawak makalesi" diye bilinen "On the law which has regulated the introduction of new species" (Yeni türlerin ortaya çıkışını düzenleyen yasa hakkında) başlıklı makalesini yazdı ve yayınlanmak üzere İngiltere'ye postaladı[208]. Bu makalede, Wallace yeni türlerin hemen her zaman kendilerine çok yakın bir başka türün bulunduğu bölgelerde ortaya çıktığını söylüyordu. Bu gözlemin ifâde ettiği yasa, türlerin yavaş yavaş zaman içinde değiştiklerini imâ ederek, doğal bir sistem içinde nasıl düzenlenmiş gibi göründüklerini, coğrafî dağılımlarını, jeolojik silsilelerini, türü temsil eden veya birbirlerinin yerlerini almış türlerin oluşturduğu gruplaşmaları ve bunların tüm değişimlerini ve anatomik yapıların en ince özelliklerini açıklıyordu. Wallace'ın en son biyografı Peter Raby, haklı olarak bu makalede, Sir Charles Lyell'ın *Jeolojinin Prensipleri*'nin, İsviçreli paleontolog ve entomolog François Jules Pictet'in (1809-1872) *Traité de Paléontologie*'sinin (Paleontoloji Ders Kitabı[209]), Lamarck'la Chambers'in ve, en ilginci, Darwin'in *Journal*'ının etkilerinin görüldüğünü söyler[210]. Raby, Wallace'ın makalesinde bilhassa şu pasaja dikkat çekiyor:

"Galapagos çok yaşlı volkanik bir gruptur ve hiçbir zaman kıt'ayla bugün olduklarından daha yakın bir bağlantı içerisinde olmamışlardır. Diğer yeni oluşmuş adalar gibi bunların da ilk iskânı herhalde rüzgâr ve akıntılar aracılığıyla olmuştur. Bu iskânın, ilksel türlerin ortadan kalkmasına ve geriye yalnızca değişime uğramış prototiplerin kalmasına izin verecek kadar uzak bir mâzide olmuş olması gerekir. Aynı şekilde her adanın kendine has türleri olmasını açıklayabiliriz: Ya ilksel göç sonucu tüm adalar önce aynı tür tarafından iskân edilmiş ve bunlardan değişime uğramış prototipler yaratılmıştır veya adalar sırayla birbiri üzerinden iskâna uğramış ama her adada eski türlerin planı üzerinde yeni türler yaratılmıştır.

Gene, bu muazzam sistemin sadece kırıntılarına sahip olduğumuzu; ana gövdenin ve ana dalların nesli tükenmiş türler tarafından temsil edildiklerini; buna mukabil birbirlerine nazaran işgal ettikleri gerçek konumlarını bulabilmek için elimizde çok büyük sayılarda kollar, branşlar, küçücük dallar ve saçılmış yapraklar olduğunu düşünürsek, gerçek bir Doğa Sistemi sınıflamasının zorlukları açık seçik görülür."[211]

Bu makale, bilhassa Sir Charles Lyell'in ilgisini uyandırdı ve Lyell derhal Darwin'e bunu okumasını ve üzerinde iyice düşünmesini söyledi. Tecrübeli Lyell, belki de Wallace'ın düşüncelerinin nerelere gidebileceğini sezerek, yıllardır doğal seçme kuramı üzerinde çalışmakta olan Darwin'i ikaz edip fikirlerini bir an önce yayınlamasını tavsiye etti. Yoksa bir başkası aynı fikre ulaşıp, Darwin'in yıllar süren emeklerini boşa çıkaracaktı.

Wallace gerçi bir kuram ortaya atmış, türlerin zaman içinde kesinlikle ve yavaş yavaş değiştiklerini ifâde etmiş ama bunu gerçekleştiren mekanizmadan bahsetmemişti. Ancak Wallace, Lyell'in ikinci cildinde bahsi edilen "türlerin dengesi" konusunu okurken, defterine "İnsan anlayışına göre, bu denge değil, birinin diğerini yok ettiği bir kavgadır." diye yazmıştı[212].

Wallace düşüncelerini Malay takımadalarında bulabildiği birkaç uygar Avrupalıyla paylaşmağa başlamıştı bile. Ama henüz mekanizma ortada yoktu. Wallace aradığını nihayet iki yıl sonra, Halmahera (eski adıyla Gilolo) adasının meşhur baharat adalarından biri olan Ternate adası karşısına düşen ıssız bir koyunda tropik sıcağa rağmen battaniyelere sarılı olarak sıtma nöbetleri içerisinde titrerken buldu. O anı, Wallace otobiyografisinde şu sözlerle anlatmaktadır:

"Bir gün, bir şey aklıma on iki yıl önce okumuş olduğum Malthus'un "Nüfusun Prensipleri"ni getirdi. 'Artışı kontrol eden' ve vahşi ırkların nüfuslarını daha uygar olanlara nazaran çok daha düşük ortalamalarda tutan etkenleri—hastalık, kazalar, savaş ve kıtlık—nasıl bir berraklık ve açıklıkla anlattığını düşündüm. Sonra, bu süreçlerin, veya onların karşılıklarının, hayvanlar âleminde de sürekli etkin olduklarını düşündüm. Genellikle hayvanlar insanlardan daha hızlı çoğaldıklarından, her türün nüfusunu belli bir sayıda tutabilmek için bu süreçlerin neden olduğu tahribat muazzam olmalı, zira türlerin nüfusları yıldan yıla muntazam bir şekilde artıyor olamaz: Aksi takdirde bütün dünya en hızlı çoğalan türlerle çoktan dolmuş olurdu. Bunun imâ ettiği büyük çaplı ve sürekli tahribatı düşünürken aklıma şu soruyu sormak geldi: Niçin bazıları ölüyor da diğerleri yaşıyor? Cevap, gayet açık bir şekilde, en iyi uyum sağlayanın yaşadığıydı. Hastalığın etkilerinden en sağlıklılar kurtuluyordu; düşmanlardan, en güçlü, en hızlı veya en kurnaz; kıtlıklardan, en iyi avcılar veya en iyi sindirime sahip olanlar; ve saire. Ondan sonra birden bire kafamda bir şimşek çaktı: Bu kendi kendine gelişen süreç ırkı kaçınılmaz olarak ıslah edecekti, çünkü her nesilde yalnızca üstünler yaşayabilecekti, yani en iyi uyum sağlayan hayatta kalacaktı. Ondan sonra derhal bu sürecin tüm etkileri gözümde canlandı: Kara ve deniz, iklim veya besin kaynağı veya düşmanlar, benim bir koleksiyoncu olarak bildiğim bireysel farklılaşmayla beraber değiştikleri zaman—böyle değişikliklerin sürekli olduğunu zaten biliyoruz—türlerin değişen şartlara uyabilmeleri için gerekli tüm değişiklikler meydana gelebilir. Çevrede olan değişiklikler de her zaman yavaş olduğu için, her nesilde en iyi uyum sağlayanın hayatta kalmasıyla meydana gelecek değişimlerin oluşabilmesine gerekli yeterli zaman da sağlanmış olur. Bu şekilde bir hayvanın vücudunun herhangi bir kısmı tam gerektiği şekilde değişikliğe uğrayabilir ve bu süreçte değişmeyen ölür gider. Böylece her yeni türün belirli karakterleri ve kesin tecridi açıklanmış olur. Bunun üzerinde düşündükçe, uzun zamandır aranmakta olan ve Türlerin Kökenini izah edecek doğa yasasını bulduğuma kâni oldum. Bir saat içerisinde Lamarck'ın ve 'Vestiges'in yazarının teorilerindeki eksiklikleri düşündüm ve benim yeni teorimin bu fikirlerdeki açıkları kapattığını ve her türlü sorunu hallettiğini gördüm." [213]

Wallace sıtma nöbetinden kurtulur kurtulmaz, bu düşüncelerini bilimsel bir makale halinde kaleme döktü. Ancak bundan sonraki olayları izlemeden, Darwin'in *Türlerin Kökeni* sorununa çözümü nasıl bulduğu konusunda anlattıklarına bir kulak verelim. "Aklın yolu birdir" atasözü için bundan daha güzel bir örnek bulunabileceğini sanmıyorum:

"1838 Ekiminde, yani [*türlerin nasıl zamanla değişikliğe uğradıkları konusundaki*] sistematik incelemelerime başladıktan on beş ay sonra keyif maksadıyla Nüfus Hakkında Malthus'u okuyordum. Hayvanların ve bitkilerin davranışlarını uzun zaman gözlemlemekte olduğumdan, hayatta kalabilmek için her yerde sürmekte olan mücadelenin farkındaydım. Dolayısıyla aklıma birden bu şartlarda uygun varyantların korunacağı, uygun olmayanların da yok olacağı fikri geldi. Bunun sonucu da yeni türlerin oluşması olacaktı. Nihayet üzerinde çalışabileceğim bir teori bulmuştum; fakat önyargı ile hareket etmiş olmaktan o kadar çekiniyordum ki, uzun zaman bunun en kısa bir özetini bile yazmamaya karar verdim. İlk defa 1842 Haziranında, teorimin 35 sahife tutan bir özünü kurşun kalemle yazmış olma zevkini yaşadım. 1844 yazında bu 230 sahifeye uzadı ve bunun hâlâ elimde bulunan temiz bir nüshasını yazdırdım."[214]

Darwin, böylece doğal seçme fikrine Wallace'tan 16 yıl önce varmıştı. Ama, teorinin yaratacağı reaksiyonu tahmin ettiğinden, kendi ifâde ettiği gibi çok dikkatli ve emin hareket etmeği, teorisini destekleyecek veya onunla ters düşecek mümkün olduğu kadar bol veriyi süzgeçten geçirmeği düşünmüş, bu nedenle beklemeğe, çalışmalarını sürdürmeğe karar vermişti. 1844'te yazdıklarını dostu büyük botanikçi ve meşhur Kew botanik bahçelerinin müdürü Dr. Joseph Dalton Hooker'a okuttu, bir diğer yakın dostu Sir Charles Lyell'a da anlattı. 1857'de fikirlerinin bir özetini içeren bir mektubu da Amerika'da Harvard Üniversitesi'nin meşhur botanikçisi Asa Gray'a (1810-1888) yolladı.

Wallace ise, fikri oluşturur oluşturmaz, bilimsel bir makale şekline sokarak kâğıda dökmüştü. Makale, "Ternate, Şubat 1858" olarak tarihlenmişti. Wallace makalesinin tarihini yazdığı yerde değil, temiz kopyasını çıkartıp, postaya verdiği yer olan Ternate'de tarihlendirmişti. Ama Wallace, makaleyi doğrudan bir dergiye değil, dostu Charles Darwin'e yolladı. Gerçi daha önce kişisel olarak tanışmamışlardı. Darwin, Wallace'ın şöhretini bir koleksiyoncu olarak duymuş, 1855 yılından itibaren de kendisiyle mektuplaşmağa başlamıştı. Başlangıçta, Wallace'a yazmasının sebebi, ondan satın almak istediği bazı örneklerdi. Ancak zamanla mektuplaşmaları bilimsel konuları da kapsadı, *Türlerin Kökeni* hakkındaki gözlem ve düşünceleri paylaştılar, ama Darwin Wallace'a doğal seçme fikrinden hiç bahsetmemişti. Dolayısıyla 18 Haziran 1858'de Wallace'ın mektubu makalesini içeren zarfla birlikte eline geçince şoke oldu[215]. Yıllarını verdiği teorisini Lyell'in uzun bir zamandır kendisini ikaz etmekte olduğu gibi bir başkası da nihayet bulmuştu. Wallace mektubunda Darwin'den makalesini okumasını, değer bulursa Sir Charles Lyell'a da göstermesini rica ediyordu. Darwin yıkılmıştı. O sıralarda bebek olan oğlu Charles Waring Darwin kızıl hastalığı ile ölüm döşeğindeydi. Wallace'tan gelen haber moralman içinde bulunduğu çöküntüyü daha da arttırdı. Ama yapacak bir şey yoktu. Oturdu, 18 Haziran'da hemen Sir Charles Lyell'a bir mektup yazdı:

"Azizim Lyell,

Birkaç yıl önce bana Wallace'ın *Annals*'da çıkmış ve ilgini çekmiş olan bir makalesini okumamı tavsiye etmiştin[216]; ben de o sırada kendisine yazmakta olduğumdan, hoşuna gideceğini düşünerek bunu ona söylemiştim. Bugün bana ektekini yolladı ve sana göndermemi rica etti. Bana, okumağa çok değer bir şey gibi geliyor. Birilerinin benden erken davranacağı hakkında söylediklerin pek acı bir şekilde gerçek oldu. Bana bunu, sana burada yaşam için Mücadeleye dayalı olarak 'Doğal Seçme' hakkındaki fikirlerimi kısaca anlatırken söylemiştin. — Daha önce bu kadar çarpıcı bir benzerlik hiç görmemiştim. Eğer Wallace benim 1842'de yazdığımı görmüş olsaydı, bundan daha güzel bir özet çıkaramazdı! Kullandığı terimler bile benim bölüm başlıklarımı oluşturuyor.

Müsveddeyi bana sonra lütfen iade et. Wallace bunu yayınlamamı istediğinden bahsetmiyor, ama ben tabiî ki derhal kendisine yazıp bunu istediği herhangi bir dergiye yollamayı teklif edeceğim. Dolayısıyla, değeri ne olursa olsun, benim orijinalliğim de parça parça olacak. Gerçi, değeri ne olursa olsun, kitabımın kıymeti azalmayacak, çünkü tüm çalışma teorinin uygulanmasındadır.

Ümit ederim Wallace'ın taslağı hoşuna gider, ben de kendisine senin söyleyeceklerini bildiririm.

Aziz Lyellciğim, içtenlikle, C. Darwin." [217]

Darwin 25 Haziran'da Lyell'a bir mektup daha yazdı. Bu arada Lyell muhtemelen Wallace'a bir mektup yazmış ve bunu Darwin kanalıyla yollamış, sonra bu mektupta söylediklerinin belki Darwin aleyhine kullanılabileceğini düşünerek kaygılarını Darwin'e bildirmişti. Bu mektuplar ne yazık ki korunmamıştır. Darwin mektubunda şunları söylüyor:

"Azizim Lyell,

Bu kadar işin arasında tamamen kişisel bir meselemle seni meşgul ettiğim için çok üzgünüm. Fakat bana ne düşündüğünü söylersen dünyada yapılmış en büyük iyiliği yapmış olacaksın, zira senin yargı ve onuruna büyük güvenim var.—

Mektubunu düşünmeden hemen yollamamalıydım, çünkü şu anda sinirlerim çok bozuk. Şimdi bu meseleyi aklımdan çıkarmak için yazıyorum. Fakat itiraf edeyim, Wallace'ın senin mektubunu kullanabileceği hiç aklıma gelmediydi (gerçi gelmeliydi).

Wallace'ın taslağında, benim 1844'te yazılan ve Hooker tarafından on iki yıl önce okunmuş olan çok daha etraflı taslağımda söylenmemiş hiçbir şey yok. Aşağı yukarı bir yıl kadar önce (çeşitli konular hakkında bir yazışma sürecinde) Asa Gray'e fikirlerim hakkında kopyası elimde olan kısa bir taslak yollamıştım. Dolayısıyla Wallace'tan hiçbir şey almadığımı gerçekten ispat edebilirim. **Şimdi** fikirlerimin bir taslağını on-on beş sahifede yayınlayabilsem *çok çok* mutlu olurdum. Fakat bunu onurlu bir şekilde yapabileceğime kâni değilim. Wallace yayın konusunda hiçbir şey demiyor; mektubunu ekliyorum. Fakat ben şimdiye kadar herhangi bir şey yayınlamak niyetinde olmadığıma göre, şimdi, Wallace bana doktrininin ana hatlarını gönderdikten sonra, bunu onurlu bir şekilde yapabilir miyim?— Onun veya herhangi birisinin aşağılık bir şekilde davrandığımı düşünmesindense bütün kitabımı yakmayı tercih ederim. Taslağını bana göndermiş olmasının ellerimi bağladığını düşünmüyor musun? Fikirlerini benim ona yazdığım herhangi bir şeyden türettiğini hiçbir şekilde düşünmüyorum.

Eğer onurlu bir şekilde fikirlerimi yayınlayabilsem, Wallace'ın benim sonuçlarımın ana hatlarını bana göndermesinin beni şimdi yayına zorladığını söylemek isterdim (bu arada, senin bana uzun bir zaman önce verdiğin tavsiyeyi tuttuğumu söylememe izin verilmesi beni çok mutlu ederdi).—Farklı olduğumuz tek yer, benim düşüncelerime sun'î seçmenin evcil hayvanlar üzerindeki etkisiyle vardığımdan ibaret. Wallace'a Asa Gray'e yazdığım mektubun kopyasını gönderip, doktrinini çalmadığımı gösterebilirim. Fakat şimdi yayınlamanın rezilane ve alçakça bir iş olmayacağına kendimi inandıramıyorum: Bu ilk izlenimimdi ve senin mektubun olmasaydı bu izlenim etkisinde hareket edecektim.

Bu seni rahatsız etmek için saçma bir olay, fakat tavsiyelerine ne kadar müteşekkir olacağımı tahmin edemezsin.

Aklıma gelmişken: Bu mektupla beraber cevabını, bana göndermesi için Hooker'a yollamaya bir itirazın olur mu? O zaman en iyi ve en nazik iki arkadaşımın fikirlerini de almış olacağım.— Bu mektup pek sefilane bir şey oldu. Şimdi yazıyorum ki tüm bu sorunu kafamdan atabileyim. Artık düşünmekten bîtap düştüm.

Evde bebek yüzünden kızıl hastalığı var. Etty[218] henüz halsiz ama iyileşiyor.

İyi dostum, beni affet. —Bu saçma sapan hislerin doğurduğu saçma sapan bir mektup.

Hakikatli dostun, C. Darwin

Seni ve Hooker'ı bu konuda bir daha rahatsız etmeyeceğim."[219]

Darwin'in sinirleri o denli bozulmuştu ki, Lyell'e verdiği sözü tutamadı ve ertesi gün ona *post scriptum* olarak bir mektup daha yolladı:

"Azizim Lyell,

Kendi aleyhime olan durumu olabildiğince güçlendirmek için eklediğim P. S. için beni affet.

Wallace diyebilir ki, 'Benim mektubumu alana kadar fikirlerinin bir özetini yayınlamak niyetinde değildin; şimdi fikirlerimi sana, sorulmadan olsa bile, serbestçe bildirmiş olmamdan yararlanarak senin önüne geçmeme engel olmak hakkâniyetli bir şey midir?' Burada benim avantajım, Wallace'ın arazide olduğunu özel kanallardan biliyor olmam olacaktır. Pek çok yıllık önceliğimi bu şekilde kaybetmek bana zor gelecek, fakat bu, durumun adaletini değiştirmiyor. İlk izlenimler genellikle doğrudur ve benim de ilk izlenimim benim şimdi yayınlamamın şerefsiz bir iş olacağıydı.—

En hakikatli dostun, C. Darwin

Senin hep birinci sınıf bir adliye bakanı [*Lord Chancellor*] olacağını düşünmüşümdür; şimdi de sana adliye bakanı olarak başvuruyorum.

Emma[220], Lady Lyell'a son derece nazik notu için benim de kalpten katıldığım sevgi dolu teşekkürlerini yolluyor. Etty çok halsiz ama iyiye gidiyor. Bebeğin ateşi yüksek ama kızıl olmadığını ümit ediyoruz. Bizi korkutan, köyde üç çocuğun kızıldan ölmesi ve diğerlerinin de acılar içinde ölümün eşiğine gelmiş olmaları."

Darwin gerçekten perişandı. Ama Lyell ve Hooker gibi akıllı, etkili ve dürüst dostları olduğu için de çok şanslıydı. Lyell ve Hooker Darwin'in yıllardır üzerinde çalıştığı ve sonuçlarını Wallace'tan 16 yıl önce elde ettiği çalışmasında önceliği kaybetmesine göz yummamak kararını aldılar. Ama Wallace'ın da hakkını yememek lâzımdı. Kendi konularında çığır açmış bu iki büyük ve dürüst bilim adamı, hem Darwin'in hem de Wallace'ın haklarını korumak için ikisinin birlikte bir sunum yapmasını kararlaştırdılar. Bulunan formül şuydu: Darwin'in 1844'te kaleme aldığı özetten pasajlar, Asa Gray'e 1857'de yazdığı mektubun bir bölümü ve Wallace'ın Ternate'den postaladığı makale, yazılış sırasıyla Linné Cemiyetinin 1 Temmuz 1858'deki toplantısına sunulacaktı. Bu konudaki kararı Darwin'e muhtemelen Hooker bildirdi ve elindeki malzemeyi yollamasını istedi. Darwin, bebeğinin giderek artan hastalığının ve başındaki can sıkıcı derdin de verdiği bitkinlikle Hooker'a 29 Haziran'da cevap verdi:

"Azizim Hooker,

Mektubunu şimdi okudum. Gördüğüm kadarıyla malzemeyi hemen istiyorsun. Takatim bitti. Yapabileceğim tek şey Wallace'ı ve **yalnızca** *değişimin vasıtalarını pek nâtamam bir şekilde içeren* ama türlerin değiştiğine niçin inandığımızın nedenlerini *içermeyen* Asa Gray'e yazdığım özetin özetini göndermektir. Korkarım artık her şey için çok geç. Umurumda da değil hani.—

Fakat bu kadar zaman ve nezâketi harcamanız ne cömertlik. Yaptığınız çok cömertce, çok nâzik. 1844 taslağını **yalnızca** kendi el yazından okumuş olduğunu görebilmen için yolluyorum.—

Gerçekten artık bakmaya bile tahammül edemiyorum.— Fazla vaktini ziyan etme. Öncelik konusunda hassaslanmam çok sefilane bir şey.

İçerik tablosu ne olduğunu gösteriyor. Linné Cemiyeti dergisi için benzer fakat daha kısa ve daha doğru bir taslak yapardım. Her şeyi yaparım.

Allah razı olsun aziz ve nazik arkadaşım. Daha fazla yazamayacğm. Bunu uşakla Kew'a gönderiyorum.

Dostun, C. Darwin."[221]

Lyell ve Hooker hiç vakit kaybetmeden malzemeyi Linné Cemiyeti toplantısına sunulabilecek hale getirdiler. Darwin sunuma katılamadı. Sunumun yapıldığı gün, kızıldan ölmüş olan bebeği Charles Waring'in cenazesindeydi. Wallace'ın da tâ Güneydoğu Asya'dan gelmesi bahis konusu olamazdı. Zaten ona yapılanlar hakkında haber verebilmeleri bile imkân dışıydı. Lyell ve Hooker, Linné Cemiyeti sekreteri John Joseph Bennet'e hitâben 30 Haziran tarihli bir üst yazı yazdılar ve Darwin ve Wallace'ın ortak isimlerini taşıyan yazıyı toplantıda sunulması ricasıyla yolladılar (Hooker, Cemiyet üyesi olduğundan bildiri ve makale sunmak hakkına sahipti). Büyük bir şans eseri, Linné Cemiyeti'nin aslında 17 Haziran olarak planlanmış olan toplantısı, eski başkanlardan Robert Brown'ın 10 Haziran'daki vefatı dolayısıyla 1 Temmuz'a ertelenmişti. Darwin ve Wallace'ın tarihî bildirileri 1 Temmuz'daki toplantıda okundu. Bildiriyi kimin okuduğu kaydedilmemiştir. Lyell ve Hooker dinleyiciler arasındaydılar.

Aşağıda, hem Lyell ve Hooker'ın üst yazısının hem de daha önce Türkçe'ye çevrilmiş olduğunu görmediğim Darwin ve Wallace'ın bilim tarihinde yepyeni bir çığır açmış olan bildirilerinin tam bir tercümesini veriyorum. Bunların hepsi bir arada Linné Cemiyeti'nin dergisinde yayınlanmışlardır (tercümede İngilizce orijinaldeki büyük harf-küçük harf yazılışlarını, devrin garip imlâsının tadını pek yüzeysel ve eksik olarak da olsa verebilmek amacıyla, aynen aldım):

"Londra, 30 Haziran, 1858

Sayın Bayım,

Takdim etmekten onur duyduğumuz ve hepsi de aynı konuyla, yani Varyetelerin, Irkların ve Türlerin Oluşmasına etki eden Yasalarla ilgili olan ekteki bildiriler, iki yorulmaz tabiîyecinin, Bay Charles Darwin ve Bay Alfred Wallace'ın incelemelerinin sonuçlarını içermektedir.

Bu bayların her ikisi de bağımsız ve birbirlerinden habersiz olarak gezegenimizde varyetelerin ve tür şekillerinin ortaya çıkışı ve nesillerini sürdürmesi hakkında aynı marifetli kuramı geliştirmiş olduklarından, her ikisi de bu önemli inceleme alanında orijinal düşünürler olmak iddiasında bulunmak hakkına sahiptirler. Her ikisi de görüşlerini yayınlamamışlardır—gerçi Bay Darwin yıllardır her ikimiz tarafından da fikirlerini yayınlaması konusunda teşvik ediliyordu. Şimdi her iki yazar da yazdıklarını bizlerin eline teslim etmişlerdir. Biz de bunlardan yapılan bazı seçmelerin Linné Cemiyeti'ne sunulmasının bilimin menfaati yönünde olduğu kanısındayız.

Tarihleri sırasıyla, bunlar aşağıdakilerdir:

1. Bay Darwin'in Türler hakkında el yazması bir eserinden seçmeler. Bu eser 1839'da kaleme alınmış, 1844'de temize çekilmiş ve Dr. Hooker tarafından okunmuş ve içeriği daha sonra Sir Charles Lyell'a anlatılmıştır. İlk Kısım 'Organik Varlıkların Evcil ve Doğal Hallerinde Değişimleri'ne ayrılmıştır; bu Kısmın içerisinden bahsi geçen parçaları okumayı önerdiğimiz ikinci bölümünün başlığı 'Doğal halde Organik Varlıkların Değişimleri Hakkında; Seçimin Doğal Vasıtaları; Evcil Irklarla gerçek Türlerin Karşılaştırılması'dır.

2. A. B. D.'de Boston'da Profesör Asa Gray'e Bay Darwin tarafından Ekim 1857'de gönderilmiş bir mektubun özeti. Bu mektupta Bay Darwin görüşlerini tekrarlamaktadır. Bu da görüşlerinin 1839'dan 1857'ye kadar değişmediğini göstermektedir.

3. Bay Wallace'ın 'Varyetelerin Orijinal Tipten sürekli olarak ayrılma Eğilimleri hakkında' başlıklı denemesi. Bu, Şubat 1858'de Ternate'de kendisinin dostu ve mektup arkadaşı Bay Darwin'in göz atması için yazılmış ve Bay Darwin'e yazıyı yeterince yeni ve ilginç bulduğu takdirde Sir Charles Lyell'a ulaştırması arzusuyla yollanmıştır. Bay Darwin burada ileri sürülen fikirleri o kadar takdir etmiş ki, Sir Charles Lyell'a yazdığı bir mektupta Bay Wallace'ın olurunu alarak denemeyi en kısa zamanda yayınlatmayı teklif etmiştir. Bu adımı son derece uygun bulduk, ancak Bay Darwin'in aynı konuda yazmış olduğu ve birimizin 1844'te göz attığı ve her ikimizin de içeriğini bildiği eserini Bay Wallace lehine yayınlamaktan vaz geçmemesi şartıyla. Bunu Bay Darwin'e söyleyince bize eserini vd. uygun bulduğumuz şekilde kullanmamız izniyle teslim etti. Biz de bunu Linné Cemiyeti'ne sunma kararını alırken bunu yalnızca kendisinin ve arkadaşının öncelik haklarını korumak için değil, bilimin genel menfaatini göz önünde tutarak yapmak istediğimizi anlattık, çünkü gerçeklerden geniş bir çıkarım tabanına dayalı ve yıllarla olgunlaşmış görüşlerin başkalarının başlangıç olarak alabilecekleri bir hedef olması ve toplum Bay Darwin'in tamamlanmış eserini beklerken, hem onun hem de mahir mektup arkadaşının çalışmalarının önde gelen sonuçlarının topluma takdim edilmesi yararlı olacaktır.

Saygılarımızla, itaatkârlarınız,
Charles Lyell
Jos. D. Hooker

J. J. Bennett, Esq.
Linné Cemiyeti Sekreteri" [222]

Türlerin Varyete Oluşturma Eğilimleri; ve Doğal Seçme Vasıtalarıyla Varyetelerin ve Türlerin İdamesi hakkında

Charles Darwin, Esq., F. R. S., F. L. S. & F. G. S. [223]

ve

Alfred Wallace, Esq.

takdim edenler Sir Charles Lyell, F. R. S., F. L. S. ve J. D.[[224]] Hooker, Esq., M. D.[[225]], V. P. R. S.[[226]], F. L. S., vs.

I. C. Darwin Esq.[[227]]'ın Türler hakkında Yayınlanmamış bir Eserinden 'Doğal halde Organik Varlıkların Değişimleri Hakkında; Seçimin Doğal Vasıtaları; Evcil Irklarla gerçek Türlerin Karşılaştırılması' başlıklı bölümün bir kesiminden oluşan bir seçme

De Candolle etkili bir pasajında bütün doğanın bir savaş halinde olduğunu ilân etmişti: Bir organizma bir diğeriyle veya dış dünyayla. Doğanın mutlu yüzü görülünce önce bundan şüphe edilebilir; ama üzerinde biraz düşününce bunun kaçınılmaz olarak doğru olduğu görülür. Fakat bu savaş sürekli değildir, az bir derecede kısa aralıklarla, daha şiddetli olarak da daha uzun aralıklarla tekrarlanır. Bu yüzden de etkileri kolaylıkla gözden kaçar. Malthus'un doktrininin pek çok halde on katlı bir güçle uygulanmasıdır bu. Her iklimin tüm sâkinleri için bolluk ve kıtlık mevsimleri vardır, dolayısıyla hepsi yıllık olarak ürerler. İnsanlığın artmasını az bir derecede kontrol eden ahlakî tahdit bunlarda yoktur. Yavaş üreyen insanlık bile yirmibeş yılda iki katına çıkmıştır. Besin kaynaklarını daha kolay arttırabilse, iki katına daha kısa bir zamanda çıkacaktır. Fakat, yapay vasıtaları olmayan hayvanlarda her tür için besin mikdarı *ortalama olarak* sâbit olmalıdır. Halbuki tüm organizmaların artışı geometrik olmak eğilimindedir; pek çok halde ise bu muazzam bir orana çıkar. Farz edelim ki herhangi bir yerde sekiz kuş çifti olsun ve bunlardan *yalnızca* dört çift her yıl (çift yumurtalar da dahil) yalnızca dört yavru yetiştirsinler. Eğer bunlar da aynı hızda üremeğe devam ederlerse, yedi yılın sonunda (ki bu bir kuş için, kaza, kavga vb. sonucu ölümler hariç, kısa bir ömürdür) orijinal 16 yerine 2048 kuş olmuş olacaktır. Böyle bir artış imkânsız olduğu için, ya kuşların yavrularının yarısını bile büyütemedikleri, ya da bir kuşun ortalama ömrünün, kaza nedeniyle, yedi yıldan epey az olması gerektiği sonucuna varmamız gerekir. Her iki kontrol da herhalde birbirlerini destekler bir şekilde çalışmaktadır. Tüm bitki ve hayvanlara uygulanacak benzer bir hesap az çok aynı çarpıcılıkta sonuçlar verir. Ama bunlar pek az halde insandaki durumdan daha çarpıcıdır.

Bu hızlı artış eğiliminin pek çok örneği, bunlar arasında bazı mevsimlerde bazı hayvanların olağanüstü sayıları kayda geçmiştir. Örneğin, 1826 ve 1828 yıllarında La Plata'da kuraklıktan milyonlarca sığır ölürken bütün ülke fare *kaynıyordu*. Şimdi, üreme mevsiminde bütün farelerin (fazlalık olan birkaç erkek ve dişi dışında) çiftleştiği şüphe götürmeyeceğine göre, bu şaşırtıcı artışın nedeni ilk yılda hayatta kalanların sayısındaki artış, sonra bunların çiftleşmesi, ve bunun nemli havaların geri dönerek fare sayılarını tekrar azalttığı üçüncü yıla kadar böylece sürüp gitmesi olmalıdır. İnsanların yeni ve elverişli bir ülkeye yeni bitki ve hayvanlar getirdiği yerlerde birkaç yılda nasıl bütün ülkenin bunlarla dolduğu pek çok kere anlatılmıştır. Bütün ülke tamamen dolsa bu artış mecburen dururdu. Buna rağmen, yabanî hayvanlar hakkında bildiklerimiz *hepsinin* ilkbaharda çiftleştiğidir. Ekseri hallerde nüfus kontrolunun nereyi etkilediğini düşünmek son derece zordur. Kontrol satırı genellikle tohumların, yumurtaların ve yavruların üzerine düşer. Herhangi bir hayvandan çok daha iyi bilinen insanlarda bile rastgele yapılan mükerrer gözlemlerle ortalama yaşam süresini tahmin etmenin veya değişik ülkelerdeki değişik doğum/ölüm oranlarını bulmanın ne denli zor olduğunu düşünürsek, herhangi bir hayvan veya bitkide nüfusu kontrol eden süreçlerin nereleri etkilediğini bulamamamıza hayret etmememiz gerekir. Kontrolun her yıl küçük ve düzenli bir derecede çalıştığı, ancak, bahis konusu canlının yapısına göre, olağanüstü soğuk, sıcak, kuru veya nemli yıllarda aşırı derecelere vardığı unutulmamalıdır. Herhangi bir kontrolu birazcık hafifletin, her organizmadaki geometrik artış gücü neredeyse ânında uygun türün ortalama sayısını arttıracaktır. Doğa, üzerinde birbirlerine dokunan onbin keskin kenarlı kamanın bulunduğu ve bunların durmadan birbirlerine doğru itildikleri düz bir yüzeye benzetilebilir. Bu görüşleri tamamen anlamak için çok düşünmek şarttır. İnsan hakkında Malthus okunmalıdır; ve La Plata'daki fareler, Güney Amerika'ya ilk getirilen atlar ve sığırlar, yaptığımız hesaptaki kuşlar gibi durumlar dikkatle göz önüne getirilmelidir.

Her hayvanda *bulunan ve her yıl faal olan muazzam* çoğalma gücünü düşününüz. Yüzlerce mâhir âletle bütün yeryüzüne her yıl saçılan sayısız tohumları düşününüz. Buna rağmen tüm bildiklerimiz, her ülkenin sâkinlerinin ortalama yüzdelerinin genellikle sâbit kaldığını gösteriyor. Nihayet unutmayınız ki, bu ortalama birey sayısı (dış şartlar aynı kalmak şartıyla) her ülkede diğer türlere veya dış dünyaya (soğuğun yaşamı sınırladığı Arktik sınırlarında olduğu gibi) karşı durmadan yinelenen mücadelelerle korunur. Her türün her bireyi genel olarak ya kendi mücadelesiyle ve yumurtadan itibaren yaşamının herhangi bir döneminde besin bulma kapasitesiyle yerini korur; veya bu (kontrolların uzun aralıklarla gerçekleştiği kısa ömürlü organizmalarda) ebeveyninin aynı veya değişik bir türün diğer bireyleriyle yaptığı mücadele sayesinde olur.

Şimdi, ülkenin dış şartlarını değiştiriniz. Eğer az bir derece değiştirirseniz, sâkinlerin göreceli oranları da azıcık değişecektir. Fakat sâkinlerin sayısını bir adadaki gibi az tutunuz ve diğer ülkelerden serbest ulaşımı sınırlayınız ve şartların değişimini sürdürünüz (yeni duraklar oluşturarak); bu şartlarda ilksel sâkinler şartlara ilk baştaki gibi mükemmel bir şekilde uyamayacaklardır artık. Bu eserin daha önceki bir kısmında dış şartların bu şekildeki değişimlerinin üreme sistemi üzerindeki etkilerinin, değişimden en çok etkilenen oranizmaların yapılarının, evcil hallerde olduğu gibi, plastikleşmesine neden olacağı [*yani değişime elverişli hale geleceği*] gösterilmiştir. Şimdi, her bireyin yaşamını devam ettirebilmek için sürdürdüğü mücadeleye bakarak, yapıda, davranışlarda veya içgüdülerde olacak ve bireyi yeni şartlara uyduracak ufacık her bir değişimin onun gücüne ve sağlığına etki yapacağından şüphe edilebilir mi? Mücadelede hayatta kalma *şansı* artacaktır; ve, yavruları arasında, değişimi ne denli küçük çapta olursa olsun tevarüs etmiş olanların da *şansı* artmış olacaktır. Her yıl yaşayabilecekten daha çok sayıda yavru doğar. Dengedeki en küçük bir kazanç uzun vâdede ölümün hangisinin şansına düşeceğini, hangisinin ise hayatta kalacağını tayin edecektir. Bir yanda bu seçme sürecinin, diğer yanda da ölümün bin nesil boyunca sürdüğünü düşünün. Bakewell'in sığırlarda, Western'in de koyunlarda bu aynı seçme işlemiyle birkaç yılda neler başardıklarını hatırlarsak, kim diyebilir ki bu hiçbir etki yapmayacaktır?

Bir adada sürmekte olan değişimlerden hayalî bir örnek verelim: Köpek cinsinden [*Canis*], genellikle evcil tavşanlarla [*Lepus cuniculus*], fakat arada bir de yabanî tavşanlarla [*Lepus europaeus*][228] beslenen bir hayvanın yapısının hafifçe plastikleştiğini [*hatırlatayım: Darwin plastikleşme ile değişime uğramayı kastediyor*] varsayalım; bu değişmelerin de evcil tavşan sayısını çok yavaş olarak azalttığını, yabanî tavşan sayısını da çoğalttığını kabul edelim. Bunun etkisi, tilkilerin veya köpeklerin daha çok yabanî tavşan yakalamak zorunda kalacakları olacaktır. Yapı plâstik, yani değişime elverişli olduğundan, en hafif yapıya, en uzun bacaklara ve en iyi görüş yeteneğine sahip olan bireyler, fark ne denli küçük olursa olsun, küçük bir avantaja sahip olacaklardır ve daha uzun yaşayacak, yılın, besinin en az olduğu döneminde hayatta kalacaklardır. Ebeveynin özelliklerini tevârüs eden daha da çok yavru büyütebileceklerdir. Daha yavaş olanlar kesin bir şekilde yok olacaklardır. Bu tür etkilerin bin nesilde gözle görülebilir farklar yaratacağı ve tilkinin veya köpeğin şeklini evcil tavşanlar yerine yabanî tavşanlar yakalamaya uygun hale getireceği konusunda, tazıların dikkatli bir üretim ve seçme sonucunda ıslah edilebilecekleri konusunda ileri sürülebilecek bir şüpheden daha çok bir şüpheye yer göremiyorum. Bu, bitkilerde de benzer şartlarda böyle olacaktır. Eğer, tüylü tohumu olan bir türün bireyleri kendi alanı içinde daha etkili bir dağılımla arttırılabilirse (yani artış kontrolu büyük ölçüde tohumları etkiliyorsa), havı birazcık fazla olan tohumlar uzun vâdede en çok dağılmış olanlar olacaktır. Dolayısıyla bu şekildeki tohumlar en çok filizi üretecek ve biraz daha iyi uyumlu havı tevârüs etmiş bitkileri oluşturacaktır.

Doğadaki yerlerini yumurta, larva veya olgunluk dönemlerinde en iyi şekilde doldurabilen bireylerin korunduğu bu tür doğal seçmenin yanında ekseri tek eşeyli (üniseksüel) hayvanları etkileyen ve aynı sonucu doğuran bir diğer süreç daha vardır: Erkeklerin dişiler için sürdürdükleri mücadele. Bu mücadelenin sonucunu genellikle savaş kanunu belirlerse de, kuşlarda ötmenin cazibesi, erkeğin güzelliği veya Guyana'daki dans eden kaya ardıcında olduğu gibi kur yapma gücü, görüldüğü kadarıyla etkili olmaktadır. Mükemmel uyumu imâ eden en güçlü ve sağlıklı erkekler mücadelelerinde genellikle zaferi elde ederler. Ancak bu tür seçme diğerine nazaran daha az acımasızdır. Daha az başarılı olanın ölmesini gerektirmez, daha az yavru sahibi olması sonucunu doğurur. Mücadele genellikle yılın besinin bol olduğu bir mevsimine rastlar ve yarattığı etki büyük ölçüde ikincil cinsel karakterlerin değişimiyle ilgili olur. Bu da besin bulma gücüyle veya düşmandan korunmayla değil, diğer erkeklerle kavgayla veya onlarla rekabet etmekle ilgilidir. Erkekler arasındaki bu mücadelenin sonucu, bütün genç hayvanlarının seçimine, arada bir ele geçen iyi bir eşin kullanımından daha az itina gösteren tarımcıların elde ettikleriyle karşılaştırılabilir.

II. C. Darwin, Esq.'dan A. B. D.'de Boston'da Prof. Asa Gray'e gönderilen bir mektubun (tarih: Down, 5 Eylül 1857) özeti

1. İnsan tarafından seçme ilkesinin, yani istenen herhangi bir özellikte bireylerin seçilerek bunlardan üretim yapılması, tekrar seçme ve tekrar üretmenin neler başarabileceği hayret vericidir. Üreticiler bile elde ettikleri sonuçlara şaşırıyorlar. Eğitilmemiş bir gözün göremeyeceği farklılıklarla çalışırlar. *Avrupa*'da seçme *metodik olarak* yalnızca son yarım yüzyılda yapılmıştır. Fakat düzensiz olarak, bazı hallerde hattâ metodik olarak, en eski zamanlarda bile yapılmıştır. Uzak bir geçmişten beri farkında olmadan da yapılan bir seçme olmuş olması gerekir: Kendi şartları içerisinde her insan ırkına en yararlı hayvan bireylerinin (yavruları düşünülmeden) korunması. Tiplerinden ayrılan varyetelerin yok edilmesi anlamına fidanlıkçılar tarafından kullanılan ıslah terimi[229] (*roguing*) de bir nevi seçmedir. Evcil ırklarımızın oluşturulmasında kullanılan esas vasıtanın bilinçli ve düzensiz seçme olduğuna eminim; bu nasıl olmuş olursa olsun, seçmenin büyük gücü daha sonraki zamanlarda tartışılamaz bir şekilde ispat edilmiştir. Seçme yalnızca, dış etkenlerin neden olduğu veya doğarken çocuğun anne ve babasına tıpatıp benzememesi sonucu meydana gelen küçük veya daha büyükçe değişimlerin birikmesi sonucu işlev görür. İnsanoğlu, değişimleri biriktirme gücüyle, yaşayan varlıkları kendi isteklerine uygun hale getirir—denebilir ki bir koyunun yününü halılar, bir diğerininkini elbiseler için tercih edilir hale sokar.

2. Şimdi farz edin ki sırf dış görünüşe göre karar vermeyen, fakat tüm iç organizasyonu da inceleyebilen bir varlık olsun. Bu varlık kaprisli değil, düzenli olsun ve milyonlarca nesil boyunca sadece tek bir şeyi seçsin. Kim diyebilir ki bunun bir etkisi olamaz? Doğada arada bir tüm kısımlarda *hafif* değişiklikler olur. Değişen varolma koşullarının yavrunun ebeveynine benzememesinin esas nedeni olduğunun gösterilebileceği kanısındayım. Doğada jeoloji bize ne tür değişiklikler olduğunu ve bunların hâlâ sürdüğünü göstermektedir. Elimizde neredeyse sınırsız bir zaman var; çalışan bir jeologdan başka bunu kimse anlayamaz. Buzul çağını düşünün: Tüm süresince en azından kabukluların aynı türleri yaşadı. Bu dönemde milyonlarca ve milyonlarca nesil geçmiş olmalı.

3. Kanımca şu açık: *Doğal Seçme* (kitabımın adı) içerisinde öyle bir yanılmaz güç var ki hep her canlının iyiliği yönünde seçiyor. Yaşlı De Candolle, W. Herbert ve Lyell yaşam için mücadele hakkında enfes şeyler yazdılar. Ama onlar dahî bunu yeterince vurgulamadılar. Düşününüz ki, her canlı (filler bile) öyle bir hızla ürüyor ki, birkaç yıl içinde, veya en çok birkaç yüzyılda, dünyanın yüzeyi bir çiftin soyunu barındıramaz. Her bir türün artışının yaşamının herhangi bir döneminde veya bazı hızlı üreyen türlerde bazı nesillerde kontrola tâbi olduğunu sürekli akılda tutmakta zorlandığımı gördüm. Her yıl doğanların yalnızca birkaçı kendi türünü sürdürecek kadar yaşayabilir. Kimin yaşayacağını ve kimin mahvolacağını kim bilir ne kadar önemsiz bir fark tayin etmektedir?

4. Şimdi herhangi bir değişikliğe uğramakta olan bir ülkeyi düşünün. Bu, sâkinlerinin bazılarının hafifçe değişikliklere uğramasına neden olacaktır—çünkü ben ekseri canlıların seçmenin onlar üzerinde etki yapmasına yetecek kadar sürekli değişime uğradıkları kanısındayım. Bazı sâkinler yok olacaklardır ve geri kalanlar değişik bir sâkinler takımının karşılıklı etkilerine mâruz kalacaklardır. Ben bunun her canlının yaşamı üzerinde yalnızca iklimden çok daha etkili olacağını sanıyorum. Canlıların besin bulmak için diğer canlılarla mücadele ederken, yaşamlarının çeşitli zamanlarında tehlikeden kaçarken, yumurtalarını veya tohumlarını saçarken vs. vs. kullandıkları sonsuz çeşitlilikteki yöntemleri düşününce, milyonlarca neslin geçişi esnasında bir türün içinde bireylerin genel ekonomilerinin herhangi bir kısmına yararlı bir değişiklikle doğacaklarından şüphe edemiyorum. Bu tür bireylerin hayatta kalma ve hafifçe değişik olan yapılarını kendilerinden sonrakilere geçirme şansları daha yüksek olacaktır. Değişim de doğal seçmenin birikimiyle yavaşça arttırılarak gerekli fayda elde edilene kadar gelişebilir. Bu şekilde oluşan varyete ya ebeveyn durumunda olan formla birlikte yaşayacak, ya da, daha büyük bir sıklıkla, onun soyunu tüketecektir. Doğal seçmenin, yapısının her parçasında, yaşamının herhangi bir döneminde herhangi bir şekilde faydalı olabilecek ufak değişimleri biriktirmesi suretiyle—ağaçkakan veya ökseotu bu şekilde bir sürü rastlantıya uyum sağlamış olabilirler.

5. Bu teoriyle ilgili olarak herkesin aklına pek çok çeşitli güçlükler gelecektir. Pek çoğunun tatminkâr bir şekilde cevaplandırılabileceğini sanıyorum. *Natura non facit saltum* [*Doğa sıçrama yapmaz*] en âşikar olanlarının

bazılarını cevaplandırır. Değişimin yavaşlığı ve herhangi bir zamanda yalnızca birkaç bireyin değişikliğe uğraması bazı diğerlerini cevaplandırır. Jeolojik kayıtların aşırı eksikliği de diğerlerine cevap teşkil eder.

6. Ayrılma (*divergence*) ilkesi denebilecek bir diğer ilke de kanımca Türlerin Kökeninde önemli bir rol oynamaktadır. Eğer çok değişik çeşitte yaşam türleri ile işgal edilmişse, herhangi bir alan daha çok yaşam barındırabilir. Bunu herhangi bir yardkare çimen içerisinde veya herhangi bir tekdüze adacıkta yaşayan ve neredeyse tür olduğu kadar bol cins ve aileye ait olan canlılarda görüyoruz. Bunun mânasını, davranışlarını anladığımız yüksek hayvanlar arasında anlayabiliriz. Deneysel olarak biliyoruz ki, herhangi bir tarlaya birkaç cins ve tür ot ekilirse, o tarlanın verimi iki veya üç tür ekilmiş olandan daha çok olur. Şimdi, her canlının, büyük bir hızla üreyerek sayısını arttırmaya çalıştığı söylenebilir. Türlere veya alt-türlere veya varyetelere ayrıldıktan sonra da her tür için durum aynı olacaktır. Bu gerçeklerden kanımca şu çıkar: Her türün değişen soyu doğanın ekonomisi içerisinde kendisine en çok ve en çeşitli yerleri kapmağa bakacaktır (pek azı başarılı olur). Her yeni varyete veya tür, oluştuktan sonra genellikle uyumu daha kötü olan ebeveyninin yerini alacak ve onu ortadan kaldıracaktır. Kanımca bu her zaman canlıların sınıflamasının ve ilişkilerinin kökeni olmuştur. Çünkü organizmalar, ana gövdeden dallanan bir ağaçtaki gibi, her zaman dallanıp budaklanıyor, alt dallara ayrılıyor *gibi görünüyorlar*. Başarılı ve ayrılan dallar, güçsüzleri yok ediyor—kabaca, ölü ve kayıp dallar nesli tükenmiş cins ve aileleri temsil ediyor.

Bu taslak *son derece* eksik. Fakat bu kadar küçük bir yerde daha iyisini yapamam. Hayal gücünuz çok geniş boşlukları doldurmalıdır.

III. Varyetelerin Orijinal Tipten sürekli olarak ayrılma Eğilimleri hakkında. Alfred Russel Wallace

Türlerin ilksel ve kalıcı bağımsızlarını isbat etmek için öne sürülen en önemli nedenlerden biri evcil bir durumda üretilen *varyetelerin* az çok duraysız olmaları ve kendi başlarına bırakıldıkları takdirde tekrar ebeveyn türün normal formlarına geri dönmeleridir. Üstelik bu duraysızlık tüm varyetelerin, hattâ doğal haldeki yabanî olanların bile ayrı bir özelliği addediliyor, bunun, başlangıçta yaratılmış ayrı ayrı türlerin bireyselliklerini değişmeden korumalarını sağladığı düşünülüyordu.

Yabanî hayvanlar arasında bulunan *varyeteler* üzerindeki gözlem ve bilgilerin yokluğu veya azlığı neticesinde, bu iddia tabiîyeciler arasında büyük bir ağırlığa sahipti ve türlerin duraylılığı hakkında çok genel olarak paylaşılan ve biraz da önyargılı bir inanca neden olmuştu. Fakat, "kalıcı veya gerçek varyeteler"—kendi benzerlerini sürekli üreten ancak diğer bir ırktan son derece küçük farklarla (ama değişmez bir şekilde) ayrılan ve bu yüzden de birinin diğerinin varyetesi addedildiği hayvan ırklarının varlığı hakkındaki inanç da aynı derecede yaygındır. Hangisinin *varyete*, hangisinin orijinal *tür* olduğu hakkında genellikle hiçbir ipucu yoktur. Nadir istisnalar, bir ırkın diğer ırka benzeyen fakat kendine benzemeyen yavru ürettiği hallerdir. Bu "türlerin kalıcı değişmezlikleri" ile çelişir görünmektedir, ama bu zorluk böyle varyetelerin kesin sınırları olduğu ve orijinal tipten asla daha uzağa doğru değişemeyecekleri, ancak ona dönebilecekleri (ki bu evcil hayvanlarla yapılan benzetmelere dayanılarak çok muhtemel, hattâ isbat edilmiş olarak görülmektedir) varsayılarak bertaraf edilmektedir.

Görülmektedir ki, bu muhakeme, doğal bir halde bulunan varyetelerin her açıdan evcil hayvanlara benzedikleri, hattâ onlarla aynı oldukları ve duraylılıkları veya daha da değişip değişmeyecekleri açısından aynı yasalarla yönetildikleri varsayımına dayanmaktadır. Bu bildirinin amacı ise bu varsayımın tamamen yanlış olduğunu ve doğada pek çok *varyetenin* ana türden daha uzun yaşamasına ve orijinal tiplerinden giderek uzaklaşan bir sıra varyetenin oluşmasına neden olan bir yasanın varlığını ve bu yasanın evcil hayvanlarda varyetelerin tekrar ebeveyn forma dönmelerinin nedeni olduğunu göstermektir.

Yabanî hayvanın yaşamı bir varlık mücadelesidir. Kendi varlıklarını korumak ve küçük yavrularını besleyip kollamak için tüm meleke ve enerjilerini kullanmak zorundadırlar. Bireylerin ve bütün bir türün varlığını belirleyen birincil şartlar en kötü mevsimde yiyecek bulabilmek ve en tehlikeli düşmanlarının hücumlarından kaçabilmektir. Bu şartlar aynı zamanda bir türün nüfusunu da belirleyecektir. Bütün şartları dikkatlice düşünerek ilk bakışta açıklanamaz gibi görüneni, bazı türlerin aşırı bolluğunu, buna mukabil onlara çok yakın bazılarının son derece ender olmasını, anlayabilir ve bir dereceye kadar da açıklayabiliriz.

Belirli hayvan grupları arasında olması gereken genel oran kolayca görülebilir. Büyük hayvanlar, küçükler kadar bol olamazlar; etoburlar, otoburlardan daha az sayıda olmalıdırlar; kartallar ve aslanlar asla güvercinler ve antiloplar kadar çok sayıda olamazlar; Tataristan[230] çöllerinin yabanî eşekleri Amerikanın daha zengin ovaları ve pampalarındaki atların sayısına ulaşamazlar. Bir hayvanın doğurganlığı yaygın olarak bolluğunun veya azlığının en temel nedeni sanılır; fakat gerçekleri gözden geçirdiğimiz zaman görürüz ki bunun konuyla ilgisi ya çok azdır veya hiç yoktur. En az doğurgan hayvanlar bile çoğalmaları kontrol altında tutulmadığı takdirde hızla çoğalırlar. Buna mukabil, kürenin hayvan nüfusunun sâbit, hattâ insanın etkisi nedeniyle azalmakta olması lâzımdır. Salınımlar olabilir, ancak, sınırlı alanlar haricinde kalıcı bir artış hemen hemen imkânsızdır. Meselâ, kendi gözlemlerimiz bizi ikna etmelidir ki kuşlar her yıl geometrik bir oranda artmamaktadırlar. Eğer doğal artmaları güçlü bir kontrol altına alınmış olmasaydı artarlardı. Pek az kuş yılda iki yavrudan az dünyaya getirir; pek çoğu altı, sekiz veya on yavru yapar; dört muhakkak ki ortalamanın altındadır. Eğer her çiftin yaşamları süresince yalnızca dört defa yavru yaptığını farzedersek, yavruların bir kaza veya açlık sonucu ölmeyeceklerini kabul etsek bile, bu da ortalama altında kalacaktır. Bu şartlarda bile, birkaç yılda tek bir çiftten olacak artış ne muzzam olacaktır! Basit bir hesap onbeş yılda her kuş çiftinin onbeş milyona kadar artacağını gösterecektir. Halbuki herhangi bir ülkenin kuşlarının sayısının onbeş veya yüzelli yılda arttığına inanmak için hiçbir nedenimiz yoktur. Bu artış gücüyle, her türün ortaya çıkışından birkaç yıl sonra nüfusu sınırlarına ulaşmış ve duraylılık kazanmış olmalıydı. Demek ki her yıl muazzam sayıda, yani doğanlar kadar, kuş ölmektedir. Her yıl dünyaya gelenler, en tutucu bir hesapla bile ebeveynin iki katı olacağına göre, bir ülkede mevcut bireylerin ortalama sayısı ne olursa olsun, *her yıl o sayının iki katı ortadan kalkmak zorundadır*. Bu, çarpıcı bir sonuç olmakla beraber son derece muhtemeldir ve herhalde gerçeğin üstünde olmaktansa altında bulunmaktadır. Bundan dolayı sanılabilir ki, türün devamı ve ortalama bir birey nüfusunun korunması için büyük sayıda doğumlar gereksizdir. Ortalama olarak *tek bir tanenin* üstünde hepsi, ya şahinlere ve atmacalara, yabanî kedilere veya gelinciklere yem oluyor veya kış gelirken soğuk ve açlıktan ölüyor. Belirli türlerin incelenmesi bunun çok çarpıcı bir isbatını sunmaktadır. Görüyoruz ki, bireylerin bolluğunun yavru üreten doğurganlıkla hiçbir ilgisi yoktur. Belki de muazzam bir kuş nüfusunun en kayda değer örneği Amerika Birleşik Devletlerindeki yolcu güvercinlerininkidir. Bu kuş bir, ençok iki yumurta yapar ve genel olarak tek bir yavruyu büyüttüğü söylenir. Bu kuş niçin bu kadar boldur, buna mukabil iki veya üç misli yavru yapanlar niçin çok daha azdır? Açıklaması güç değildir. Bu türün en çok sevdiği ve ona en iyi gelen besin büyük bir alanda bol bol bulunur. Bu geniş alan toprak ve iklim açısından öyle farklılıklar arzetmektedir ki, herhangi bir yerinde besin kıt olduğu zaman, bir başka yerinde mutlaka bol olmaktadır. Bu kuş çok hızlı ve uzun süreli uçuş yapabilmekte, dolayısıyla yaşadığı bölgenin bir yanından diğerine yorulmadan gidebilmektedir; bu nedenle bir yerde besin azalmağa başladığı zaman hemen yeni bir beslenme alanı bulabilmektedir. Bu örnek de bize çarpıcı bir şekilde sürekli ve sağlıklı besin bulmanın herhangi bir türün artması için gerekli tek şart olduğunu göstermektedir, zira ne doğurganlık ne de yırtıcı kuşların veya insanların sınırsız saldırıları artışı kontrol edebilmiştir[231]. Başka hiçbir kuşta bu özel haller bu kadar çarpıcı bir şekilde bir araya gelmemiştir. Ya besinleri her zaman bulunamayabilmekte veya onların besinlerini geniş bir alanda arayabilecek kadar yeterli kanat güçleri bulunmamaktadır veya yılın herhangi bir mevsiminde besin çok azalmaktdır ve bu nedenle onun yerine daha az sağlıklı besinlerin yenilmesi gerekmektedir. Bu nedenle, doğurganlıkları daha fazla olduğu halde, en kötü mevsimdeki besin kaynağının izninin ötesinde sayılarını arttıramamaktadırlar. Pek çok kuş yalnızca besinleri azaldığı zaman daha yumuşak, en azından farklı bir iklime sahip alanlara göçerek varlığını sürdürebilmektedir. Bu göçmen kuşların ancak pek ender durumlarda aşırı bir nüfus bolluğuna sahip olmaları, gittikleri ülkelerde de sürekli ve sağlıklı bir besin kaynağının olmadığını göstermektedir. Besin kaynağı periyodik olarak azaldığında yapıları göçe elverişli olmayanlar hiçbir zaman büyük bir nüfus sayısına ulaşamazlar. Bu herhalde ağaçkakanların bizim ülkemizde niçin ender bulunduklarının, buna mukabil tropiklerde tek başlarına yaşayan kuşlar arasında en bol olanlardan olduklarının nedenidir. Aynı şekilde ev kırlangıcı kızılgerdandan daha boldur, çünkü besini hem daha sürekli hem de daha bol olarak bulunur—ot tohumları kışın saklanır ve çiftlik avlularımız ve biçilmiş tarlalarımız bitip tükenmez bir kaynak sağlar. Niçin, genel bir kural olarak, su kuşları, özelikle de deniz kuşları çok boldur? Muhakkak ki diğerlerinden daha doğurgan oldukları için değil; genel olarak bunun tersi doğrudur. Bolluklarının nedeni, besin kaynaklarının asla tükenmemesidir. Deniz ve nehir kenarları yumuşakçalar ve eklembacaklılarla kaynamaktadır. Aynı yasalar memeliler için de geçerlidir. Yabanî kediler çok doğurgan olup düşmanları da azdır. Peki o zaman niçin evcil tavşanlar kadar bol değildirler? Bunun tek anlaşılabilir cevabı besin kaynaklarının daha istikrarsız olmasıdır. Açıkça görülüyor ki bir ülke fizikî olarak değişmedikçe hayvan nüfusunun sayıları değişemez. Eğer bir türün nüfusu artarsa, aynı besinden yararlanan bir diğerininki orantılı olarak azalmak zorundadır. Her yıl ölen bireylerin sayısı muazzam olmalıdır. Her hayvanın bireysel varlığı kendisine bağlı olduğuna göre, ölenlerin en zayıflar olması gerekir: Çok genç olanlar, yaşlı olanlar ve hasta olanlar. Varlıklarını sürdürebilenler ise en mükemmel sağlık ve güce sahip olanlar olmalıdır: En muntazam bir şekilde besin bulabilenler ve düşmanlarından sakınabilenler. Başta söylediğimiz gibi, bu en zayıfın ve yapısı en az mükemmel olanın dayanamadığı bir "varlık mücadelesidir".

Şimdi şu açık ki bir türün bireyleri arasında olan olaylar bir grubun içinde birbirine yakın türler arasında da olmalıdır, yani muntazam bir besin kaynağına ulaşmaya ve kendilerini düşmanlarının hücumlarına ve mevsimlerin değişkenliklerine karşı korumaya en yatkın olanlar mutlaka bir nüfus üstünlüğü yakalamalı ve bunu korumalıdır. Buna karşılık herhangi bir nedenden ötürü gücü az olan veya yapısı uygun olmayan türler besin kaynağındaki değişimlere karşı tedbir alamayıp sayıları azalmalı ve bazı aşırı durumlarda soyları tamamen tükenmelidir. Bu aşırı uçlar arasında türler yaşamlarını korumak için çeşitli derecelerde beceri gösterecektir. Türlerin bolluğunu veya azlığını bu şekilde açıklıyoruz. Bilgisizliğimiz, genellikle etkilerin nedenlerini doğru olarak tanımamıza engel olmaktadır, ama çeşitli hayvan türlerinin yapılarını ve davranışlarını mükemmel bir şekilde bilebilsek ve her türün emniyeti ve kendisini çevreleyen değişken şartlarda varlığını sürdürmek için yapması gerekenleri yapma kapasitesini ölçebilsek, bunun neticesi olan bireylerin nüfus bolluğu oranlarını bile belki hesaplayabiliriz.

Şimdi eğer şu iki noktayı saptayabildiysek— *1. Bir ülkenin hayvan nüfusu genel olarak sâbittir. Nüfusu belli bir sayının altında tutan, besin kaynağındaki periyodik yetersizlikler ve diğer kontrollardır. 2. Türlerin bireylerinin karşılaştırmalı bollukları veya azlıkları tamamen yapılarına ve bundan türeyen davranışlarına bağlıdır. Bunlar muntazam bir besin kaynağına ulaşmayı veya kişisel emniyeti temin işini bazı hallerde diğerlerine nazaran daha zorlaştırabilirler. Böyle bir zorlaşma ancak herhangi bir yerde yaşamak zorunda olan bir nüfusun sayılarında olacak bir değişimle dengelenebilir*—yukarıdaki mülâhazaların doğrudan ve çok önemli bir şekilde ilgili olduğu *varyetelere* geçebiliriz.

Bir türün tipik formundan olacak ekseri, belki de tüm sapmalar, bireylerin davranışları veya kapasiteleri üzerinde, ne denli az olursa olsun, mutlaka bazı etkiler yapacaktır. Bireyleri daha az veya çok göze batar yapacak bir renk değişimi dahî onların emniyetini etkiler; kılların az veya çok olması davranışlarına tesir eder. Daha önemli değişiklikler, meselâ üyelerin veya herhangi bir dış organın gücünde veya boyutlarında olacak bir artış, besin bulma yöntemlerinde veya yaşadıkları alanın büyüklüğünde değişikliklere neden olur. Ekseri değişikliklerin yaşamı sürdürme yeteneğinde faydalı veya zararlı etkiler yapacakları da açıktır. Daha kısa ve güçsüz bacaklara sahip bir antilop muhakkak ki kediler ailesine [*Felis*] mensup etoburlardan daha çok çekecektir; daha güçsüz kanatlara sahip bir yolcu güvercininin muntazam besin bulma yeteneği eninde sonunda etkilenecektir; her iki durumda da sonuç, değişen türün nüfusunda olacak bir azalmadır. Diğer yandan, herhangi bir tür varlığını koruma açısından azıcık daha elverişli bir varyete üretse, o türün birey sayısı zaman içerisinde mutlaka artacaktır. Yaşlılığın, ifratın veya besin azlığının ölümü arttıracağı nasıl kesinse, bu sonuçlar da aynı derecede kesindir. Her iki halde de bireysel istisnalar olabilir, fakat ortalama olarak kuralın geçerli olduğu görülecektir. Bütün varyeteler, dolayısıyla iki sınıfa bölünürler: Aynı şartlar altında ebeveyn türün sayılarına ulaşamayacak olanlar ve ebeveyn türün sayılarını geçip bu üstünlüklerini koruyanlar. Şimdi bölgedeki fizikî şartlarda bir değişiklik olduğunu farzedelim: Uzun bir kuraklık dönemi, bitki örtüsünün çekirgelerce tahribi veya kendine yeni beslenme alanı arayan yeni bir etoburun ortaya çıkışı—bahis konusu türün varlığını daha zor hale getiren ve neslinin tamamen tükenmemesi için tüm gücünü zorlayacak herhangi bir değişiklik. Bu durumda bireylerinin sayısı en az olan ve yapısı en zayıf olan varyetenin yeni şartlara ilk dayanamayan olacağı ve baskı şiddetliyse ortadan kalkacağı açıktır. Şartlar sürdüğü takdirde ebeveyn tür bir sonra etkilenen olacaktır, sayıları azalacaktır ve benzer kötü şartların tekrar etmesi durumunda ortadan kalkacaktır. O zaman üstün varyete tek başına kalacaktır ve normal şartlar geri geldiğinde saylarını hızla arttırarak nesilleri tükenmiş olan türün ve varyetenin yerine geçecektir.

Şimdi *varyete* daha üstün bir yapı ve daha mükemmel gelişmiş bir şeklini temsil ettiği *türün* yerine geçmiş olacaktır. Kendi emniyetini sağlamaya ve bireyin ve ırkın yaşamını sürdürmeye her açıdan daha uyumlu olacaktır. Böyle bir varyete orijinal tipe geri *dönemez*. Çünkü o tip daha aşağı bir tiptir ve yeni türle varlığı için rekabet edemez. Türün orijinal tipini üretmek için bir "eğilimin" var olduğu kabul edilse bile, varyete her zaman daha üstün sayılarla temsil edilecek ve elverişsiz fiziksel şartlar altında *gene yalnız başına hayatta kalacaktır.* Fakat bu yeni, gelişmiş ve nüfusu kalabalık ırk zaman içerisinde yeni varyeteler meydana getirebilir. Bu yeni varyeteler eskiden ayrılan birkaç yeni şekil değişikliği gösterebilirler. Bu değişiklikler varlığı koruma imkânlarını arttırma eğiliminde olduklarından, genel yasaya uyarak zaman içinde üstünlük sağlayacaklardır. Demek ki burada hayvanların doğal haldeki yaşamlarını düzenleyen genel yasalardan ve varyetelerin sık sık görüldüğü tartışılmaz gerçeğinden çıkan gelişme ve sürekli birbirinden ayrılmayı (*progression and continued divergence*) görüyoruz. Ancak bu sonucun değişmez olduğunu iddia etmiyoruz. Bir bölgedeki fiziksel şartların değişmesi, bazan o bölgeyi farklı bir hale getirebilir ve bu durum eski şartlar altında yaşamını en iyi sürdürebilen ırkı bunu en kötü yapan haline sokabilir. Böyle bir durumda eski ve aşağı ırk ve varyeteleri rahat rahat yaşamaya devam ederken, yeni ve üstün bir ırkın nesli tükenebilir. Önemsiz kısımlarda da değişiklikler olabilir ve bunlar yaşamı koruyan güçlerde hiçbir değişikliğe neden olmayabilirler; bu durumdaki varyeteler ebeveyn türle paralel bir yaşam sürebilirler, ya yeni değişiklikler üretirler veya bir önceki tipe geri dönerler. Bütün iddiamız, bazı varyetelerin orijinal türden daha uzun yaşama eğilimi gösterdikleri ve bu eğilimin kendini hissettireceğidir, çünkü değişiklikler veya ortalamalar doktrinine küçük ölçeklerde güvenilemese bile, büyük sayılara uygulandığında sonuçlar teorinin gerektirdiklerine yaklaşmakta, sonsuz sayıda örneğe yaklaşıldıkça da kesin bir doğruluk vermektedir. Doğanın ise çalıştığı ölçek öyle büyüktür ki, bahis konusu bireyler ve zaman dönemleri sonsuza o denli yaklaşır ki, ne kadar önemsiz olursa olsun, ne kadar örtülürse örtülsün veya tesâdüflerle naksedilsin, her neden sonunda kendinden beklenilen tüm sonuçları doğurur.

Şimdi evcil hayvanlara dönelim ve bakalım onlar arasında meydana gelen varyeteler burada öne sürülen ilkelerden nasıl etkilenirler. Yabanî ve evcil hayvanlar arasındaki esas fark şudur: Yabanî hayvanların iyilikleri ve varlıkları tüm duyularının ve fiziksel güçlerinin sağlıklı olmasına ve tam kapasiteyle kullanılmasna bağlıdır. Evcil hayvanlarda ise bunlar kısmen kullanılır, bazı durumlarda hiç kullanılmaz. Yabanî hayvan her lokma besinini aramak ve genellikle onu elde etmek için çalışmak zorundadır—besinini ararken, tehlikeden kaçarken, mevsimlerin merhametsizliğinden sığınacak yer ararken ve yavrularının emniyetini ve besinini temin ederken, görme, duyma ve koku duyularını kullanmak zorundadır. Vücudunda her gün, her saat kullanılmayan tek bir kas yoktur; sürekli idmanla güçlendirilmeyen hiçbir duyu veya melekesi bulunamaz. Evcil hayvana ise besini verilir, sığınağı temin edilir, mevsimlerin kaprislerine karşı kapalı yerlerde tutulur, doğal düşmanlarının hücumlarından dikkatle korunur, hattâ genellikle insan yardımı olmaksızın yavrularını bile büyütmez. Duyularının ve melekelerinin yarısı faydasızdır. Diğer yarısı da arada bir pek hafif bir şekilde kullanılır. Kas sistemi bile çok düzensiz olarak faaliyet gösterir.

Şimdi böyle bir hayvanın herhangi bir organ veya duyusunda artan bir güç veya kapasite ile temsil olunan bir varyetesi oluştuğu zaman, bahis konusu artış tamamen faydasız olur, hiçbir zaman kullanılmaz ve hattâ hayvan böyle bir artışın farkında bile olmayabilir. Yabanî hayvanda ise, tüm meleke ve güçleri varlığının gerekleri doğrultusunda tam bir faaliyet içinde olduklarından herhangi bir artış derhal kullanılır, idmanla güçlenir ve ırkın besininde, davranışında ve tüm ekonomisinde hafiçe bir değişikliğe yol açar. deta üstün güçleri olan yeni bir hayvan yaratır. Bu hayvanın da kaçınılmaz olarak sayıları artar ve kendisinden aşağı olanlardan daha çok yaşar.

Gene, evcil hayvanlarda tüm varyasyonların yaşamı sürdürme şansları aynıdır. Yabanî bir hayvanın rekabet gücünü ve yaşamını sürdürme imkânını azaltacak varyasyonlar, evcillik durumunda hiçbir dezavantaj oluşturmazlar. Hızla şişmanlayan domuzlarımız, kısa bacaklı koyunlarımız, kursaklarını şişirebilen balonlu güvercinlerimiz ve kanişlerimiz doğal şartlarda asla oluşamazlardı, çünkü bu tip aşağı şekillere doğru ilk adım sonucunda tüm ırkın nesli hızla tükenirdi. Yabanî kuzenleri ile ise bunlar asla rekabet edemezler. Yarış atının büyük hızı fakat düşük dayanıklılığı, sabanı çeken atların büyük gücü doğal şartlarda faydasız olurdu. Eğer bu hayvanlar tekrar pampalardaki doğal şartlara döndürülseler herhalde kısa zamanda nesilleri tükenir veya uygun şartlarda işlerine yaramayacak aşırı yeteneklerini kaybederek birkaç nesil içerisinde yaygın tipe geri dönerler. Bu yaygın tip, tüm güç ve melekelerin, besin bulmak ve emniyet temin etmek için en iyi şekilde oranlandığı, yapının her kısmının yaşamın sürdürülebilmesi için tam kapasiteyle kullanıldığı tiptir. Evcil tipler yabanîleştikleri zaman orijinal yabanî köke çok yakın bir şeye geri dönmek *veya tamamen kaybolmak zorundadırlar.*

Dolayısıyla evcil hayvanlar arasında bulunan varyeteler üzerinde yapılacak gözlemlerden, doğal ortamda oluşan varyeteler hakkında hiçbir çıkarım yapılamaz. Varlık şartları birbirine o denli terstir ki, birine uygulanabilecek olan hemen hemen kesinlikle ötekine uygulanamaz. Evcil hayvanlar anormal, kural dışı, yapaydır; doğada hiçbir zaman oluşmayan ve oluşamayacak olan değişikliklere tâbidirler; tüm varlıkları insanın bakımına bağlıdır; pek çoğu kendi başına bırakılan bir hayvanın varlığını idame ettirmesi ve ırkını sürdürebilmesi için gerekli olan dengeli bir meleke oranından o kadar uzaktır.

Lamarck'ın varsayımı—türlerdeki gelişen değişimlerin hayvanların kendi organlarının gelişimini arttırmak ve bu şekilde yapılarını ve davranışlarını değiştirmek suretiyle olduğu—türler ve varyeteler hakkında yazan tüm yazarlar tarafından kolaylıkla reddedilmiştir ve bu yapıldığı zaman bütün sorunun halledildiği sanılmıştır. Fakat burada sunulan görüş, doğada aralıksız işleyen ilkelerin faaliyetinin benzer sonuçlar doğuracağını göstererek böyle bir varsayımı gereksiz kılmaktadır. Şahin ve kedi ailelerinin güçlü, içeri çekilebilir tırnakları bu hayvanların istekleriyle oluşmuş veya büyütülmüş değildir. Fakat bu grupların daha önceki ve daha alçak bir organizasyon düzeyine sahip atalarının varyeteleri arasında *avını yakalama konusunda en gelişmiş melekeye sahip olanlar en uzun yaşayanlar olmuştu.* Zürafa da uzun boynunu daha yüksek ağaçların yapraklarına uzanmak istediği ve bu nedenle durmadan oralara uzandığı için kazanmamıştı ama eski tipler[232] arasındaki varyetelerde normalden uzun bir boynu olanlar *aynı otlama alanı içerisinde kısa boyunlu akrabalarından daha geniş bir hacme ulaşıp ilk kıtlık zamanında onlardan daha uzun yaşama şansını elde etmişlerdi.* Pek çok hayvanın üzerinde normal olarak yaşadıkları toprağa veya yapraklara veya ağaç gövdelerine benzeyen garip renkleri bile aynı ilkeyle açıklanır. Zaman içerisinde pek çok renge sahip varyeteler olmuş olabilirse de *kendilerini düşmanlarından korumaya en uygun renkleri olan ırklar kaçınılmaz olarak en çok yaşayacaklardır.*

Burada, herhangi bir organdaki bir eksikliğin bir diğer organ tarafından karşılandığı gerçeğinde görülen ve doğada çok sık karşılaşılan bir dengenin (güçlü kanatların zayıf ayakları dengelemesi, büyük hızın savunma silâhlarının eksikliğini dengelemesi gibi) açıklaması da ortaya çıkmaktadır. Gösterildiği gibi, dengelenmemiş bir eksikliğe sahip tüm varyeteler varlıklarını uzun zaman sürdüremezler. Bu ilkenin faaliyeti aynen bir buhar makinesinde bulunan ve herhangi bir düzensizliği neredeyse belli olmadan düzelten volana benzer. Benzer bir şekilde hayvanlar âleminde hiçbir dengelenmemiş eksiklik çok belirgin bir şekle ulaşamaz, çünkü ilk adımda kendisini yaşamı güçleştirerek hissettirir ve neslin tükenmesi kısa bir süre sonra gerçekleşir. Burada savunulduğu şekilde bir köken canlılarda görülen şekil ve yapı değişikliklerinin kendilerine has karakterleriyle de uyum içerisinde olacaktır—bir merkezi tipten ayrılan pek çok hat, bir seri birbiriyle ilişkili olan türde belirli bir organın etkinliğinde ve gücünde görülen artış, daha önemli karakterler açısından önemli farklar sunan türlerde renk, tüy veya kıl dokusu, boynuz veya ibik şekilleri gibi önemsiz kısımlarda görülen kalıcılık. Bu teori, profesör Owen'in nesli tükenmiş tiplere nazaran daha yeni tiplerde karakteristik olarak gördüğü ve kuşkusuz herhangi bir organın hayvan ekonomisi içerisinde sürekli değişmelerle daha belirli bir gayeye uydurulması sonucu olan "daha dar gayelere uygun yapı" (*more specialized structure*) için de bir neden sağlamaktadır.

Burada, doğada bazı varyete sınıflarının orijinal tipten giderek uzaklaşma eğiliminde olduklarını gösterdiğimizi sanıyoruz. Bu gelişime herhangi bir sınır çizmek için de yeterli bir neden görünmüyor. Doğada bu sonucu doğuran aynı ilke evcil varyetelerin niçin orijinal tiplere geri dönme eğiliminde olduklarını da açıklıyor. Minik adımlarla çeşitli yönlerde gerçekleşen, fakat varlığın korunmasının kendilerine bağlı olduğu kaçınılmaz şartlar tarafından kontrol edilen ve dengelenen bu ilerlemenin canlıların sunduğu tüm süreçlerle, onların nesillerinin tükenmesi ve geçmiş çağlardaki silsileleri ve şekil, içgüdü ve davranışlarındaki tüm olağanüstü değişimlerle uyum içerisinde olacak şekilde izlenebileceğine inanıyoruz.

Ternate, Şubat 1858"[233]

Ortak bildirinin oluşturulup yayınlandığını Wallace aylar sonra öğrendi ve öğrenince de son derece mutlu oldu. Annesine 6 Ekim 1858'de yazdığı mektupta şöyle diyordu:

"Bay Darwin'den ve Dr. Hooker'dan mektuplar aldım, İngiltere'nin en meşhur tabiîyecilerinden ikisi; bu beni çok memnun etti. Bay Darwin'e şimdi üzerinde büyük bir kitap yazdığı bir konuda bir deneme yollamıştım. Dr. Hooker'a ve Sir Charles Lyell'e göstermiş. Onlar da o kadar beğenmişler ki, Linné Cemiyeti huzurunda okutmuşlar. Bu, benim dönüşümde bu şöhretli insanlarla tanışmamı sağlayacak."[234]

Gerçekten de Wallace İngiltere'ye dönünce bu insanların hepsiyle yakın dost oldu. Darwin'in cenazesinde tabutu taşıyanlardan biri de Wallace'tı. Wallace yaşadığı sürece doğal seçme teorisinden hep "Darwin'in teorisi" diye söz etti, Malay Takımadaları hakkında yazdığı klasik eserinde kendisinin bu önemli teorinin ortaya çıkışında oynadığı rolden asla bahsetmedi, doğal seçme kuramını açıklayan kitaplarından birinin başlığını *Darwinism* olarak koydu[235]. Darwin, ömrü boyu Wallace'ın kendisine karşı en küçük bir kıskançlık beslememesini hep hayret ve hayranlıkla karşılamıştır.

Ama Darwin ve Wallace her konuda tamamen aynı fikirde olmadılar. Özellikle Wallace'ın gençliğinden beri ilgilendiği mezmerizm ve rûhanilik gibi konular onun, Hristiyan dinine (veya diğer herhangi bir semâvi dine) inanmamasına rağmen, giderek dindar bir havaya bürünmesine neden oldu. İnsanın ahlâki tutumunun doğal seçmenin sonucu olamayacağını, insan aklının ve genelde insan karakterlerinin bir yaratıcının katkısını gerektirdiğini düşünüyordu. Arkadaşı Darwin'in 1870'de yayınlanan *The Descent of Man* (İnsanın Soyu) adlı kitabına[236] yazdığı eleştirel tanıtma yazısında şunları söylemişti:

> "Tamamen dik bir duruş, çıplaklığın bütünlüğü, ellerinin uyumlu mükemmelliği, beyninin neredeyse sonsuz olan kapasitesi sınırlı bir alanda tecrit olmuş bir şempanze takımının varlık mücadelesi ile açıklanması mümkün olamayacak kadar birbiriyle ilişkili bir seri gelişmedir."[237]

Wallace ömrünün sonuna kadar bu fikirlerini korudu. Ölümden sonra bir yaşam olmadığı takdirde insan ahlâkının yozlaşacağına inanıyordu. Ama bu arada çok önemli bilimsel çalışmalar da yaptı, hayvanların coğrafi dağılımları[238] ve adalarda yaşam[239] konularında iki klasik eser yayınladı. Fakat bu arada özellikle ruh çağırma hakkındaki saplantısı ve bu konuda yazdığı yazılar (hakkında medhiyeler düzdüğü bazı medyumların sahtekâr oldukları isbat edilmiş olmasına rağmen), giderek artan gelenek dışı dinî eğilimleri ve sosyalist bir bakış açısından Avrupa kültürüne yöneltti̇ği sert eleştiriler[240] kendisini bilimsel çevrelerden izole etmeye başladı. Darwin'in tüm gayretlerine rağmen İngiliz bilim çevrelerinin Joseph Hooker gibi diğer etkili kişilerinin olumsuz tutumları nedeniyle bir iş bulamadı. Sonunda Darwin diğerlerini ikna etti ve Wallace'a bir devlet emekliliği maaşı bağlanmasını sağlayarak arkadaşının mâli durumunun rahatlamasına yardımcı oldu. Fakat Wallace 1913'te öldüğünde bütün dünya büyük bir doğa bilimcinin öldüğünü kabul etti.

V. BÖLÜM **Sonuç**

Bitmemiş bir öykünün öğrettikleri

Lyell'in de sonunda Darwin'e eğilmesiyle benim burada anlatmak istediğim hikâye son buluyor. Halbuki modern evrim kuramının esas gelişimi bu safhadan sonra başlıyor. Jeologlar, zoologlar, botanikçiler, ziraatçılar, tabipler, herkes Darwin'in cevaplayamadığı soruya saldırdı Darwin'den sonra. Yeni türler nasıl oluşuyordu? Lyell'den ziyade von Buch'un, von Humboldt'un, Élie de Beaumont'un, etkisinde gelişen kıt'a Avrupası jeoloji ekollerinin hiç kuşkusuz Darwin'in yaşamının son dönemlerinde ve ondan hemen sonra en parlağı olan Eduard Suess'ün Viyana ekolünün genç ve dâhi paleontologu Melchior Neumayr (1845-1890) Tersiyer karındanbacaklı fosillerini detaylı olarak inceleyerek çevrenin değişim üzerindeki etkisini tesbite çalıştı[241], bizzat Darwin'in iltifatına mazhar oldu. Fakat Darwin'in teorisinin eksiğini esas tamamlayan Gregor Mendel'in (1822-1884) genetiği[242] ile Hugo de Vries'in (1848-1935) mütasyon teorisi[243] olmuştur. Bu iki önemli adımdan sonra artık yapılacak iş kromozomların yapısını anlayarak genetik mesajın nasıl oluşturulduğu ve nasıl ulaştırıldığı sorusuydu. Bunlar da yirminci yüzyılın ikinci yarısının James D. Watson (1928-) ve Francis H. C. Crick (1916-) (DNA'nın yapısının keşfi), Jacques Monod (1910-1976), François Jacob (1920-) ve André Lwoff (1902-1968) (genetik kodun okunması) gibi dev adlarıyla ilişkili zaferlerdir ve bu zaferler tâ on sekizinci yüzyılın ortasında Buffon'un iç kalıp kuramıyla cevap vermeğe çalıştığı, yaşamın en temel süreçlerini nihayet aydınlatan zaferlerdir. Evrim kuramı, insanoğlunun tüm kâinatı oluşturan süreçleri anlama çabasının, Anaksimandros ve Herakleitos ile Batı Anadolu sahillerinde 2500 yıl önce başlayan o yüce çabanın, yalnızca bir bölümüdür ve burada anlatmağa çalıştığım gibi diğerlerinden ayrı olarak düşünülemez. Yaşam nasıl gelişiyorsa, aynı değişme ve seçme kurallarıyla yönetilen her şey de değişiyor. At nasıl evrimleşiyorsa, otomobil de aynen öyle evrimleşiyor. İkisi de belirli kurallara göre değişiyor, belirli kurallara göre seçiliyor, belirli kurallara göre gelişiyor. Her ne kadar bugün Stephen J. Gould gibiler çıkıp dünyanın egemen canlısının 3,8 milyar yıl önce bakteriler olduğunu, bugün de aynı durumun sürdüğünü hatırlatarak, bir gelişmeden söz edilemez gibi sözler ediyorlarsa da sağlıklı insan aklı, bizzat kendisinin atalarının düşünce kapasitesiyle karşılaştırıldığında "gelişerek" kâinatı sorgulamaya başlamasını ve onu anlama çabasının bir parçası olarak kendi kafasında sürekli baştan yaratmasını, dünya üzerinde yaşamın ilerlemesinin en güzel ve en muhteşem ürünü olarak selâmlamaktadır.

Burada sözü bitirirken, bir de bu kitap içerisinde anlatmağa çalıştığım *bilimsel gelişmenin* mekanizmasına, yani bilgimizin artmasına neden olan insan faaliyetinin doğasına değinmek istiyorum. Bilim, gözlemlerin giderek artmasıyla kendiliğinden değil, cesur *varsayımların* zekî ve yaratıcı bilim insanlarının kafasında oluşması, bu varsayımlardan *gözlenebilecek çıkarımların* yapılması ve bu çıkarımların *gözlem yoluyla kontrol edilerek* yanlış olanları doğuran varsayımların *elenmesiyle* gelişmiştir. İlk başta, Anaksimandros'un evrim kuramı, yalnızca dünyanın sularla kaplı olarak oluştuğu varsayımının bir çıkarımından ibaretti. Dünyanın sularla kaplı olarak oluştuğu varsayımı da, kendisinin Miletos cıvarında kayaçlar içerisindeki (denizel sandığı) fosillerden ve Miletos limanın gün geçtikçe çamurla dolmasının izahı için icat edilmiş bir varsayımdı. Büyük Miletos'lu, yaptığı gözlemleri açıklayabileceği bir dünya hayâl etmiş, sonra bu hayâline (yani varsayımına) dayanarak bazı çıkarımlar yapmıştı. On yedinci yüzyıl sonunda ve on sekizinci yüzyıl başında büyük Leibniz'in yaptığı, Anaksimandros'un yaptığından farklı değildi temelde. Tek fark, Leibniz'in elinde çıkarımlarını kontrol edebileceği daha çok gözlemin olmasıydı. Stensen, bir tek köpekbalığı dişine bakarak bir su kütlesi içerisinde meydana gelen tüm çökelme, taşlaşma ve daha sonra vuku bulan deformasyon ve aşınma olaylarını hayâl etmişti. Bu hayâlinden yapılan pek çok çıkarım hem kendisi hem de kendisinden sonra gelen nesillerce jeolog tarafından gözlemle kontrol edildi. Stensen'in yönteminin doğru olduğu ancak, *Kutsal Kitap*'a dayanarak kurduğu jeolojik tarihçenin yanlış olduğu, çünkü *Kutsal Kitap*'ta yazanların gözlemle çeliştikleri görüldü. Hutton ve Lyell'in güncelcilik ve tekdüzecilik görüşleri de nihayet cesur varsayımlardı. Bu varsayımlar jeolojiyi modern bir temele oturttular, ama Lyell tekdüzeciliği (büyük ölçüde dinsel önyargıları nedeniyle) yaşamın tarihine de uygulamaya kalkınca, buradan elde etiği çıkarımların gözlemle çeliştiği görüldü. Dolayısıyla, dürüst bir bilim adamı olan Lyell istemeyerek de olsa kendi varsayımını terketmek zorunda kaldı, yaşamın belli bir istikamete doğru açılım yaptığını kabullendi.

Darwin de Lyell'den pek çok önyargı tevarüs etmişti. Jeolojik zamanın çok, ama çok uzun olması, jeolojik zabıtların çok, ama çok eksik olması gibi bazı önyargılar ona pek çok halde yardımcı oldular, kendi varsayımını geliştirmesine temel sağladılar. Ama buralarda da yapılan gözlemler, hem Darwin'in hem de Lyell'in bazı yerlerde ciddi bir şekilde yanılgıya düştüklerini gösterdiler. Tebeşir Devri Darwin'in sandığı gibi 300 milyon yıl önce değil, 65 milyon yıl önce bitti. Jeolojik zabıt içerisindeki fosillerde görülen ve Cuvier'nin bıkıp usanmadan vurguladığı ânî değişiklikler, her yerde mutlaka zabtın eksikliğinden değil, gerçekten dünya çapında olmuş ve tüm biyosferi etkileyen âfetlerden kaynaklanıyordu.

Ancak Darwin'in ve Wallace'ın dâhiyâne bir sezgiyle gördükleri gibi, türlerin evriminin temel nedeni bugün de doğal seçme olarak görülmektedir. Bu kuram, Darwin hiç doğmamış olsaydı da, Wallace sayesinde (kuşkusuz Darwin'in sunduğu kadar zengin bir gözlem malzemesiyle birlikte olmasa da) bilimin malı olacaktı. Darwin-Wallace evrim kuramı, bugün çok daha gelişmiş bir evrim kuramı içerisinde bir sınır şartı olarak yaşamaya devam etmektedir: Aynen Newton'un hareket kanununun, Einstein'in hareket kanunu içerisinde düşük hızlar için geçerli bir sınır hali olarak yaşamaya devam etmesi gibi[245]. Hugo de Vries'in mütasyonları doğal seçmenin malzemesini hazırlamakta, Mendel'in genetik kuralları da, mütasyonların hangi oranlarda seçilme yarışına gireceklerini belirlemektedir. Hele jeolojide olan gelişmeler, dünyanın yalnız kendinden değil, kendi dışından da kaynaklanan nice olayların etkisinde olduğunu; bunların meteor ve komet çarpması gibi bazılarının birkaç saniyelik bir sürede tüm dünya yüzünü etkileyebilecek çok büyük enerjiler ortaya çıkardığını göstermiştir. Kuşkusuz günümüzün jeolojisi, Lyell'in "pasif" denebilecek dünyasından çok daha aktif bir dünyada yaşadığımızı göstermiştir. Jeolojik olayların sürekli değiştirdiği çevrenin görevi ise devamlı değişen kurallar ve dolayısıyla seçilme şartlarıyla, yaşayanlar dünyasında seçici rolünü oynamaktır. Yaşayan varlıklar dünyasında gördüğümüz muhteşem çeşitlilik işte bu karmaşık etkenlerin milyonlarca yıllık sürelerde karşılıklı etkileşmeleri sonucudur.

EK -I-

Gelişme ve evrim aynı şey mi?[246]

Her ilerleme gelişim midir? Gelişme kavramında, gelişen şeyin daha iyiye, daha değerliye doğru gittiğini imâ eden bir değer yargısı gizlidir. Halbuki modern yer ve yaşam bilimleri biyolojik evrimin bir gelişme süreci olarak yorumlanamayacağını göstermiştir. Evrim yaşamın çevresine uyumunu düzenler. Örneğin, Triyas Devri'nin ilk ve basit dinozor ailelerinden yalnızca Tebeşir Devri'nin zengin ve çeşidi bol, karmaşık yapılı dinozor türleri değil, aynı zamanda kuşlar da türemiştir. Tebeşir Devri'nin sonlarında yeryüzünün en zengin çeşitli, çevreye en iyi uyum sağlamış kara hayvanları hiç kuşkusuz dinozorlardı. Ancak 100.000 yıl gibi kısa bir sürede dinozorlardan eser kalmadı. Çünkü dünyada egemen olan yaşam şartları bir gökcismi çarpmasıyla âniden değişmişlerdi. Gökcismi çarpması sonrası dünyada karalara memeliler ve kuşlar egemen oldu. Buna rağmen, balıklar dünyasında hiçbir şey değişmemişti. 400 küsur milyon yıldan beri var olan balıklar gene var olmaya devam ettiler, yüzlerce milyon yıldan beri yaptıkları gibi türlerini, cinslerini, ailelerini değiştirerek yaşamlarını sürdürdüler. Bu arada hiç değişmeyenler de vardı. Örneğin, 500 küsur milyon yıldır hiç değişmeden yaşayan *Lingula* (bir lamba kabuklu=brakiyopod) ve hele neredeyse dünya kurulduğundan beri var olan bakteriler. Dünya ilk doğduğunda egemen canlıları bakterilerdi. Bugün gene öyle.

Gerçi evrende değişim Herakleitos'un (olgunluğu M. Ö. 500) dediği gibi değişmeyen tek şey gibi görünüyor. Ama bu değişim, bir gelişmeyi, yani bir değer öğesini içermiyor. Kâinatta bir hedef, bir amaç, bir yasalar egemenliği görünmüyor. Bilim kuşkusuz bazı genellemeleri şimdilik yasa diye vazediyor, ama Aristo'nun yasaları onları yanlışlayan Newton'nunkiler olmadığı gibi, Newton'unkiler de onları yanlışlayan Einstein'inkiler değil. Genellemelerimizi yasa adını verdiğimiz varsayımlarımız çerçevesinde sunarak onları gözlemle denetlenebilir bir hale getiriyoruz. Gözlemin yanlış bulduğu 'yasalarımızı', bilimden dışlıyoruz.

Evrende bir gelişme, bir hedef, bir amaç arayanlar farkında olarak veya olmayarak ona insan vasıfları atfetmek istiyorlar, evreni insan merkezli ve insan amaçlı gözlüklerle yorumlamaya kalkıyorlar; onu öznelleştiriyorlar ve nihayet evrene atfettikleri tüm bu vasıflardan bir yaradanı, bir tanrıyı, veya doğanın özelliği olduğunu sandıkları değişmez yasaları sorumlu tutuyorlar. Tüm semâvi dinler, tüm ırkçı-faşist veya marksist toplumsal görüşler bu insan zâfiyetinin türevleridir. Bilim, bu insan merkezli, değer yargısı yüklü, gelişme, hedef, amaç vb. varsayan determinist doğa yorumlarından uzaklaşıp evreni nesnelleştirdikçe hurafe ve gönüllerde duyulan arzulardan uzaklaşıp, gerçeğe, duyuların algıladıklarının beyince anlaşılmasına yönelerek insanı yüceltmiştir. Tesâdüflerin egemen olduğu bir evrende tesâdüfen, tesâdüfî bir yerde yapayalnız yaşadığımızı farketmek, tüm büyük din yapıcılardan Karl Marx'a kadar pek çok insanı dehşete düşürmüş, onları bundan kaçış yolları aramaya sevk etmiştir. Bilim insanını, akıl insanını yücelten ise, bu eskilerden daha tutarlı bir yorumu geliştirerek, onun sonuçlarıyla başa çıkmaya muktedir ve buna hazır olduğunu farketmesidir."

EK -II-

Gelişme ve Diyalektik

"2003 yılı başında Türkiye Petrol Jeologları Derneği'nin davetiyle Ankara'da bilimsel yöntem konusunda verdiğim bir konferansın soru-cevap kısmında bir dinleyici, konferansım esnasında niçin Friedrich Engels'in *Doğa'nın Diyalektiği* adlı eserinden ve bu eserde savunulan bilimsel yöntemden bahsetmediğimi sordu. İki kısımlı sorusuna iki kısımlı bir cevap verdim: (1) Engels'in *Doğa'nın Diyalektiği*'nin günümüz bilimi açısından bilimsel bir içeriği olmadığı gibi, yazıldığı zamanki bilim açısından da durum aynıydı; (2) Marx ve Engels'in savundukları şekliyle diyalektik, bilimsel (ve mantıkî) bir düşünce tarzı değildir. Bu cevabım kendisinin şiddetli protestolarına neden oldu ve bana, bakteriden insana olan biyolojik 'gelişmenin' diyalektik temellerini anlatmaya çalıştı. Ben kendisine cevaben gelişmeyi neye göre tanımladığını sorunca bir hayli şaşırdı. Sonra da kendisine bakterilerin dünyanın ilk çağlarında en egemen yaşam unsurları olduğunu, bunun bugün de değişmeden sürdüğünü söyleyince şaşkınlığı bir kat daha arttı.

Bugün özellikle belirli politik görüşlerin taraftarlarınca kullanıldığı şekliyle 'diyalektik düşünce' on sekizinci yüzyılda hızla yayılmaya başlayan 'doğal gelişme' inancına fikirsel bir temel bulma arzusunun sonucunda ortaya çıkmıştır. Bunu Engels'in sözleriyle şöyle özetleyebiliriz: 'Bilhassa diyalektik, günümüzün doğabilimi için en önemli düşünce şeklidir, çünkü yalnızca o doğada karşımıza çıkan gelişme süreçlerinin bir benzeridir ve bu nedenle gelişme süreçlerine de bir açıklama yöntemi sunar.'[247] Marx ve Engels'in kullandıkları şekliyle diyalektik Hegel'den alınmış olmakla beraber, Marx ve Engels, Hegel'in diyalektiği kafası üstüne oturttuğu kanısındaydılar. Engels, diyalektiği bu durumdan Marx'ın kurtardığını söyler.

Peki nedir bu diyalektik? En kaba hatlarıyla, herhangi bir sürecin, kendisiyle çelişkinin tohumlarını kendi içerisinde taşıdığı ve zamanla bunun gelişmesine yardımcı olduğu fikri. Bu şekilde bir *a* sürecine karşı gelişen bir negatif *a* sürecinin, *a*'nın kendisiyle bir sentez oluşturarak yeni, daha gelişmiş bir *b* sürecine yol açacağı. Bunu sembollerle ifade edersek: $a \cup -a \Rightarrow b$. Bu *b* sürecinin de aynen *a* gibi kendi çelişkisini (yani $-b$'yi) doğuracağı ve böylece giderek daha gelişmiş süreçlerin ortaya çıkacağı. İlk bakışta pek de akla ters gelmeyen bu ifade, mantığın en basit kurallarından olan 'birbiriyle çelişen iki ifadenin birliğinden istenilen herhangi bir ifade türetilebilir' kuralı nedeniyle belli bir gelişme silsilesinin mantıksal temelini oluşturamaz[248].

Halbuki ne doğa ne de bilim böyle çalışır. Bir kere, doğada hiçbir şey gerekli olarak içinde kendi çelişkisinin tohumlarını taşımaz. Bazı süreçlerin ortadan kalkması, kendi iç mekanizmalarının bir ürünü değil, çevredeki tesâdüfî değişimlerin sonucu olarak gelişir. Örneğin, dünya ve Venüs gezegenleri çok benzer bir şekilde yaşamlarına başlamış olmalarına rağmen, güneşe uzaklıkları değişik olduğundan apayrı şekillerde evrim geçirmişlerdir. Dünya üzerinde bazı hayvanlar müthiş bir hızla evrimleşirken diğerleri evrimleşmeden soylarını sürdürmüşlerdir. Engels, modern jeolojinin kurucularından Sir Charles Lyell'i jeolojik evrimde gereklilik yerine tesadüfü vurguladığı için *Doğa'nın Diyalektiği*'nde eleştirmiştir. Aynı nedenden ötürü Marx ve Engels, Darwin'in evrim kuramını 'insanlık hakkında acı bir hicviye' olarak nitelemişlerdir[249]. Yves Christen de, Marx ve Darwin hakkında yazdığı eserinde, Marx'ın dünyasının doğa bilimleriyle asla bağdaşmadığını belgelemiştir[250].

Bilimsel yöntem tarihine baktığımızda da Marx ve Engels'in savunduğu diyalektiğin önemli keşif ve icatların yapılmasında herhangi bir rol oynamış olduğunu görmüyoruz. Bilim cesur varsayımların (her ne yolla olursa olsun) üretimi ve bunların gözlemle denetlenmesi yoluyla gelişmiştir. Mantık kurallarıyla çelişmediği sürece hiçbir varsayım kendi içinde kendi çelişkisini barındırmaz. Varsayımları ortadan kaldıran gözlemle bağdaşamama halidir. Bu durumda da gözlemle varsayım birleştirilip daha iyi bir varsayım üretilmez. Başarısız varsayım terk edilir, yerine yenisi üretilir.

Kısacası diyalektik, gelişmenin kaçınılmaz bir doğa yasası olarak görüldüğü bir düşünce dünyasında bu sözde yasaya fikrî temel oluşturmak için ortaya atılmış bir yöntemdir. Ancak ne açıklamaya çalıştığı yasa bir doğa yasasıdır, ne de kendisi mantıken tutarlıdır. Doğa bilimleri gelişmelerini diyalektiksiz sürdürmektedirler. Konferansımda da bu nedenle ondan bahsetmedim.

Notlar ve Kaynaklar

1 Loeb serisinde mevcut eserlerin bir listesi ve bunların nasıl ısmarlanabilecekleri hakkında bkz. *Loeb Classical Library—Complete Catalogue Including New Editions 2002*, Harvard University Press, Cambridge, Massachusetts, 41 ss. Budé kolleksiyonu ve ısmarlama şartları için bkz. *Les Belles Lettres Maison fondée en 1919 75e Anniversaire 1994 I Collections bilingues et éruditions II Littérature générale*, [Paris], 192 ss.

2 Bilim tarihi—genel: **Butterfield, H.**, 1949, *The Origins of Modern Science 1300-1800:* G. Bell and Sons, Ltd., London, x+217 ss; **Wightman, W. P. D.**, 1950, *The Growth of Scientific Ideas:* Oliver and Boyd, Edinburgh, x+[ii]+495 ss; **Singer, C.**, 1959[1996], *A History of Scientific Ideas:* Barnes & Noble Books, New York, xviii+525 ss; **Gillispie, C. C.**, 1960, *The Edge of Objectivity—An Essay in the History of Scientific Ideas:* Princeton University Press, Princeton, ix+562 ss; **Dampier, W. C. (Sir)**, 1961, *A History of Science and its Relations With Philosophy & Religion*, fourth edition reprinted with a postscript by I. B. Cohen: Cambridge University Press, Cambridge, xxvii+544 ss; **Mason, S. F.**, 1962, *A History of the Sciences*, new revised edition: Macmillan•USA, New York, 638 ss; **Yıldırım, C.**, 1992, *Bilim Tarihi:* Remzi Kitabevi, İstanbul, 270 ss; **Dosay Gökdoğan, M., Demir, R., Topdemir, H. G., Unat, Y., Kalaycıoğulları, İ. ve Emlü, Y.**, 2001, *Bilim Tarihi Kılavuzu—Buluşlar ve Yapıtlar:* Nobel, Ankara, [III]+340 ss; **Tekeli, S., Kâhya, E., Dosay, M., Demir, R., Topdemir, H. G., Unat, Y., Aydın, A. K.**, 2001, *Bilim Tarihine Giriş*, 3. baskı: Nobel, Ankara, III+[XIII]+465 ss; **Gribbin, J.**, 2002, *Science—A History 1543-2001:* Allen Lane an imprint of Penguin Books, xxii+647 ss. İslâm bilim tarihi hakkında en derli toplu özet, tatminkâr kaynaklarla beraber, şurada verilmiştir: **Sezgin, F.**, 2003, *Wissenschaft und Technik im Islam*, c. I *Einführung in die Geschichte der arabisch-islamischen Wissenschaften:* Veröffentlichungen des Institutes für Geschichte der Arabisch-Islamischen Wissenschaften, Institut für Geschichte der Arabisch-Islamischen Wissenschaften an der Johann Wolfgang Goethe-Universität, Frankfurt am Main, xii+[ii]+218 ss.

Tarih boyunca evrim düşüncesi üzerinde büyük etki yapmış olan bilim ile din arasındaki kavganın çok güzel analizleri şu eserlerde bulunabilir: **Adnan-Adıvar, A.**, 1969, *Tarih Boyunca İlim ve Din* (Hayrullah Örs tarafından Türkçesi sadeleştirilmiş ikinci basım): Remzi Kitabevi, İstanbul, 623 ss (pozitivist felsefe açısından yazılmış ve çok güzel belgelenmiş bir başyapıt); **Brooke, J. H.**, 1991, *Science and Religion—Some Historical Perspectives:* Cambridge University Press, Cambridge, x+422 ss; **Russell, B.**, 1997, *Religion and Science:* Oxford University Press, New York, xxiii+254 ss (İlk kez 1935'de yayımlanmış olan bu okunması çok kolay ve enfes eser, tarihte bilim-din sorunundan çok, bilim-din kavgasının çeşitli cephelerini son derece duru bir mantık ve esprili bir dille anlatmaktadır. Bu baskısının başında, Russell'ın kitabını onun felsefesinin genel çerçevesine oturtan ve bu kitabında ileri sürülenler hakkında bazı düşünceleri dile getiren, Kanada'da Guelph Üniversitesi felsefe ve zooloji profesörü Michael Ruse tarafından yazılmış bir Giriş ile kısa bir bibliyografya vardır). Bunlara ilâveten ayrıca Sir W. C. Dampier'in yukarıda künyesi verilen eserine, Arthur O. Lovejoy'un klâsik *The Great Chain of Being*'ine (**Lovejoy, A. O.**, 1936[2001], *The Great Chain of Being—A Study of the History of an Idea. The William James Lectures Delivered at Harvard University, 1933:* Harvard University Press, Cambridge, ix+[1]+382 ss.) ve aşağıda künyesi verilen Gillispie'nin *Genesis and Geology*'sine bkz.

Biyoloji tarihi: **Nordenskiöld, E.**, 1928, *The History of Biology—A Survey* (translated from the Swedish by Leonard Bucknall Eyre): Tudor Publishing Co., New York, x+[ii]+629+xv ss. (Bu standart eserin İsveççe olan orijinali 1920-1924 yıllarında *Biologins Historia* başlığı ile üç cilt olarak Stockholm'da Björk & Börjesson firması tarafından basılmıştır); **Bodenheimer, F. S.**, 1958, *The History of Biology: An Introduction:* Wm. Dawson & Sons Ltd., London, 465 ss; **Caullery, M.**, 1966, *A History of Biology*, translated from the French by James Walling: Walker, New York, x+148 ss; **Gardner, E. J.**, 1972, *History of Biology*, 3rd edition: Burgess Publishing Co., Minneapolis, vii+464 ss; **Mayr, E.**, 1982, *The Growth of Biological Thought: Diversity, Evolution and Inheritence*: Harvard University Press, Cambridge, Massachusetts, ix+974 pp; **Vignais, P.**, 2001, *La Biologie des Origines à nos Jours—Une Histoire des Idées et des Hommes:* Collection Grenoble Sciences (yöneten Jean Bornarel) EDP Sciences, Les Ulis, 478 ss+1 errata yaprağı. (Vignais'nin eseri bilhassa 20. yüzyılın ikinci yarısında biyolojide olan başdöndürücü gelişmelerin tarihini öğrenmek isteyenler için yararlı bir kaynaktır.) Biyoloji tarihi için şu açıklamalı bibliyografyaya da bkz: **Overmier, J.**, 1989, *The History of Biology: A Selected Annotated Bibliography:* Garland Publishing, Inc., New York, xvii+157 ss.

Yukarıda künyeleri verilen eserlerin hiçbiri İslâm dünyasında biyolojik bilimlerin gelişimini tatminkâr bir şekilde ele almaz. İslâm'da biyoloji ve evrim fikri için bkz: **Carra de Vaux, B. (Baron)**, 1921, *Les Penseurs de l'Islam*, c. 2: Librairie Paul Peuthner, Paris, X. bölüm (Les Sciences Naturelles (suite). Histoire Naturelle), ss. 297-351; **Sezgin, F.**, 1970, *Geschichte des Arabischen Schrifttums*, c. III *(Medizin – Pharmazie – Zoologie – Tierheilkunde bis ca. 430 H):* E.J. Brill, Leiden, XIX+[I]+498 ss; **aynı yazar,** 1971, *Geschichte des Arabischen Schrifttums*, c. IV *(Alchimie – Chemie, Botanik - Agrikultur bis ca. 430 H)*: E. J. Brill, Leiden, X+[I]+398 ss.+1 s. errata; **Toufik Fahd,** 1996, Botany and agriculture: Roshdi Rashed, yayına hazırlayan, *Encyclopedia of the History of Arabic Science*, c. 3 (Technology, Alchemy and Life Sciences): Routledge, London, ss. 813-852. Bilhassa Osmanlı literatürü için şuraya da bkz: **Adıvar, A. A.**, 1982, *Osmanlı Türklerinde İlim* (A. Kazancıgil ve S. Tekeli tarafından yeni dipnotlarla zenginleştirilmiş 4. baskı) Remzi Kitabevi, İstanbul, 243 ss.

Jeoloji Tarihi: **von Zittel, K. A.,** 1899, *Geschichte der Geologie und Paläontologie bis Ende des 19. Jahrhunderts:* R. Oldenbourg, München, XI+868 ss (Bu klâsik eserin kısaltılmış bir İngilizce tercümesi için bkz. **von Zittel, K. A.,** 1901, *History of Geology and Palæontology to the End of the Nineteenth Century* translated by Maria M. Ogilvie-Gordon: Walter Scott, London, Charles Scribner's Sons, New York, xiii+{1 errata sahifesi}+562 ss); **Adams, F. D.,** 1938, *The Birth and Development of the Geological Sciences:* The Williams & Wilkins Company, Baltimore, v+506 ss; **Tikhomirov, V. V. ve Khain, V. E.,** 1956, *Kratkii Oçerk İstorii Geologii:* Gosgeoltekhizdat, Moskva, 260 ss; **Gillispie, C. C.,** 1959, *Genesis and Geology—The Impact of Scientific Discoveries upon Religious Beliefs in the Decades before Darwin:* Harper Torchbooks, Harper & Row Publishers, New York, xiii+[i]+306 ss (özellikle kitabımızın konusu açısından son derece önemli, okunması mutlaka gerekli bir eser); **Cailleux, A.**, 1968, *Histoire de la Géologie:* Que Sais-Je? Presses Universitaires de France, Paris 128 ss (bu küçük fakat çok güzel eserin Türkçe tercümesi için bkz: **Cailleux, A.,** 1992, *Jeoloji Tarihi,* tercüme eden S. Yüksel, İletişim Yayınları, İstanbul, 127 ss); **Gohau, G.,** 1987, *Histoire de la Géologie:* La Decouverte, Paris, 259 ss (Bu kitabın baştan elden geçirilmiş İngilizce bir tercümesi için bkz: **Gohau, G.**, 1990, *A History of Geology,* revised and translated from the French by Albert V. Carozzi and Marguerite Carozzi: Rutgers University Press, New Brunswick and London, ix + [2] + 259 ss); **aynı yazar,** 1990, *Les Sciences de la Terre aux XVIIe et XVIIIe Siècles—Naissance de la Géologie:* Albin Michel, Paris, 420 ss; **Ellenberger, F.,** 1988-1994, *Histoire de la Géologie,* c. 1 (1988: VIII+ 352 ss), c. 2 (1994: XIV+383 ss): Technique et Documentation - Lavoisier, Paris; **Hölder, H.,** 1989, *Kurze Geschichte der Geologie und Paläontologie—ein Lesebuch:* Springer-Verlag, Berlin, VIII+244 ss; **Oldroyd, D. R.**, 1996, *Thinking About the Earth: A History of Ideas in Geology:* Harvard University Press, Cambridge, xxx+410 ss; **Pişkin, Ö.,** 2000, *Jeolojinin Tarihçe ve Evrimine Bakış*: Dokuz Eylül Yayınları, İzmir, 146 ss; **Carruthers, M. W. ve Clinton,** S., 2001, *Pioneers of Geology—Discovering Earth's Secrets:* Franklin Watts, New York, 143 ss (Bu küçük kitap jeoloji biliminin tarihini James Hutton'dan itibaren ele alan, popüler bir eserdir). Jeolojinin tarihçesiyle yakından ilgilenmek isteyen, ancak bunu daha önce yapmamış olan okuyucular, şu ansiklopedide kendilerini ilgilendikleri konuya hazırlayacak iyi temeller bulabilirler: **Good, G. A.,** yayına hazırlayan, 1998, *Sciences of the Earth—An Encyclopedia of Events, People and Phenomena,* c. 1, A-G (XLV+407 ss.), c. 2, H-Z (ss. 409-901): Garland Publishing, Inc., New York. Jeoloji ve Paleontoloji tarihi için birincil kaynaklardan parçalar içeren şu antolojiler de çok faydalıdır: **Mather, K. F. ve Mason, S. L.,** 1939, *A Source Book in Geology:* McGraw-Hill Book Company, Inc., New York, xxii+702 ss; **Hölder, H.,** 1960, *Geologie und Paläontologie in Texten und Ihrer Geschichte:* Wagner F. ve Brodführer, R., yayına hazırlayanlar, Orbis Academicus—Problemgeschichten der Wissenschaft in Dokumenten und Darstellungen: Verlag Karl Alber, Freiburg/München, XVIII+565 ss. Ayrıca şu katalog jeoloji ve paleontolojinin klâsik eserlerinin faydalı bir bibliyografyasını içerir: **Ward, D. C. ve Carozzi, A. V.,** 1984, *Geology Emerging. A Catalog Illustrating the History of Geology (1500-1850) from a Collection in the Library of the University of Illinois at Urbana-Champaign*: Robert B. Downs Publication Fund No. 8 University of Illinois Library and The Graduate School of Library and Information Science, [VII] + 565 ss.

İslâm'da jeoloji biliminin tarihçesi için derli toplu bir eser ne yazık ki henüz yazılmamıştır. **Carra de Vaux, B. (Baron)**, 1921, *Les Penseurs de l'Islam,* c. 2: Librairie Paul Peuthner, Paris, XI. bölüm (Les Sciences Naturelles (suite). Minéalogie et Alchimie), ss. 352-374'de yalnız mineralojiyi değil, jeolojiyi de anlatır (bilhassa, ss. 352-355); Pierre Duhem'in şu eseri İslâm'da dinamik jeoloji tarihçesini en kapsamlı sunan kitaptır: **Duhem, P.,** 1958, *Le Système du Monde—Histoire des Doctrines Cosmologiques de Platon à Copernic, c. 9 (Cinquième Partie: La Physique Parisienne au XIVe Siècle (suit)):* Hermann, Paris, 442 ss. İslâm kültüründe dinamik jeolojinin bazı konuları şu eserde de ele alınmıştır:

Sezgin, F., 1979, *Geschichte des Arabischen Schrifttums*, c. VII *(Astrologie – Meteorologie und Verwandtes bis ca. 430 H)*: E. J. Brill, Leiden, XIII+486 ss.

[3]İstanbul ve çevresinin tarihsel jeolojisi hakkında derli toplu bir eser ne yazık ki yoktur. Bu bölgenin genel stratigrafisi hakkında 1980'e kadar bilinenler için bkz. **Ketin, İ.**, 1983, *Türkiye Jeolojisine Genel Bir Bakış*: T. C. İstanbul Teknik Üniversitesi Kütüphanesi Sayı 1259, Teknik Üniversite Matbaası, Gümüşsuyu, İstanbul, VIII+595 ss; **Ternek, Z. ve Akyürek, B.**, 1987, 1:500 000 *Ölçekli Türkiye Jeoloji Haritası/Explanatory Text of the Geological Map of Turkey—İstanbul:* Maden Tetkik ve Arama Genel Müdürlüğü Yayınlarından, Ankara, 105 ss. +9 numaralanmamış fotoğraf levhası+VIII katlanır levha+cep içinde bir renkli harita. Daha sonraki gelişmeler ve yorumlar için bkz. **Şengör, A. M. C.**, 1995, The larger tectonic framework of the Zonguldak Coal Basin in Northern Turkey: an outsider's view: *Zonguldak Basin Research Wells—I Kozlu-K20/G:* Special Publication of TUBITAK, MAM (Yayına hazırlayanlar Yalçın, M. N. ve Gürdal, G.), ss. 1-26; **Görür, N., Monod, O., Okay, A. İ., Şengör, A. M. C., Tüysüz, O., Yiğitbaş, E., Sakınç, M. ve Akkök, R.**, 1997, Palaeogeographic and tectonic position of the Carboniferous rocks of the western Pontides (Turkey) in the frame of the Variscan Belt: *Bull. Soc. Géol. France*, c. 168, ss. 197-205. İstanbul'daki geç Paleozoyik dağ sisteminin doğu devamını oluşturan Zonguldak bölgesindeki zengin Karbonifer florasının güzel resimlerle bezenmiş tasvirleri için bkz. **Zeiller, R.**, 1899, *Étude sur la Flore Fossile du Bassin Houiller d'Héraclée (Asie Mineure):* Mém. Soc. Géol. France, Paléontologie, Mém. no. 21, 91 ss+VI levha; **Ralli, G.**, 1933, *Le Bassin Houllier d'Héraclée et la Flore du Culm et de Houllier Moyen*: Imprimerie Zellitch Frères, İstanbul, 166 ss.+IV tablo+XXXV levha; **Jongmans, W. J.**, 1939, *Anadolu Kömür Havzasında Şark Kısımlarında Bulunan Karbon Formasyonuna Ait Nebati Fosiller Hakkında/Beiträge zur Kenntnis der Karbonflora in den Östlichen Teilen des Anatolischen Kohlenbeckens:* Maden Tetkik ve Arama Enstitüsü Yayınları, Seri B İrdeller, no. 2, 40 ss+ XIV tablo (Türkçe ve Almanca iki dilde).

[4]Tarihsel jeoloji hakkında modern görüş ve verilerin öğretici özetlerini ve zengin başvuru kaynaklarını okuyucu şu eserlerde bulabilir: **Cloud, P.**, 1978, *Cosmos, Earth, and Man—A Short History of the Universe:* Yale University Press, New Haven, xvi+372 ss; **Coppens, Y.** (misafir editör), 1991, From the Stars to Thought: *Diogenes*, no. 155, 147 ss; **Allègre, C.**, 1992, *Introduction à une Histoire Naturelle:* Fayard, Paris, 411 ss; **Doyle, P., Bennett, M. R. ve Baxter, A. N.**, 1994, *The Key to Earth History—An Introduction to Stratigraphy:* John Wiley & Sons, Chichester, [iv]+231 ss; **Windley, B. F.**, 1995, *The Evolving Continents*, 3rd edition: John Wiley & Sons, Chichester, xvi+[1]+526 ss; **Decrouez, D., Furrer, H., Weissert, H. ve Wildi, W.**, 1997, *Geologie und Zeit:* Schweizerische Geologische Kommission, Hochschulverlag an der ETH (Zürich), 62 ss; **Condie, K. C. ve Sloan, R. E.**, 1998, *Origin and Evolution of the Earth—Principles of Historical Geology:* Prentice Hall, Upper Saddle River, NJ, viii+498 ss; **Prothero, D. R. ve Dott, R. H.**, Jr., 2002, *Evolution of the Earth*, sixth edition: McGraw Hill, Boston, 569+A-12+G-11+I-10 ss.+ 2 tam boy kapak içi resmi. Tarihsel jeolojiyi mümkün kılan jeolojik takvimin nasıl hazırlandığı konusunda bkz: **Şengör, A. M. C.**, *Jeolojik Takvim:* Cogito, no. 22, Ek, 47 ss.+ bir katlanmış jeoloji zaman tablosu. Dünyada yaşamın tarihi için üstâd bir paleontologun elinden kolay okunabilen, popüler bir eser için bkz: **Fortey, R.**, 1997, *Life—A Natural History of the First Four Billion Years of Life on Earth:* Vintage Books, A Division of Random House, Inc., New York, xiii+346 ss. Evrim teorisinin modern biyoloji, ekoloji ve jeoloji çerçevesinde ve tarihsel gelişimi açısından enfes bir sunumu için bkz: **Eldredge, N.**, 1999, *The Pattern of Evolution:* W. H. Freeman and Company, New York, [ii]+219 ss. Evrim kuramının Darwin'den modern genetiğin gelişmesine kadar geçen bir yüzyıl içindeki gelişimi için bkz: **Huxley, J.**, 1963, *Evolution—The Modern Synthesis*, second edition: George Allen and Unwin Limited, London, li+652 ss. Biyolojik evrimi dünyanın fizikî evrimi içerisine oturtan ve tüm evrim problemini tarihsel bir süreç içerisinde ele alarak tarihsel bilimlerin önemini vurgulayan güzel iki eser için bkz: **Lethiers, F.**, 1998, *Evolution de la Biosphère et Événements Géologiques:* Gordon and Breach Science Publishers, Amsterdam, x+[i]+321 ss (bu eser 1999'da tekrar basılmıştır); **Martin, R. E.**, 1998, *One Long Experiment—Scale and Process in Earth History:* Columbia University Press, New York, xiii+[i]+262 ss. Yaşamın evrimini jeolojisinden, kimya ve biyokimyasından, felsefe ve epistemolojik cephelerine kadar her yönüyle ele alan, on beş yazarın katkıda bulunduğu çok yararlı bir eser için bkz: **Delsol, M. ve Exbrayat, J.-M.** (derleyenler), 2002, *L'Évolution Biologique – Faits – Théories – Épistémologie – Philosophie*, cilt I *(Les Preuves de l'Évolution, les Origines de la Vie, Histoire Évolutive des Êtres Vivants:* 371 ss.), cilt II

(*Mécanismes de l'Évolution, oirgines de l'Homme, Évolution biologique, Philosophie, Épistémologie:* 401 ss.): Librairie Philosophique J. Vrin, Paris ve Institut interdisciplinaire d'Études épistémologique, Lyon.

Jeolojik geçmişte yaşamış canlılar hakkında okuyucu şu eserlere baş vurabilir: Eski yaşam bilimi olan paleontolojinin karakteri ve yöntemleri hakkında genel bir fikir edinmek isteyen okuyucu için benim bildiğim en güzel eser, orijinali 1959'da yayımlanmış olmasına rağmen, hâlâ **A. Brouwer**'in *General Palaeonotology* adlı küçük kitabıdır (1966, The University of Chicago Press, Chicago, viii+216 ss.; İngilizce'ye çeviren R. H. Kaye). Yaşamın kökeni için bkz. **Schopf, J. W.,** 1999, *Cradle of Life—The Discovery of Earth's Earliest Fossils:* Princeton University Press, Princeton, xiv+[i]+367 pp. (Schopf'un eserinin daha iyi anlaşılabilmesi için yaşamın temel taşlarını anlatan şu popüler eser faydalıdır: **Hoagland, M. B.**, 1993, *Hayatın Kökleri:* Tübitak Popüler Bilim Kitapları 1, TÜBİTAK, Ankara, 167 ss). Yaşamın kökeni hakkında ayrıca bkz. **Hecht, J.,** 2003, Droplets may reveal life's oceanic beginnings: *New Scientist,* 13 September 2003, s. 25; **Osinski, G.,** 2003, Shocked into life: *New Scientist,* 13 September 2003, pp. 40-43. Omurgasız fosiller için hâlâ en iyi eserlerden biri şudur: **Moore, R. C., Lalicker, C. G. ve Fischer, A. G.,** 1952, *Invertebrate Fossils:* McGraw-Hill Book Company, New York, xiii+766 ss. Daha modern, fakat sistematiği daha kısıtlı bir eser için bkz. **Clarkson, E. N. K.,** 1993, *Invertebrate Palaeontology and Evolution:* Chapman & Hall, London, ix+[ii]+434 ss. Omurgalılar için en kapsamlı eser hâlâ **Alfred Sherwood Romer**'in enfes ders kitabı *Vertebrate Paleontology* (3. baskı 1966, University of Chicago Press, Chicago, viii+[i]+468 ss.) olmakla beraber, son yirmi yılda sürüngenlerin, kuşların ve memelilerin paleontolojisinde bilhassa evrim kuramı açısından öyle devrimsel gelişmeler olmuştur ki, Romer'in kitabı ne yazık ki betimsel kısımları dışında büyük ölçüde çağdışı kalmıştır. Bahis konusu gelişmelerin bir kısmı şu ders kitabında ele alınmıştır: **Carroll, R. l.,** 1988, *Vertebrate Paleontology and Evolution:* W. H. Freeman and Company, New York, xiv+698 ss. Ancak dinozor-kuş ilişkileri hakkındaki gelişmeler o denli yenidir ki bunlar henüz ders kitaplarına girmemiştir. Bu konuda Türkçe bir kaynak için bkz. **Şengör, A. M. C. ve Sakınç, M.,** 1997, Tüylü dinozor bulundu: *Cumhuriyet Bilim Teknik,* sayı 527, 26 Nisan 1997, ss. 6-7. İnsanın biyolojik evrimi için bkz. **Arsebük, G.,** 1995, *İnsan ve Evrim*: Ege Yayınları 2, Bilim Dizisi 1, İstanbul, XVII+123 ss; **aynı yazar,** 1995, İnsan, evrim, alet: *Bilim ve Teknik,* c. 28, sayı 332, ss. 18-24; **aynı yazar,** 1999, İnsanın evrim süreci ve en eski kültürleri: *TÜBA-AR Türkiye Bilimler Akademisi Arkeoloji Dergisi,* c. 2, sayı 2, ss. 31-49; **Tudge, C.**, 1995, İnsan ırkının soyağacı—bir aile sorunu (çeviren Özgür Kurtuluş): *Bilim ve Teknik,* c. 28, sayı 332, ss. 26-27; **Wolpoff, M. H.,** 1999, *Paleoanthropology,* 2nd edition: McGraw-Hill, Boston, lvii+878 ss. Daha önce paleontoloji ve paleoantropoloji okumamış olanlar için, insanın evrimine bir temel olarak şu popüler eser çok faydalıdır: **Le Gros Clark, W. (Sir)**, 1970, *History of the Primates—An Introduction to the Study of Fossil Man:* Trustees of the British Museum (Natural History), London, [II]+127 ss. Almanya'da eski insan kalıntılarının yaşını 400.000 yıl öncesine kadar çıkartan en yeni paleoantropolojik bulgular için şu popüler makale güzel resimlendirilmiş, güvenilir bir kaynaktır: **Schulz, M.,** 2004, Die Spur des Jägers: *Der Spiegel,* 6/2.2.04, ss. 140-151. Paleoantropolojinin kullandığı güncel inceleme yöntemlerinin çok basit bir dille halk için anlatıldığı şu enfes esere de bkz: **Fleckinger, A.,** 2002, *Ötzi, der Mann aus dem Eis:* Folio Verlag, Wien, 120 ss. Paleobotanik için bkz: **Seward, A. C.**, 1966, *Plant Life Through the Ages—A Geological and Botanical Retrospect:* Hafner Publishing Co., New York, 603 ss; **Taylor, T. N.,** 1981, *Paleobotany—An Introduction to Fossil Plant Biology:* McGraw Hill, New York, xiii+589 ss; **Stewart, W. N. ve Rothwell, G. W.,** 1993, *Paleobotany and the Evolution of Plants, 2nd edition*: Cambridge University Press, Cambridge, xii+521 pp. Çiçekli bitkilerin geç Jura Devrinde ortaya çıktıkları ise henüz ders kitaplarına girmemiş çok yeni bir keşiftir: **Sun, G., Dilcher, D. l., Zheng, S. L. ve Zhou, Z. K.,** 1998, In search of the first flower: a Jurassic angiosperm *Archaefructus,* from northeast China: *Science,* c. 282, ss. 1692-1695; **Sun, G., Zheng, S. L., Dilcher, D. L., Wang, Y. D. and Mei, S. W.**, 2001, *Early Angiosperms and Their Associated Plants From Western Liaoning, China:* Scientific and Technological Education Publishing House, Shanghai, 8+227 ss+ 75 levha (Çince ve İngilizce iki dilli ve enfes renkli levhaları olan bir kitap). Fosillerin zamandaki dağılımları için bkz. **Harland, W. B., Holland, C. H., House, M. R., Hughes, N. F., Reynolds, A. B., Rudwick, M. J. S., Satterthwaite, G. E., Tarlo, L. B. H. ve Willey, E. C.,** yayıma hazırlayanlar, 1967, *The Fossil Record—A Symposium with Documentation:* The Geological Society of London, xi+827 ss. Fosillerin (ve dolayısıyla temsil ettikleri canlıların) coğrafî dağılımları hakkında şu atlas iyi bir fikir verir: **Hallam, A.,** yayına hazırlayan, 1973, *Atlas of Palaeobiogeography:* Elsevier, Amsterdam, XII+531 ss.

Dünyamızın, üzerinde yaşayan canlılarla birlikte kendi kendini düzenleyen ve ortamsal olarak uç değerlere kaçmasını önleyen âdeta canlı bir mekanizma gibi çalıştığı konusunda ortaya atılmış olan ve pek çok taraftar toplayan Gaia varsayımı için bkz. **Lovelock, J. E.**, 1987, *Gaia—A New Look at Life on Earth:* Oxford University Press, Oxford, xiii+157 ss. (1987 baskısı, 1979'daki orijinal baskının yeni bir önsözle zenginleştirilmiş baştan basımından ibarettir); **aynı yazar,** [1988]1990, *The Ages of Gaia—A Biography of Our Living Earth*: Bantam Books, New York, xix+252 ss. Kuaterner öncesi buz çağlarının en derli toplu verileri şu eserlerdedir: **Hambrey, M. J. ve Harland, W. B.**, yayına hazırlayanlar, 1981, *Earth's Pre-Pleistocene Glacial Record:* Cambridge University Press, Cambridge, xv+1004 ss. (Bu kitap *International Geological Correlation Programme Project 38: Pre-Pleistocene Tillites*'in [Uluslararası Jeolojik Deneştirme Programı 38 no.lu Projesi: Pleyistosen Öncesi Tillitleri] nihâi raporudur). **Deynoux, M., Miller, J. G. M., Domack, E. W., Eyles, N., Fairchild, I. J ve Young, G. M.**, yayına hazırlayanlar, 1994, *Earth's Glacial Record:* Cambridge University Press, Cambridge, xvii+266 ss. (Bu kitap *International Geological Correlation Programme Project 260: Earth's Glacial Record*'un [Uluslararası Jeolojik Deneştirme Programı 260 no.lu Projesi: Dünya'nın Buzul Zabıtları] nihâi raporudur).

[5]Jeolojik geçmişin bize ulaşan zabıtlarının eksikliği konusunda en güzel anlatımlardan biri bizzat Charles Darwin'e aittir: **Darwin, C.**, 1872, *The Origin of Species by Means of Natural Selection, or the Preservation of Favoured Races in the Struggle for Life*, 6. genişletilmiş ve düzeltilmiş baskı: John Murray, London, "On the imperfection of the geological record" (Jeolojik zabtın eksikliği üzerine) başlıklı X. bölüm; ben bu kitapta *Origin*'in Darwin'in elinden çıkmış son baskısı olan 6. baskısını temel aldım. Başka baskılara değinmek gerektikçe bunu ayrıca belirttim. Geçmişin eldeki eksik kalıntılardan hareketle nasıl kurulabileceği ve bunun yarattığı felsefi, daha çok epistemolojik (bilgibilimsel) sorunlar hakkında bkz. Martin'in, 4. notta künyesi verilen eseri ve **Şengör, A. M. C.**, 2001, *Is the Present the Key to the Past or the Past the Key to the Present? James Hutton and Adam Smith versus Abraham Gottlob Werner and Karl Marx in Interpreting History:* Geological Society of America Special Paper 355, x+51 ss. Eldeki eksik verilere dayanılarak geçmişin baştan nasıl kurulduğuna çok güzel bir örnek için, Angelika Fleckinger'in bir önceki notta künyesi verilen ve içinde Avusturya/İtalya sınırında buz içinde doğal süreçlerle mumyalanmış olarak bulunmuş yaklaşık 3200 yıllık "buz adamı" Ötzi'nin tüm yaşam öyküsünü anlatan kitapçığına bkz.

[6]Jeologlar ve arkeologlar tarafından bulunan insan kemiklerinin çıkarılması, kaydedilmesi ve incelenmesi hakkındaki aşağıdaki klâsik eserde, kemiğin sahibi olan insanın ölümüyle, kemiğin bir müzeye kaldırılması arasında geçen süreçlerde ne denli bilgi kaybı olduğu çok güzel belirtilmiştir. Hattâ sık sık yanlış ve eksik etiketleme yüzünden kemik müzedeyken bile bilgi kaybı olabilir: **Brothwell, D. R.**, 1972, *Digging Up Bones—The Excavation, Treatment and Study of Human Skeletal Remains*, second edition: Trustees of the British Museum, London, xi+196 ss+17 fotoğraf levhası. Geçmişin mükemmel zaptı ancak çok sağlam ve çok küçük nesneler için bahis konusu olabilir. Bu konuda bilhassa Martin'in yukarıda bahsedilen kitabıyla Şengör'ün 2001'de yayımlanan ve künyesi 5. notta verilen kitabına ve Fleckinger'in *Ötzi*'sine bkz.

[7] **von Buch, L.**, 1808, Ueber das Fortschreiten der Bildungen in der Natur: *von Moll's Ephemeriden der Berg- und Hüttenkunde*, c. 4, s. 16. Bu şurada tekrar basılmıştır: **Ewald, J., Roth, J. ve Eck, H.**, yayına hazırlayanlar, 1870, *Leopold von Buch's Gesammelte Schriften*, c. 2: Georg Reimer, Berlin, s. 12.

[8]*Aktüel* kelimesi Avrupa dillerinde *varlığı veya yaptığı ile mevcut olduğu bilinen, gerçekten olan veya oldurulan, şimdiki, gündelik* anlamlarına gelir ve olması beklenenin, zâhirî veya kuramsal olanın, geçmişte olanın, geçmişin, zıddı olarak kabul edilir. Sir Charles Lyell jeolojide güncelcilik prensibini vurgularken, aktüel kelimesini tüm bu anlamlarını kapsayacak şekilde kullanmıştır: "... yerkabuğunu ve onun sakinlerini etkileyen değişim nedenlerinin aktüel işlevleri ..." (**Lyell, C.**, 1833, *Principles of Geology, being an attempt to explain the former changes of the Earth's surface, by reference to causes now in operation*, c III: John Murray, London, s. 1: "... the actual operations of the causes of change which affect the earth's crust and its inhabitants..."). Ayrıca bkz. **Hunger, R.**, 1951, Das Aktualitätsprinzip: *Urania*, Jahrgang 14, Heft 12, ss. 452-454; **Hooykaas, R.**, 1970, Catastrophism in geology, its scientific character in relation to actualism and uniformitarianism: *Koninklijke Nederlandse Akademie van Wetenschappen, afl. Letterkunde, Med.* (n. r.), c. 33, ss. 271-316; **Solov'ëv, J. J.**, 1985, Retrospektive Analyse des Begriffs „Aktualismus" in der Paläogeographie: *Schriftenreihe für geologische Wissenschaften*, no. 24, pp. 105-112; **Gohau, G.**, 1997, Naissance de la Méthode *«Actualiste»* en

Géologie: *De la Géologie à son Histoire*, CTHS, ss. 139-149; **Şengör,** 2001, *a.g.e.*

[9] Nörofibromatoz sonucu korkunç bir görünüm almış olan vücudu yüzünden "fil adam" diye sirklerde ve mahalle gösterilerinde kullanılan talihsiz İngiliz hasta Joseph Merrick'in (1862-1890) acıklı yaşamı ve fotoğrafları için bkz. **Howell, M. ve Ford, P.,** 1980, *The True History of the Elephant Man:* Penguin Books, Harmondsworth, 223 ss.

[10] 16. yüzyılda Kanarya Adalarından Paris'e giden "Kurt Adam" Petrus Gonsalvus'un bir burnu hariç yüzünün tamamı kıllarla kaplıydı. Paris'te evlenen Kurt Adam'ın çocukları da kendisi gibi kıllı oldular. Bu garip ailenin resimlerini devrin bazı ressamları yapmıştı. Bavyera Dükü V. Wilhelm vücut bozuklukları sergileyen insan resimleri toplayan amcası II. Ferdinand'a bu ailenin portrelerini hediye etmişti. Ressam Georg Hoefnagel ise ailenin resimlerini eskiz defterine çizmişti. Bu kalıtımsal anormallik o tarihte bilinmekteydi ve Kurt Adam ve ailesi Basel'den geçerken burada hekimlik yapan büyük anatom ve hekim Prof. Felix Platter (1536-1614) bu hastalığı daha önce incelemiş bulunuyordu. Bavyera Dükü tarafından yaptırılan ve bugün Ambras Şatosu'nda olan portrelerin fotoğrafları için bkz. **McNally, R. T. ve Florescu, R.,** 1972, *In Search of Dracula—A True History of Dracula and Vampire Legends:* Galahad Books, New York, s. 51.

[11] Anormal doğumlar sonucu meydana gelen olağan dışı insan ve hayvan tiplerinin kaynaklık ettiği muhtemel olan tanrı, dev, vb. mitolojik tipler ve bunların kaynağında olabilecek anormal doğumların çok güzel şekilleriyle bunların mitolojilerde ve dinlerde karşımıza çıkan motiflerle deneştirilmesi için bkz. **Wilke, G.,** 1923, *Kulturbeziehungen zwischen Indien, Orient und Europa:* Mannus-Bibliothek, Curt Kabitzsch, Leipzig, özellikle ss. 166-240. Tarih boyunca şeytan kavramına yakıştırılan tiplemelerin enfes bir ikonografik sunumu için şu zengin resimli esere bkz: **Morgan, G. ve Morgan, T.,** 1996, *The Devil—A Visual Guide to the Demonic, Evil, Scurrilous, and Bad:* Chronicle Books, San Francisco, 176 ss.

[12] Güney Afrika'da Transvaal'de Barberton Dağlarındaki Komati nehrinden.

[13] Üniformitariyanizm büyük İngiliz doğa bilimcisi ve felsefecisi William Whewell (1794-1866) tarafından Charles Lyell'in *Jeolojinin Prensipleri*'nin II. cildinin eleştirel bir tanıtımında Lyell'in jeolojideki görüşüne bir isim vermek amacıyla icat edilmiştir: **Whewell, W.,** 1832, Principles of Geology, v. II, by Charles Lyell: *Quarterly Review,* c. 47, ss. 103-132. Tekdüzecilik fikrinin tarihi için bkz: **Hooykaas, R.,** 1963, *The Principle of Uniformity in Geology, Biology and Theology:* E. J. Brill, Leiden, XVII+237 ss; **Yazarlar topluluğu,** 1967, Uniformity and Simplicity—A Symposium on the Principle of the Uniformity of Nature: *Geological Society of America Special Paper,* no. 89, [ii]+99 ss. Tekdüzecilikle güncelcilik arasındaki farklar için ayrıca bkz. **Hooykaas, R.,** 1970, *a.g.e;* **Solov'ëv, J. J.,** 1985, *a.g.e.,* **Şengör,** 2001, *a.g.e.*

[14] Hutton bu ilkeyi bilhassa şu meşhur eserlerinde tartışmıştır: **Hutton, J.,** 1785, Abstract of A Dissertation read in the Royal Society of Edinburgh, upon the Seventh of March, and Fourth of April M, DCC, LXXXV, concerning the System of the Earth, Its Duration and Stability (anonim olarak yayımlanmış), 30 ss.: Craig, G. Y., yayına hazırlayan, **Hutton, J.,** *The 1785 Abstract of James Hutton's Theory of the Earth*'de: Scottish Academic Press, Edinburgh, xiv+30 ss; **aynı yazar,** 1788, Theory of the Earth; or An Investigation of the Laws observable in the Composition, Dissolution, and Restoration of Land upon the Globe: *Transactions of the Royal Society of Edinburgh,* c. 1, ss. 209-304; **aynı yazar,** 1795, *Theory of the Earth with Proofs and Illustrations,* c. 1: Cadell, Junior and Davies, London, and William Creech, Edinburgh, viii+ 620 ss. +IV levha; **aynı yazar,** 1795, *Theory of the Earth with Proofs and Illustrations,* c. 2: Cadell, Junior and Davies, London, and William Creech, Edinburgh, 567 ss.+ II ss; **aynı yazar**, 1899[1997], *Theory of the Earth with Proofs and Illustrations,* c. 3, edited by Sir Archibald Geikie, The Geological Society of London (1899 baskısının tıpkıbaskısı), xvi+278+xiii ss. Bu son cildin zenginleştirilmiş bir diğer tıpkıbasımı için bkz. **Hutton, J.,** 1997, *James Hutton in the Field and in the Study,* edited by Dennis R. Dean, Being an Augmented Reprinting of Vol III of Hutton's Theory of the Earth (I, II, 1795) as first published by Sir Archibald Geikie: Scholars' Facsimiles & Reprints, Delmar, 24+xvi+278+xiii ss. Metin arasına eklenen resim ve yazılara ayrıca sahife numarası verilmemiş. Hutton'un yaşamı, fikirleri ve eserleri için bkz: **Playfair, J.,** 1805, Biographical account of the late Dr. James Hutton, F. R. S. Edin.: *Transactions of the Royal Society of Edinburgh,* c. 5, kısım 3, pp. 39-99; **Bailey, E. B. (Sir),** *James Hutton—the Founder of Modern Geology:* Elsevier, Amsterdam, xii+161 ss; **Galbraith, W. H.,** 1974, *James Hutton: An*

Analytic and Historical Study: yayınlanmamış doktora tezi, University of Pittsburgh, Faculty of Arts and Sciences, xxii+277 ss; **Dean, D. R.,** 1973, James Hutton and his public, 1785-1802: Annals of Science, c. 30, ss. 89-105; **aynı yazar,** 1975, James Hutton on religion and geology: the unpublished preface to his Theory of the Earth (1788): *Annals of Science,* c. 32, ss. 187-193; **aynı yazar**, 1992, *James Hutton and the History of Geology:* Cornell University Press, Ithaca, xiii + [iii] + 303 ss; **Craig, G. Y., McIntyre, D. B. and Waterston, C. D.,** 1978, James Hutton's Theory of the Earth: The Lost Drawings: Scottish Academic Press, [iii]+67 ss; **Davies, G. L. Herries**, 1985, *James Hutton and the study of landforms:* Progress in Physical Geography, c. 9, ss, 382-389; **McIntyre, D. B.,** 1997, *James Hutton's Edinburgh: The historical, social and political background*: Earth Science History, c. 16, ss. 100-157; **McIntyre, D. B. ve McKirdy, A.,** 1997, *James Hutton—The Founder of Modern Geology:* The Stationary Office, Edinburgh, xi+51 ss (bu eserin gözden geçirilmiş ve genişletilmiş bir baskısı National Museums of Scotland Publishing limited şirketi tarafından 2001 yılında yapılmıştır). Hutton hakkındaki son ve popüler biyografi ne yazık ki jeolojiden bîhaber, büyük bir Amerikan yayın şirketinin fırsatçı bir yayın müdürü tarafından para kazanmak amacıyla yazılmış olup doğal olarak kaliteli değildir: **Repcheck, J.,** 2003, *The Man Who Found the Time—James Hutton and the Discovery of the Earth's Antiquity*: Simon & Schuster, London, [i]+247 ss. Yukarıda 2. notta künyeleri verilmiş olan tüm jeoloji tarihçesi ile ilgili eserlerde de Hutton ve eseri hakkında bilgi vardır. Hutton hakkında ayrıca benim yukarıda 5. notta tam künyesi verilen *Is the Present the Key to the Past or the Past the Key to the Present? James Hutton and Adam Smith versus Abraham Gottlob Werner and Karl Marx in Interpreting History* adlı kitabıma ve şu makaleye de bkz: **Rudwick, M. J. S.,** 1962, Hutton and Werner compared: George Greenough's geological tour of Scotland in 1805: *British Journal for the History of Science,* c. 1, ss. 117-135.

15 **Lyell, C.,** 1830, 1832,1833, *Principles of Geology, being an attempt to explain the former changes of the Earth's surface, by reference to causes now in operation,* c. I (XV+509), c. II (xii+330), c. III (xxxi+IV levha+1harita+398+109 ss.): John Murray, London. Bu eser 1875 yılına kadar 12 baskı yapmış, birinci baskının bir tıpkıbasımı, M. J. S. Rudwick'in uzunca bir giriş yazısı ve Lyell'in eksik olarak verdiği tüm referansları tamamlayarak oluşturduğu çok faydalı bir bibliyografya ile 1991 yılında Chicago University Press tarafından karton kapakla tekrar basılmıştır. Lyell'in kitabı okunmadan jeoloji biliminin temelleri anlaşılamayacağı gibi Darwin'in evrim kuramı ve onun daha sonraki gelişmesi de Lyell'in eseri bilinmeden anlaşılamaz. Lyell'in ölümsüz eserinden Cambridge Üniversitesi Bilim Tarihi ve Felsefesi Bölümü öğretim üyesi Jim Secord'un seçip sunduğu parçalardan oluşan tek, küçük ciltlik eser bilhassa öğrenciler için çok yararlıdır: **Lyell, C.,** 1997, *Principles of Geology,* edited with an introduction by James A. Secord: Penguin Books, London, xlvii+471 ss.

Lyell'in yaşamı ve eserleri için bkz: **Lyell, [K. M.],** 1881, *Life, Letters and Journals of Sir Charles Lyell, Bart.,* c. 1, (xi+474 ss), (c. 2, ix+482 ss): John Murray, London; **Bonney, T. G.**, 1895, *Charles Lyell and Modern Geology:* The Century Science serisi (Roscoe, H. E., Sir, yöneten), Cassell and Company, London, 224 ss; **Bailey, E. B. (Sir)**, 1962, *Charles Lyell:* British Men of Science serisi, Thomas Nelson and Sons, London, x+214 ss; **North, F. J.,** 1965, *Sir Charles Lyell—Interpreter of the Principles of Geology:* Creators of the Modern World serisi, Arthur Barker, London, 128 ss; **Rabikovich, A. I.,** 1976, *Charlz Laiel:* Izdatelstvo "Nauka", Moskva, 199 ss; **Wilson, L. G.,** 1962, The development of the concept of uniformitarianism in the mind of Charles Lyell: *Ithaca*-26 VIII-2 IX, Hermann, Paris, ss. 993-996; **aynı yazar,** 1967, The origins of Charles Lyell's uniformitarianism: *Geological Society of America Special Paper,* 89, ss. 35-62; **aynı yazar,** 1970, *Sir Charles Lyell's Scientific Journals on the Species Question:* Yale University Press, New Haven, lxi+572 ss; **aynı yazar**, 1972, *Charles Lyell—The Years to 1841: The Revolution in Geology*: Yale University Press, New Haven and London, xiii+553 ss; **aynı yazar**, 1998, *Lyell in America—Transatlantic Geology, 1841-1853:* The Johns Hopkins University Press, Baltimore, xii+429 ss. Dean'in 14. notta künyesi verilen Hutton kitabındaki Lyell bölümü de okunmağa değer (Dean bugünlerde ayrıca bir Lyell biyografisi üzerinde çalışmaktadır). *British Journal for the History of Science*'ın 9. cildinin 2. kısmı (no. 32), Lyell'in ölümünün yüzüncü yılına ayrılmıştır ve çok faydalı bir takım makale içerir (ancak bunlar arasında söylediklerinin doğru olduğunu sanmadığım merhum Roy Porter'in revizyonist makalesi gibiler de vardır). Bu özel sayının bir tanıtımı ve tenkidi için şuraya bkz: **Dean, D. R.,** 1977, Essay Review R. Fox (yayına hazırlayan), Lyell centenary issue: papers delivered at the Charles Lyell Centenary Symposium, London 1975. (The British journal for the history of science, 9 (1976), part 2.) London:

British Society for the History of Science. 159 pp. £ 4.00: *Annals of Science*, c. 34, pp. 607-611. Lyell'n doğumunun ikiyüzüncü yılını kutlamak için Londra Jeoloji Cemiyeti'nde yapılan sempozyumda sunulan tebliğler Lyell'in yaşamı ve eseri hakkında faydalı bilgiler içerirler: **Blundell, D. J. ve Scott, A. C.**, yayına hazırlayanlar, 1998, *Lyell: the Past is the Key to the Present:* Geological Society (London) Special Publication no. 143, viii+376 ss. Freeman'ın Darwin için yaptığına benzer kapsamlı bir bibliyoğrafya, Bay Stuart A. Baldwin tarafından Lyell için hazırlanmaktadır. Lyell'in düşüncelerini jeoloji biliminin genel gelişmesi içerisine yerleştirebilmek için ayrıca bkz: **Rudwick, M. J. S.**, 1971, Uniformity and progression: reflections on the structure of geological theory in the age of Lyell: Roller, D. H. D., yayına hazırlayan, *Perspectives in the History of Science and Technology*, University of Oklahoma Press, Norman, ss. 209-237; **aynı yazar,** 1990, Introduction: Principles of Geology—First Edition, volume I Charles Lyell With a new Introduction by Martin J. S. Rudwick: The University of Chicago Press, Chicago, ss. vii-lviii.

[16]**Gould, S. J.**, 1965, Is uniformitarianism necessary? *American Journal of Science*, c. 263, ss. 223-228. Gould'un teriminin eleştirisi için bkz. **Şengör,** 2001, *a.g.e.*, s. 38.

[17] Burada herhangi bir yanlış anlaşılmaya neden olmamak için "gelişme" sözcüğü ile neyi kastettiğimi söylemeliyim. Gelişme en genel anlamıyla, herhangi bir şekilde tanımlanmış bir "daha iyiye" veya "daha üstüne" doğru değişmedir. Dolayısıyla neyin gelişme olduğu, gelişmenin kendisine doğru cereyan edeceği "daha iyinin" veya "daha üstünün" nasıl tanımlandığına bağlıdır. Biyolojideki gelişme kavramı, yaşamın ilk temsilcileri olan organik moleküllerden insana doğru olan evrimi kasteder. Ancak bu tamamen insan merkezli bir tanımdır. Bu konuda bkz. **Gould, S. J.**, 1996, *Full House—The Spread of Excellence from Plato to Darwin:* [III]+244 ss. Elinizdeki kitabın sonunda Ek-I ve Ek-II'de bu konuda *Cumhuriyet Bilim Teknik*'teki *Zümrütten Akisler* köşemde yayınlamış olduğum "Gelişme ve evrim aynı şey mi?" ve "Gelişme ve Diyalektik" başlıklı iki yazım tekrar basılmıştır.

[18]Burada "mamut" ile kastedilen, popüler olarak da mamut adı altında bilinen iki fil türüdür: *Elephas antiquus* ve *Elephas primigenius.*

[19] Cuvier mamutların nesillerinin yok olduğunu en az 1895 yılından beri biliyordu. Bu konuda bkz.: **Cuvier, G. ve Geoffroy [Saint-Hilaire, E.]**, 1791-1799 (1795'in Nisan/Temmuz sayısı), Sur les espèces d'Eléphans, par CC. Cuvier et Geoffroy: *Bulletin des Sciences de la Société Philomatique de Paris,* série 1, c. 1, s. 90; **Cuvier, G.**, 1796, Mémoire sur les espèces d'Eléphans tant vivantes que fossiles, lu à la séance publique de l'Institut national le 15 germinal, an IV: *Magasin encyclopédique,* 2. année, no. 3, ss. 440-445.; **aynı yazar**, [1798], *Mémoire sur les espèces d'Eléphans vivantes que fossiles,* lu à l'Institut national le premier pluviôse, an IV: Baudouin, Paris, 23 ss; **aynı yazar,** 1799, Mémoire sur les espèces d'éléphans vivantes et fossiles: *Mémoires de l'Institut national des Sciences et Arts*, Classe Sciences mathematiques et physiques, c. 2, ss. 1-22. Cuvier'nin Cuvier ve Geoffroy'nınki hariç burada belirtilen eserlerinin bazı yanlışlar içeren İngilizce tercümeleri ve çok kifayetsiz bir yorum denemesi için bkz. **Rudwick, M. J. S.**, 1997, *Georges Cuvier, Fossil Bones and Geological Catastrophes—New Translations & Interpretation of the Primary Texts:* University of Chicago Press, Chicago, xvi+301 ss. Bu kitapta Rudwick ne yazık ki daha önce yapılmış tercümelere de değinmemektedir; ayrıca şu eserin 3. bölümüne de bkz. (ss. 101-163): **aynı yazar,** *The Meaning of Fossils—Episodes in the History of Palaeontology:* University of Chicago Press, Chicago, [x]+287 pp.

[20] Ör. **Pallas, P. S.,** An VII [1796], Tableau physique et topographique de la Tauride Suivi d'Observations sur la Formation des Montagnes, et les Changemens Arrivés á Notre Globe par le Professeur Pallas, pour faire suite à son Voyage en Russie: *Voyage de Pallas,* c. IX, Chez Guillaume and Guide, Paris, 172 ss (Pallas için şu kitap daha kolay ulaşılabilecek bir kaynaktır: **Carozzi, A. V. ve Carozzi, M.,** 1991, Reevaluation of Pallas' Theory of the Earth (1778): *Archives des Sciences*, c. 44, fasikül 1, [II] + 105 ss); **de Luc, J. A.**, 1798, *Lettres sur l'Histoire Physique de la Terre adressées a M. le Professeur Blumenbach Renfermant de nouvelles Preuves géologiques et historiques de la Mission divine de Moyse:* Nyon, Paris, cxxviij + 406 + 2 ss. yanlışlar ss.; **aynı yazar,** 1809, *An Elementary Treatise on Geology: Determining Fundamental Points in that Science, and Containing An Examination of some Modern Geological Systems, And Particularly of the Huttonian Theory of the Earth.* ... translated from the French manuscript by the Rev. Henry de la Fite: F. C. and J. Rivington, London, xvii + [1 page of errata] + 415 ss; **Hall, J.**, 1815, On the revolutions of the earth's surface: *Transactions of the Royal Soceity of Edinburgh*, c. 7, kısım i, ss. 139-211; **von Buch, L.,** 1827[1877], Ueber die Verbreitung grosser Alpengeschiebe: *Poggendorff's Annalen der Physik und Chemie*, c. 9, ss. 575-588 (şurada tekrar

basılmıştır: **Ewald, J., Roth,J., ve Dames, W.** {yayına hazırlayanlar}, Leopold von Buch's Gesammelte Schriften, c. III: G. Reimer, Berlin, pp. 659-668.)

[21] **Coleman, W.**, 1964, *Georges Cuvier, Zoologist— A Study in the History of Evolution Theory:* Harvard University Press, Cambridge, s. 135.

[22] **Rupke, N. A.**, 1983, *The Great Chain of History. William Buckland and the English School of Geology (1814-1849):* Clarendon Press, Oxford, s. 77 ve şekil 7; **aynı yazar,** 1983, The apocalyptic denominator in English culture of the early nineteenth century: Pollock, M., yayına hazırlayan, *Common Denominators in Art and Science*'da, Aberdeen University Press, Aberdeen, s. 40. Tufan'ın Dünyaya yakın geçen bir kometin eseri olabileceği fikrini ilk kez Newton'un öğrencisi Wiliam Whiston teklif etmiştir: **Whiston, W.**, 1696, *A New Theory of the Earth, From Its Original, to the Consummation of all Things Wherein the Creation of the World in six Days, the Universal Deluge, and the General Conflagration As Laid Down in the Holy Scriptures Are Shown to be Perfectly Agreeable to Reason and Philosophy:* Benj. Tooke, London, [II]+388+[1]ss.+7 levha. Halley kometini keşfeden Sir Edmund Halley de bu fikre katılmıştır: **Halley, E.**, 1724-25, Some considerations about the cause of the universal Deluge: *Philosophical Transactions of the Royal Society of London,* c. 33, ss. 118-125. Aynı fikri Leibniz de ölümünden yıllar sonra 1749'da yayınlanan *Protogaea*'sında dile getirmişse de buna katılmakta zorluk çektiğini ifade etmiştir. (*Protogaea* için aşağıda 108. nota bkz.)

[23]**Cuvier, G.**, 1812, *Recherches sur les Ossemens Fossiles de Quadrupeds où l'on rétablit les caractères de plusieurs espèces d'animaux que les révolutions du globe paroissent avoir détruites:* Deterville, Paris, 4 cilt, ciltlerde sahifeler sürekli numaralandırılmamış.

[24]**Hsü, K. J.**, 1983, *The Mediterranean was a Desert:* Princeton University Press, xv+197 ss.

[25] **Hsü, K. J.**, 1983, Actualistic catastrophism: Address of the retiring President of the International Association of Sedimentologists: *Sedimentology*, c. 30, ss. 3-9, şekil 1. Actualistic catastrophism Türkçe'ye "güncelci âfetçilik" terimleriyle çevrilebilir. Ancak bu terimlerin, betimlemek istedikleri görüşün doğasına ne İngilizce'de ne de Türkçe'de uygun oldukları kanısındayım. Geçmişte olan dev meteor çarpmaları, bir yarıkürenin yarısını kaplayan buzullaşmalar veya Akdeniz Havzası (Hsü'nün bir önceki notta künyesi verilen kitabına bkz.), hattâ tüm Güney Atlas Okyanusu (bkz. **Burke, K. ve Şengör, A. M. C.**, 1988, Ten metre global sea-level change associated with South Atlantic Aptian salt deposition: *Marine Geology*, c. 83, ss. 309-312) boyutlarında bir havzanın kuruyup tekrar dolduğunu günümüzde görmüyoruz. Bu olayların olduğunu jeolojik bilgilerimizi yorumlayarak çıkarıyoruz. Yani bunlar tam bir güncelci bakışla yorumlanabilecek olaylar değiller. Üstelik, âfetçilik adı tüm dünyayı âniden etkileyen global olayların yer tarihinde birbiri ardına tekrarlandığı görüşünü dile getirmek için kullanılagelmiştir. Halbuki Hsü'nün dile getirdiği, jeolojik olayların sıklıklarının enerjilerinin büyüklüğü ile orantılı olduğu, dolayısıyla bu olayların belli bir olay tayfının parçaları olduğudur; hepsinin global olması gerekmez. Bu tür olayların çoğunun yorumu için Lyell'in tekdüzeciliğinden bile tâviz vermeğe gerek olduğunu sanmıyorum. Lyell, Kuzey Amerika'daki Büyük Göller'in âni bir boşalmasının yaratacağı bir kıt'asal selin bile kendi görüşüne göre tekdüzeciliğin kapsamı içinde olduğunu söylememiş miydi? (**Lyell,** 1830, *a.g.e.*, s. 89). Kanımca günümüzde tekrar gündeme gelen, Lyell'in varlıklarını reddettiği, tüm dünyayı aynı zamanda etkileyen gerçek anlamıyla *global olayların* mevcudiyeti ve bunların jeolojik tarihteki etkileridir. Örneğin, bir Kretase sonu gökcismi çarpması olayı, âfetsel olduğundan ziyade, tüm dünyayı aynı anda etkilediği için Lyell'in düşünce çerçevesinin dışına çıkmıştır. Böyle bir olay herşeye rağmen Cuvier'nin düşüncesinde öngörülenlere daha yakın bir olaydır. Bu nedenle ben içinde global olayların düşünülmediği bir jeolojik düşünce tarzına "Lyellvâri" (İngilizce'de "Lyellian"), bil'akis böyle olayların düşünüldüğü bir jeolojik düşünce tarzına da "Cuviervâri" (İngilizce'de "Cuvierian") denmesini öneriyorum. Bu açıdan günümüzdeki düşünce tarzı Cuvier'ninkine felsefî olarak daha yakındır. (Özellikle on dokuzuncu yüzyılın son çeyreği ile yirminci yüzyılın ilk çeyreğine damgasını vurmuş olan büyük Avusturyalı jeolog Eduard Suess'ün düşünceleri, Lyell ile Cuvier'ninkiler arasındaydı. Bu konuda bkz. **Şengör, A. M. C.**, 2000, Die Bedeutung von Eduard Suess (1831-1914) für die Geschichte der Tektonik: *Berichte der Geologischen Bundesanstalt,* c. 51, ss. 57-72.) Jeolojik geçmişin günümüzde yapılmakta olan Cuviervâri bazı yorum örnekleri için bkz: **Lethiers**, *a.g.e.;* **Albritton, C. C., Jr.**, 1989, *Catastrophic Episodes in Earth History:* Topics in the Earth Sciences, Chapman and Hall, New York, xvii+221 ss. Günümüzde büyük bir olasılıkla cereyan etmekte olan "âfetsel" bir süreç olan "global ısınma" ve bunun yaşam

üzerindeki etkileri için bkz: *Science & Vie* (no. 1035, décembre 2003), Dossier Spécial La Menace Climatique—Santé-Agriculture-Urbanisme—Ce qui a changé Ce qui va changer.

[26]Bu konuda bkz. **Le Pichon, X., Taymaz, T. ve Şengör, A. M. C.**, 1999, Büyük Marmara Fayı: Niçin, nerede ve ne olabilir? : *Cumhuriyet Bilim Teknik*, no. 661 (120 Kasım, 1999), ss. 8-11. Detaylı teknik bir tartışma için bkz: **Udias, A.**, 1999, *Principles of Seismology:* Cambridge University Press, Cambridge, özellikle ss. 285-293.

[27]**Hsü, K. J.**, 1989, Catastrophic extinctions and the inevitibility of the improbable: *Journal of the Geological Society of London*, c. 146, ss. 749-754, şekil 5. Benim şu kısa notuma da bkz: **Şengör, A. M. C.**, 1988, Evaluating nuclear accidents: *Nature*, c. 335, s. 391. Ben orada, nükleer santralların emniyeti hakkındaki öngörülerin yalnız büyük kazaların değil, bir santralda olan tüm kazaların göz önüne alınarak değerlendirilmesi gerektiğini göstermiştim. Ancak o şekilde, istatistikî anlamı olan, güvenilebilir bir kaza öngörüsü eğrisi çıkarmak mümkün olabilir.

[28]**Evans-Pritchard, E. E.**, 1940, *The Nuer:* Oxford University Press, Oxford, s. 105; ümmî toplumlar üzerine ayrıca bkz. **Eduard Meyer:** "Genellikle, özel yaşamda veya halk arasında tarihsel bellek hiçbir zaman insanın bizzat hatırladığı kişiliklerin ötesine geçmez ... böylece tarihsel bellek hiçbir zaman iki veya üç nesli aşacak şekilde kapsamlı olamaz." *Geschichte des Altertums*, 2. Bsk., cilt I (1. Yarı), s. 221, Berlin, 1907.

[29]1 Ağustos 1998 tarihli *Cumhuriyet* gazetesinin arka sahifesindeki bir habere göre Türkiye'de okuma-yazma alışkanlığına sahip insanların sayısı toplam nüfusun %2,5'idir! (şuraya da bkz. **Şengör, A. M. C.,** 1999, *Zümrütnâme:* Yapı Kredi Yayınları, İstanbul, s. 130). Böyle bir toplumla ciddî bilimsel bilgi gerektirecek doğal âfet karşıtı tedbirleri almanın mümkün olamayacağı, hattâ doğa içinde sürdürülen toplum yaşamının bile tehlikelerden uzak tutulamayacağı kesindir.

[30]Ama böyle hesaplar kendisinden önce yapılmıştı ve Cuvier bunlardan haberdardı. Özellikle dostu Marki Pierre-Simon Laplace'ın 1796'da yayımladığı *Exposition du Système du Monde*'unda (Evren Sisteminin Tanıtımı) muhtemelen İngiliz astronomu Sir Edmund Halley'in 1724'de Royal Society'nin bir toplantısında dile getirdiği, bir kometin dünyaya çarparak Nuh Tufanı büyüklüğünde bir felâkete sebep olmuş olabileceği varsayımını (bkz. **Halley, E.,** *a.g.e.*) izleyerek söylediği tesirler (bkz. **Laplace, P.-S.,** 1835[1984], *Exposition du Système du Monde:* Corpus des Œuvres de Philosophie en Langue Française, Fayard, Paris, özellikle s. 367: "...okyanus mâruz kaldığı çok çeşitli karışıklık ve âfetlere rağmen her zaman dengeye dönme eğiliminde görünüyor; buna rağmen, kökeninde o kadar da önemli olmayan olağanüstü bir neden giderek büyürse, onun okyanusu en büyük dağların üzerinden bile aşırabileceğine inanabiliriz; bu, doğa tarihinde pek çok olayı izah edebilir." Laplace'ın eseri ilk kez 1796'da yayımlanmıştı. Ben burada kitaplığımda bulunan 1835 baskısının bir tıpkıbasımını kullanmak zorunda kaldım) tam Cuvier'nin düşündüğü tiptendi: Dünyanın dönüş ekseninde ve yönünde olacak bir değişiklik büyük sarsıntılara yol açabilecekti. Denizler havzalarını terkederek yeni ekvator civarına yerleşeceklerdi. Evrensel bir tufan meydana gelecek, muazzam depremler insanlığın ve hayvanlar âleminin büyük bir kısmının boğulmasına neden olacak, bir sürü tür ortadan kalkacak, insan elinin ürünlerinin çoğu harap olacaktı. Bu yönde bir yer tarihini, Newton'un öğrencilerinden olan William Whiston daha 1696'da yayımlamıştı: **Whiston, W.,** 1696, *a.g.e.* Whiston'un varsayımının bazı etkileri için bkz. **Keill, J.,** 1698, *An Examination of Dr. Burnet's Theory of the Earth Together with some Remarks on Mr. Whiston's New Theory of the Earth:* Printed at the Theater, Oxford, [v]+225 ss. Keill'in kitabı 1734'de genişletilmiş bir ikinci baskı yaptı. Cuvier'nin yalnız Laplace'ın değil, Whiston'un görüşlerinden de haberdar olduğu konusunda bkz. **Cuvier, G.,** 1812, *a.g.e.*, c. 1, "Discours Préliminaire", s. 26, not 4.

[31]Lyell'in dinî inançlarının onun canlılar âleminin evrimi konusundaki görüşlerini nasıl etkilediği hakkında bkz: **Bartholomew, M.**, 1973, Lyell and evolution: an account of Lyell's response to the prospect of an evolutionary ancestry for Man: *British Journal for the History of Science*, c. 6, ss. 261-303; **aynı yazar,** 1976, The non-progression of non-progression: two responses to Lyell's doctrine: *British Journal for the History of Science*, c. 9, ss. 166-174; **Hallam, A.,** 1998, Lyell's views on organic progression, evolution and extinction: Blundell, D. J. ve Scott, A. C., yayına hazırlayanlar, *Lyell: The Past is the key to the Present.* Geological Society, London, Special publications, no. 143, ss. 133-136.

[32]**Rudwick, M. J. S.,** 1978, Charles Lyell's dream of a statistical palaeontology: *Palaeontology*, c. 21, ss. 225-244

[33] *Evolvere*'den türeyen *evolution* kelimesini ilk kez biyolojik evrim anlamında kullanan kişi *Contemplation de la Nature* (1764, Marc-Michel Rey, Amsterdam, c. I {LXXXIV+298 ss}, c. II {VI+260 ss.}=Doğa Hakkında Düşünmek) adlı eserin yazarı olan Cenevre'li bilim adamı **Charles Bonnet**'dir (1720-1793).

[34] **King-Hele, D.**, 1963, *Erasmus Darwin:* Macmillan & Co Ltd, London, s. 94, not 1.

[35] **Eyuboğlu, İ. Z.**, 1991, *Türk Dilinin Etimoloji Sözlüğü:* Sosyal Yayınlar, İstanbul, ss. 250-251. Ancak bu etimoloji sözlüğünün profesyonel dilciler tarafından pek ciddiye alınmadığını kaydetmeliyim (ör. **Eren, H.**, 1999, *Türk Dilinin Etimolojik Sözlüğü,* birinci baskı: Özel Basım, Ankara, özellikle s. xii; benim sınırlı lengüistik bilgim Eren'e hak verir mahiyettedir; Eren'in sözlüğüne evrim kelimesi alınmamıştır. Evrim, **Andreas Tietze**'nin *Tarihi ve Etimolojik Türkiye Türçesi Lugatı*'nda da yoktur {cilt 1 A-E, 2002, Simurg-Österreichische Akademie der Wissenschaften, İstanbul-Wien, 763 ss).

[36] **D'Orbigny, A.**, 1842, *Voyage dans l'Amerique meridionale, (le Brésil, la République orientale de l'Uruguay, la République Argentine, la République de Chili, la République de Bolivia, la République de Perou) exécute pendant les années 1826, 1827, 1828, 1829, 1830, 1831 et 1833,* c. III, kısım 3: Géologie: P. Bertrand, Paris ve Ve Levrault, Strasbourg, 42 (Extrait des Rapports)+289+[1] ss. Ayrıca Atlas cildinde (cilt VIII, 1847) *Géologie spéciale* haritaları (1-10, 9'u renkli) ve *Géologie (Paléontologie)* şekilleri (1-22). Bilhassa metin kısmının XIII. bölümünde verilen jeolojik gelişme özetine bkz. Bu eser hakkında büyük ölçüde Élie de Beaumont tarafından kaleme alınmış bir tanıtma ve değerlendirme yazısı için bkz. **Brongniart, A., Dufrénoy, [O.-P.-A.] ve Élie de Beaumont, L.**, 1843, Rapport sur un mémoire de M. Alcide d'Orbigny intitulé Considérations Générales sur la Géologie de l'Amérique Méridionale: *Comptes Rendus hébdomadaires des Séances de l'Academie des Sciences,* c. 17, ss. 1-39 (ayrıbaskı sahifeleri baştan numaralanmış! Bu rapor, d'Orbigny'nin kitabının başında da basılmıştır; yukarıdaki maddedeki "Extrait des Rapports"a bkz). D'Orbigny ayrıca gezisi hakkında—zamanın son derece faydalı bir modasına uyarak—popüler bir eser de yazmıştır. Bu eser popüler bilimsel bilgi vermekten ziyade popüler turistik bilgi içerir: **D'Orbigny, A.**, 1854, *Voyage dans les Deux Amériques,* nouvelle édition, revue et corrigée: Furne et Cie, Paris, IV+615 ss.+ 2 katlanır harita. Bu eserin 1841 yılında çıkan birinci baskısı burada künyesi verilen ikinci baskıya nazaran daha çok bilimsel içeriğe sahiptir. Alcide d'Obigny'nin doğumunun ikiyüzüncü yılı münasebetiyle 2002 yılında Paris'te Muséum d'Histoire Naturelle'de d'Orbigny'nin muhteşem gezisinin ürünlerini içeren bir sergi açılmıştır. Bu sergiye kısmen katalog görevi yapan ve içinde d'Orbigny'nin yaşamı ve eserleri hakkında çok güzel yazılar bulunan, bol renkli resimli bir kitap için bkz: **Taquet, P.**, derleyen, 2002, *Un Voyageur Naturaliste Alcide d'Orbigny—Du nouveau monde ... au passé du monde:* Nathan, Paris, 127 ss. D'Orbigny'nin kısa bir biyografisi ve etnografi ve zoolojiye katkılarının çeşitli cepheleri için bir başka eser de şudur: **Yazarlar kollektifi**, 1933, *Commémoration du Voyage d'Alcide d'Orbigny en Amérique du Sud 1826-1833:* Publications du Muséum National d'Histoire Naturelle, no. 3, Masson & Cie, Paris, 168 ss.

[37] **von Buch, L.**, 1824 [1877], Ueber die geognostischen Systeme von Deutschland—Ein Schreiben an den Geheimrath v. Leonhard: *v. Leonhards Mineralogisches Taschenbuch für das Jahr 1824,* pp. 501-506 (şurada tekrar basılmıştır: **Ewald, J., Roth,J., ve Dames, W.** {derleyenler}, *Leopold von Buch's Gesammelte Schriften,* c. III: G. Reimer, Berlin, ss. 218-221); **aynı yazar,** 1824[1877], Ueber geognostische Erscheinungen im Fassathal. Ein Schreiben an den Geheimrath von Leonhard: *v. Leonhard's Mineralogisches Taschenbuch für das Jahr 1824,* ss. 343-396 (şurada tekrar basılmıştır: **Ewald, J., Roth,J., ve Dames, W.** {derleyenler}, Leopold von Buch's Gesammelte Schriften, v. III: G. Reimer, Berlin, ss. 141-166); **Cuvier, G.**, 1825, *Discours sur les Révolutions de la Surface du Globe et sur les Changements Qu'Elles Ont Produits Dans le Régne Animal:* G. Dufour et Ed. D'Ocagne, Paris, ij + 400 pp. + 6 levha; **Élie de Beaumont, L.,** 1829-1830, Recherches sur quelques-unes des Révolutions de la surface du globe, présentant différens exemples de coïncidence entre le redressement des couches de certains systèmes de montagnes, et les changemens soudains qui ont produit les lignes de démarcation qu'on observe entre certains étages consécutifs des terrains de sédiment: *Annales des Sciences Naturelles,* c. 18, ss. 5-25, 284-417, c. 19, ss. 5-99, 177-240; **aynı yazar,** 1830, Recherches sur quelques-unes des Révolutions de la surface du globe, présentant différens exemples de coïncidence entre le redressement des couches de certains systèmes de montagnes, et les changemens soudains qui ont produit les lignes de démarcation qu'on observe entre certains étages consécutifs des terrains de sédiment: *Revue*

Française, no. 15, ss. 1-58; **aynı yazar,** 1831, Researches on some of the Revolutions which have taken place on the Surface of the Globe; presenting various Examples of the coincidence between the Elevation of Beds in certain Systems of Mountains, and the sudden Changes which have produced the Lines of Demarcation observable in certain Stages of the Sedimentary Deposits: *The Philosophical Magazine and Annals of Philosophy [New Series]*, c. 10, ss. 241-264; **aynı yazar,** 1833, Recherches sur quelques-unes des Révolutions de la surface du globe, présentant différens exemples de coïncidence entre le redressement des couches de certains systèmes de montagnes, et les changemens soudains qui ont produit les lignes de démarcation qu'on observe entre certains étages consécutifs des terrains de sédiment: *Manuel Géologique* par Henry T. De La Beche, seconde édition, traduction française revue et publiée par A. J. M. Brochant de Villiers: F.-G. Levrault, Paris, ss. 616-665.

[38]"la toute-puissance créatrice": **D'Orbigny,** 1842, *a.g.e.*, s. 274.

[39]Silüriyen'in Birinci Zaman'ın (Paleozoyik) ilk devri addedilmesi, jeolojik takvimin tarihçesini bilmeyenlere garip gelebilir. (Bu tarihçenin bir özeti için bkz: **Berry, W. B. N.,** 1987, *Growth of a Prehistoric Time Scale—Based on Organic Evolution,* revised edition: Blackwell Scientific Publications,Palo Alto, California, xiii+[ii]+202 ss.) Her ne kadar hem Kambriyen ve hem de Silüryen sistemleri 1835'de Adam Sedgwick ve Roderick I. Murchison tarafından ortak bir tebliğde teklif olunmuşlarsa da (bkz: **Sedgwick, A. ve Murchison, R. I.**, 1836, On the Silurian and Cambrian Systems, exhibiting the order in which the older sedimentary strata, succeeded each other in England and Wales: *British Association for the Advancement of Science, Report of the 5th Meeting, August, 1935*, ss. 59-61) sonradan Murchison Silüriyen'i Kambriyen'i de kapsayacak şekilde genişleterek Kambriyen'in bağımsız bir sistem addedilemeyeceğini iddia etmiş ve bu iddiası hemen hemen tüm on dokuzuncu yüzyıl boyunca ekseri jeolojik çevrelerde kabul görmüştü. Hattâ Murchison'un bu iddiası eski arkadaşı Sedgwick'le arasını da açmış, yıllar süren bir polemiğe neden olmuştu. Bu polemik tamamen ancak 1901'de alt Paleozoyik'in Kambriyen, Ordovisyen ve Silüriyen'den oluştuğunun kabulüyle ortadan kalktı. Bu polemiğin tarihçesi için bkz: **Secord, J. A.,** 1986, *Controversy in Victorian Geology—The Cambrian-Silurian Dispute:* Princeton University Press, Princeton, New Jersey, xvii+363 ss.

[40]**D'Orbigny, A.,** 1852, *Cours Élémentaire de Paléontologie et de Géologie Stratigraphiques*, tome second: Victor Masson, Paris, s. 323, § 1733, s. 360, §1761.

[41]Büyük bilim tarihçisi George Sarton, İlk Çağ'da yaşamış olan yazarlar arasında burada anlatılanlardan başkalarını da evrim fikrinin öncüleri arasında saymaktadır: **Sarton, G.,** 1927, *Introduction to the History of Science*, c. I *From Homer to Omar Khayyam:* for the Carnegie Institution of Washington by William & Wilkes Company, Baltimore, xi+839 ss. Bunlardan Hippokrat monografileri arasındaki Πέρι Διαίτης (*Peri diaites*=perhiz üzerine) içerisinde ben evrim fikrini çağrıştıracak tek bir cümle bulamadım. Belki de insanların vücut yapılarının içinde yaşadıkları iklime uygun olması hakkında söylenilenleri Sarton evrimle ilgili diye yorumlamıştır (bkz., **Sarton,** s. 98). Hristiyan düşmanı İmparator Flavius Claudius Julianus'un (331-363) Lamarck tipi bir evrim yorumunun öncülerinden sayılabileceği fikrini R. Anthony'e dayanarak söyleyen Sarton'un bizzat kendisi bu iddiayı biraz aşırı bulmaktadır (**Sarton,** s. 366). Sarton'un beş ciltlik bu meşhur kitabı araştırmalarda çok iyi bir başlangıç oluşturmasına rağmen, temel kaynak olarak güvenilemez, zira pek çok önemli yanlış ve eksik içermektedir.

[42]Hermann Diels'in *Die Vorsokratiker* adlı eserinde (5. baskısı İstanbul Üniversitesi Edebiyat Fakültesi eski hocalarından, büyük İlk Çağ felsefesi tarihçisi Walther Kranz tarafından yapılmıştı: 1951) eski filozoflardan bize doğrudan gelmiş olan metin parçalarına verdiği *Fragment* adını Türkçe'ye Suad Baydur *parça*, onlar ve fikirleri hakkında başkalarının söylediklerine verdiği *Testimonia* (=şahadetler) terimini de *haberler* olarak çevirmiştir (bkz. **Kranz, W.,** 1984, *Antik Felsefe—Metinler ve Açıklamalar:* Sosyal Yayınlar, İstanbul, s. 233; çeviren Suad Y. Baydur). Yukarıda kullanılan "haber" kelimesi bu anlamda anlaşılmalıdır.

[43]Aşağıdaki aktarmaların hepsi Charles H. Kahn'ın Anaksimandros'un doğa bilimleri hakkındaki fikirleri ve bunların ışığında Yunan bilimsel kozmolojisinin doğuşu hakkındaki meşhur doktora tezinden alınmışlardır: **Kahn, C. H.**, 1960, *Anaximander and the Origins of Greek Cosmology:* Columbia University Press, xiii+[i]+249+[1] ss; Anaksimandros'un evrim hakkındaki fikirleri ve bunların düşünsel çerçevesi için ayrıca bkz: **Conche, M.,** 1991, *Anaximandre—Fragments et Témoignages:* Épiméthé, Presses Universitaires de France, Paris, 252+[1] ss; **Schmitz, H.,** 1988, *Anaximander und die Anfänge der griechischen Philosophie:* Bouvier, Bonn, V+79 ss. Anaksimandros hakkında İlk

Çağ'dan elimize gelen birincil veya ona yakın bilgilerin toplandığı en iyi kaynak, tüm diğer Sokrat öncesi filozofları için de olduğu gibi, Hermann Diels'in Walther Kranz tarafından 1951'de beşinci baskısı yayımlanmış olan *Die Vorsokratiker* adlı ölümsüz eseridir: **Diels, H.**, 1951[1996], *Die Fragmente der Vorsokratiker*, 6th edition, c. I (XI+[I]+504 ss.), c. II (428 ss.), c. III (660 ss.), yayına hazırlayan Walther Kranz: Weidmann, Zürich. Bu temel kaynak tekrar tekrar basıldığından elde edilmesi kolaydır. Sokrat öncesi filozofların hepsi için Diels/Kranz dışında şu eserler benim bilebildiğim en iyileridir: **Theil, P.**, tarihsiz, *Dünyamızı Kuranlar:* Varlık Yayınları, İstanbul, 160 ss; **Schrödinger, E.**, 1954, *Nature and the Greeks:* Cambridge University Press, Cambridge, [i]+97 ss. (Evet, bu kuantum fiziğinin babası olan meşhur Schrödinger'dir!); **Saraç, C.**, 1971, *İyonya Pozitif Bilimi (Temel Kaynakları ve Etkileri):* Ege Üniversitesi Arkeoloji Enstitüsü Yayınları, No. 1, X+226 ss; **Barnes, J.**, 1981, *The Presocratic Philosophers,* revised edition: Routledge & Kegan Paul, London, xxiii+703 ss; **Kirk, G. S., Raven, J. E. ve Schofield, M.**, 1983, *The Presocratic Philosophers. A Critical History with a Selection of Texts,* 2nd edition: Cambridge University Press, Cambridge, 501 ss; **Kranz, W.**, 1984, *a.g.e.;* **Thomson, G.**, 1988, *İlk Filozoflar:* Payel, İstanbul, 439 ss. (çeviren M. Doğan); **Heuser, H.**, 1992, *Als die Götter Lachen Lernten:* Piper, München, 330 ss; bilhassa yeni başlayanlar için ve kolay ulaşılabilecek bir kaynak şu eserdir: **Barnes, J.**, 1987, *Early Greek Philosophy:* Penguin, London, 318 ss. Sokrat öncesi filozoflarının doğa bilimlerindeki çok önemli yerlerini anlamak için Eski Yunan'daki bilimin tarihi hakkında fikir sahibi olmak lazımdır. Şu eserler bu konuda faydalıdır: İlk Çağ'da doğa bilimlerine genel bir giriş için şu eserlere bkz. **Stückelberger, A.**, 1988, *Einführung in die Antiken Naturwissenschaften:* Wissenschaftliche Buchgesellschaft, Darmstadt, X+214+[3] ss.+VII levha; **French, R.**, 1994, *Ancient Natural History:* Routledge, London, xxii+357 ss; Eski Yunan bilim tarihi için: **Heidel, W. A.**, 1910, Περὶ Φύσεως. *A study of the conception of nature among the pre-Socratics:* Proceedings of the American Academy of Arts and Sciences, c. 45, ss. 79-132; **aynı yazar,** 1921, *Anaximander's book, the earliest known geographical treatise:* Proceedings of the American Academy of Arts and Sciences, c. 56, ss. 239-288; **aynı yazar**, 1933, *The Heroic Age of Science—The Conception, Ideals, and Methods of Science Among the Ancient Greeks:* The Williams & Wilkins Company, Baltimore, vii+203 ss; **Rey, A.**, 1933, *La Jeunesse de la Science Grecque:* La Renaissance de Livre, Paris, XVII+537 ss; **Farrington, B.**, 1944, *Greek Science—Its Meaning For Us (Thales to Aristotle):* Penguin Books, Harmondsworth, 143 ss; **Sarton, G.**, 1952, *A History of Science—Ancient Science Through the Golden Age of Greece:* Harvard University Press, Cambridge, xxvi+646 ss; **Sambursky, S.**, 1956[1987], *The Physical World of the Greeks:* Routledge & Kegan Paul, London, xv+255 ss; **Lloyd, G. E. R.**, 1970, *Early Greek Science Thales to Aristotle:* W. W. Norton & Co., New York, [viii]+156 ss; **Lindberg, D. C.**, 1992, *The Beginnings of Western Science—The European Scientific Tradition in Philosophical, Religious, and Institutional Context,* 600 B.C. to A.D. 1450: The University of Chicago Press, Chicago, xviii+455 ss. Eski Yunan'daki jeolojik kavramlar için şu eserler faydalıdır: **von Lasaulx, E.**, 1851, Die Geologie der Griechen und Römer—Ein Beitrag zur Philosophie der Geschichte: *Abhandlungen der königlichen bayerischen Akademie der Wissenschaften,* I. Classe, c. 6, kısım 3, ss. 517-566; **Schvarcz, J.**, 1862, *On the Failure of the Geological Attempts in Greece Prior to the Epoch of Alexander, Part I:* Taylor and Francis, London, xiv+75 ss. Bu eserin genişletilmiş ikinci baskısı için bkz. **aynı yazar,** 1868, *The Failure of Geological Attempts Made by the Greeks from the Earliest Times Down to the Epoch of Alexander*, revised and enlarged edition: Trübner & Co., London, xx+153 ss; **Bouillet-Roy, G.**, 1976, *La Géologie Dynamique chez les Anciens Grecs et Latins d'aprés les Textes:* Yayınlanmamış doktora tezi, Université de Paris (mention sciences), Université Pierre et Marie Curie—Paris 6, 438 ss; **Rebrik, B. M.**, 1987, *Geologie und der Bergbau in der Antike:* VEB Deutscher Verlag für Grundstoffindustrie, Leipzig, 185 ss. De Lorenzo'nun Leonardo da Vinci'nin jeolojisi hakkında yazdığı eserde de hem antik çağ jeolojisi hem de mitoloji-jeoloji ilişkileri açısından çok yararlı bilgiler vardır: **de Lorenzo, G.**, 1920, *Leonardo da Vinci e la Geologia:* Publicazioni dello Istituto di Studii Vinciani in Roma, c. III, Nicola Zanichelli, Bologna, 195+[I] ss. Antik çağda paleontoloji için bkz. **Mayor, A.**, 2000, *The First Fossil Hunters—Paleontology in Greek and Roman Times:* Princeton University Press, Princeton, xx+361 ss.

44 **Guthrie, W. K. C.**, 1962, *A History of Greek Philosophy,* c. 1: Cambridge University Press, Cambridge, s. 59.

45 *a.g.e.*, s. 102-103.

46 **King-Hele,** *a.g.e.*, s. 64.

47 İnsanlık tarihinin en büyük düşünürlerinden biri olan Herakleitos'tan bize kalan tüm ifade ve metin parçaları

Marcovich tarafından dikkatle elenerek Yunanca orijinalleri, İngilizce tercümeleri ve açıklamalarla bir araya toplanmıştır: **Marcovich, M.,** 1967, *Heraclitus —Greek Text with Short Commentary*, editio major: The Los Andes University Press, Merida, xxix+665 ss; ayrıca bkz. **Schäfer, G.,** 1902, *Die Philosophie des Heraklit von Ephesus und die Moderne Heraklitforschung*: Franz Deuticke, Leipzig, 139 ss; **Jones, W. H. S.,**1931, *Heracleitus On the Universe:* Hippocrates Heracleitus on the Universe, c. IV, The Loeb Classical Library, Harvard University Pess, Cambridge, Massachusetts, ss.451-509; **Kirk, G. S.,** 1954, *Heraclitus —The Cosmic Fragments:* at the University Press, Cambridge, XVI+424 ss; **Axelos, K.,** 1962, *Héraclite et la Philosophie:* Les Éditions de Minuit, Paris, 275 ss; **Bollack, J. ve Wismann, H.,** 1972, *Héraclite ou la Séparation:* Les Éditions de Minuit, Paris, 405+[1] ss; **Kahn, C. H.,** 1979, *The Art and Thought of Heraclitus:* Cambridge University Press, Cambridge, xiv+354 ss; **Samih Rifat,** 1999, *Herakleitos—Bir Kapalı Söz Ustasıyla Buluşma Denemesi:* Yapı Kredi Yayınları, İstanbul, 99 ss.

48 Aşağıdaki ve benzeri ifadelerden hareketle bugüne kadar hemen tüm yorumcular tarafından (Kuantum mekaniğinin kurucusu Erwin Schrödinger gibi büyük istisnalar dışında! Bkz. **Schrödinger, E.,** 1954, *Nature and the Greeks:* Cambridge University Press, Cambridge, [i]+97 ss.) Herakleitos'un düşüncesi tamamen yanlış anlaşılmıştır. Bilhassa Hegel ve öğrencisi Lassalle'le başlayan felsefeciler, Herakleitos'un değişik açılardan bakıldığında aynı görülebilecek tezatları sunuşunda diyalektiğin tez-antitez-sentez düşüncesini algılayarak Herakleitos'u Hegel'in öncülerinden addetmişlerdir (bkz. **Lassalle, F.,** 1858, *Die Philosophie Herakleitos des Dunklen von Ephesos,* erster Band: Franz Duncker, Berlin, özellikle ss. 71-89). Burada bu konuda daha sonraki Herakleitos literatürünü vermeye gerek görmüyorum, zira Herakleitos hakkında kitap yazan hemen herkes Lasalle'in yorumunu en azından bir kez dile getirmiştir.

49 Bu yorum için özellikle bkz. **Popper, K. R.,** 1966, *The Open Society and Its Enemies,* c. 1, *The Spell of Plato*, fifth, revised edition: Princeton University Press, Princeton, xi+361 ss. Bu eserin Türkçesi Remzi Kitabevi tarafından *Açık Toplum ve Düşmanları* başlığıyla yayınlanmıştır: **Popper, K.,** 1994, *Açık Toplum ve Düşmanları*, c. 1 *Platon*, çeviren Mete Tunçay, 3. baskı: Remzi Kitabevi, İstanbul, 362 ss.

50 Ben bu özeti şuradan aldım: **Mansfeld, J.,** 1987, *Die Vorsokratiker:* Philipp Reclam Jun. Stuttgart, s. 387. Empedokles için en kapsamlı eser Jean Bollack'ın 1965-1969 yıllarında yayımlanan dört ciltlik önemli incelemesidir. Bu kitap İlk Çağ'da gelişen klasik Yunan doğa bilimleri için genelde de iyi bir kaynaktır: **Bollack, J.,** 1965, *Empédocle,* c. I *Introduction a l'Ancienne Physique:* Les Éditions de Minuit, Paris, 411 ss; **aynı yazar,** 1969, *Empédocle*, c. II *Les Origines—Édition et Traduction des Fragments et des Témoignages:* Les Éditions de Minuit, Paris, XXIV+304 ss; **aynı yazar**, 1969, *Empédocle,* c. III *Les Origines—Commentaire 1:* Les Éditions de Minuit, Paris, 305 ss; **aynı yazar,** 1969, *Empédocle,* c. III *Les Origines—Commentaire 2*: Les Éditions de Minuit, Paris, ss. 309-683. Empedokles için ayrıca bkz. **Zafiropulo, J.,** 1953, *Empédocle d'Agrigente:* Société d'Édition «Les Belles Lettres», Paris, 307 ss. Yukarıda 43. notta verilmiş olan Sokrat öncesi doğa filozoflarıyla ilgili tüm kaynaklarda da ayrıca Empedokles ve fikirleri hakkında bilgi vardır.

51 "An Historical Sketch of the Progress of Opinion on the Origin of Species" (=Türlerin Kökeni Hakkındaki Fikirlerin Gelişmesinin Tarihsel bir Özeti): **Darwin, C.,** 1872, *a.g.e.* ss. xiii-xxi.

52 Tercüme için Jonathan Barnes'ın editörlüğünü yaptığı İngilizce tercümeyi esas aldım. Elimde Yunanca metin olarak Barnes grubunun kullandığı Oxford metni değil, yalnızca Philip Wicksteed'in 1. Kitaba kadar getirebildiği ve F. M. Cornford'un onun ölümünden sonra genişlettiği Loeb metni var. Barnes tercümesinin alındığı yer şudur: **Barnes, J.**, derleyen, 1984, *The Complete Works of Aristotle—The Revised Oxford Translation,* volume one: Bollingen series, LXXI.2, Princeton University Press, Princeton, s. 339 (*Physics,* Book II, 8, 17-33. satırlar).

53 *Design argument*'i ben Türkçeye "kasıt fikri" olarak çevirdim, çünkü evrende Tanrının kastının ortaya çıktığı bu fikrin temelidir. Herşey Tanrı kastettiği için, onun planladığı, düzenlediği şekilde olur. Belki de bunu "plan fikri" veya "düzen fikri" olarak çevirmek daha doğru olabilirdi. Ama Türkçe'de bir kaza süsü verilmek istenen birşeyin öyle olmadığını ifade etmek için "bu işte bir kasıt var" deriz. Yani kasıt burada kaza zıddı olarak kullanılmıştır. İngilizcede bu tezat aynen *design vs. accident* ifâdesiyle dile getirilir. Bu fikir hakkında çok güzel bir eser için bkz. **Hurlbutt, R. H., III,** 1985, *Hume, Newton, and the Design Argument*, revised edition: University of Nebraska Press, Lincoln, xvi+255 ss. Biyolojik evrimin (daha doğrusu yaşam tarihinin) evrende herhangi bir kasıt, plân veya düzen

olmadığını nasıl gösterdiği hakkında bilhassa şu esere baş vurulmalıdır: **Dawkins, R.,** 1996, *The Blind Watchmaker—Why the Evidence of Evolution Reveals a Universe Without Design:* W. W. Norton & Company, New York, xvii+358 ss. (İlk baskısı 1987 yılında yapılan bu önemli eserin yeni bir Giriş'le birlikte yapılmış yeni baskısı.)

54**Crombie, A. C.,** 1961, *Augustine to Galileo,* c. 1 *Science in the Middle Ages:* Harvard University Press, Cambridge, s. 159. Al-Nazzâm için bkz. **Nyberg, H. S.,** 1964, Nazzâm, İbrahim bin Sayyar bin Hani Abu İshak: *İslâm Ansiklopedisi,* Devlet Kitapları, Millî Eğitim Basımevi, İstanbul, c. 9, ss. 148-149; **Sezgin, F.,** 1970, *a.g.e.*, ss. 360-361; al-Cahiz için bkz. **Anonim,** 1963, Câhiz, Abu Osman Amr bin Bahr: *İslâm Ansiklopedisi,* Devlet Kitapları, Millî Eğitim Basımevi, İstanbul, c. 3, ss. 12-14; **Sezgin,** 1970, *a.g.e.*, ss. 368-374.

55Wiedemann'ın notu: "Daha önce sözü edilmiş olan 'köyün adamlarından bir yaşlı' ki bu herhalde daha önce bahsi geçen Ebu Cafer'dir." Bu ifadeler tabiî ki al-Cahiz'in *Kitab al Hayavan*'ıyla ilgilidir.

56Wiedemann *Mâr ve Mâhî*'nin yılan balığına benzeyen balık türleri olduğunu söylüyor. *Mâhî* elektrikli balıktır.

57**Wiedemann, E.,** 1915, Beiträge zur Geschichte der Naturwissenschaften. XLVI. Darwinistisches bei *Gâhiz: Sitzungsberichte der Physikalisch-Medizinischen Sozietät zu Erlangen,* c. 47, ss. 130-131. Ayrıca bkz: **Sarton, G.,** 1927, *Introduction to the History of Science,* c. I *From Homer to Omar Khayyam:* for the Carnegie Institution of Washington by William & Wilkes Company, Baltimore, s. 597. Arapça okuyabilenler, al Cahiz'in *Kitab al Hayavan*'ının Kahire'de 1938-1945 yılları arasında Abdüsselâm Harun tarafından yapılan yedi ciltlik baskısına bakabilirler.

58*A.g.e.*

59**Sezgin, F.,** 1970, *a.g.e.*, s. 374.

60**Dieterici, F.,** 1878, *Der Darwinismus im Zehnten und Neunzehnten Jahrhundert:* J. C. Hinrich'sche Buchhandlung, Leipzig, XII+288 ss.

61Dieterici'ye ilâveten meselâ bkz: "En belirgin bir şekilde evrimciydiler": (**Davidson, T.,** 1898, The Brothers of Sincerety: *International Journal of Ethics,* c. 8, s. 442; "Burada gördüğümüz, Arap evrim doktrinidir ki Darwin'inkinden 'yaşam için mücadele'nin farkedilmesi dışında pek de değişik değildir" s. 448; ayrıca bkz. s. 452. {Bu makale şurada tekrar basılmıştır: **Sezgin, F.,** yayına hazırlayan, 1999, *Islamic Philosophy,* c. 21 *Rasâ'il Ikhwân aş-Şafâ' wa-Khillân al-Wafâ' Texts and Studies II :* Publications of the Institute for the History of Arabic-Islamic Science, Institute for the History of Arabic-Islamic Science at the Johann Wolfgang Goethe-University, Frankfurt am Main, ss. 77-98, alıntılar için bkz: s. 80 ve 86; ayrıca bkz. s. 90})

62**De Boer, T. J.,**1901[1960], *The History of Philosophy in Islam* (translated, with the sanction of the author, by E. R. Jones): Luzac & Co., London, s. 91

63Batınîler hakkında bkz: **Ateş, A.,** 1970, Bâtınîye: *İslâm Ansiklopedisi,* c. 2, Devlet Kitapları, Millî Eğitim Basımevi, ss. 339-342. Ateş, Bâtınîlerin şu kollarını saymaktadır: 1. Karâmita ve Karmatiya (Güney Irak'ta Kûfe'li Karmat'a bağlılıklarından dolayı), 2. Sab'îya (=yediciler; yedi imam kabul etmelerinden veya kâinatı o zaman bilinen yedi gezegenin idare ettiğini iddia etmelerinden ötürü), 3. İsmâ'îlîya (4. Halife Ali neslinden 6. imam olan Ca'far al-Sâdık'ın oğlu İsmâ'îl'i yedinci imam kabul etmelerinden dolayı), 4. Mubârakîya (yedinci imamın Ca'far al-Sâdık'ın kendisinden önce ölmüş olan oğlu İsmâ'îl değil de İsmâ'îl'in oğlu Muhammed olduğunu iddia eden başkanlarının adından ötürü), 5. Bâbekîya, Hurramîya, Hurramdînîya (Abbasî halifesi al-Mu'tasım zamanında isyan etmiş olan Bâbek'e bağlılıklarından ötürü).

64**Goldziher, I.**, 1968, İsmâilîler: *İslâm Ansiklopedisi,* c. 5/II, Devlet Kitapları, Millî Eğitim Basımevi, İstanbul, ss. 1120. İsmâilîler için ayrıca bkz: **Barthold, W.,** 1963, *İslâm Medeniyeti Tarihi* (Prof. Dr. M. Fuad Köprülü tarafından Başlangıç'la İzah ve Düzeltmeler kısmı ilâve edilmiştir). Geniş izah, düzeltme ve ilâvelerle ikinci basım: Türk Tarih Kurumu Basımevi, Ankara, ss. 56-57; **Köprülü**'nün İsmâilîler hakkındaki ilâveleri için bkz. ss. 168-169; **Hodgson, M. G. S.**, 1974, *The Venture of Islam—Conscience and History in a World Civilization,* c. 1 *The Classical Age of Islam:* The University of Chicago Press, Chicago, ss. 378-384; Hodgson İsmâilîler hakkında bilhassa zengin bir kaynakça da vermektedir: bkz. s. 379, dipnot 6. Ayrıca bkz. **Makarem, S. N.,**1972, *The Doctrine of the Ismailis*: The Arab Institute for Research and Publishing, Beirut, 85 ss.

65**Massignon, L.,**1913, Sur la date de la composition des "Rasâil Ikhwân al şafâ": *Der Islam,* c. 4, s. 324. (Bu makale şurada tekrar basılmıştır: **Sezgin, F.**, yayına hazırlayan, 1999, *Islamic Philosophy*, c. 21 *Rasâ'il İkhwân aş-Şafâ' wa-Khillân al-Wafâ' Texts and Studies II,* : Publications of the Institute for the History of Arabic-Islamic Science, Institute for the History of Arabic-Islamic Science at the Johann Wolfgang Goethe-University, Frankfurt am Main, s.128.)

[66]**Sprenger, A.**, 1848, Notices of some copies of the Arabic work entitled "Rasáyil Ikhwán al çafâ" ...: *Journal of the Royal Asiatic Society of Bengal*, c. 17, no. 1, s. 503 (Bu makale şurada tekrar basılmıştır: **Sezgin, F.**, yayına hazırlayan, 1999, *Islamic Philosophy*, c. 21 *Rasâ'il İkhwân aş-Şafâ' wa-Khillân al-Wafâ' Texts and Studies II,* : Publications of the Institute for the History of Arabic-Islamic Science, Institute for the History of Arabic-Islamic Science at the Johann Wolfgang Goethe-University, Frankfurt am Main, s. 203.)

[67]Davidson, *a.g.e.*, s. 445.

[68]Ben *Rasâ'il İhvân al Safâ' va Hillan al Vafâ'* ansiklopedisini incelerken Dieterici'nin şu kısmî tercümelerinden yararlandım: **Dieterici, F.**, 1858, *Der Streit zwischen Mensch und Thier—Ein Arabisches Mährchen aus den Schriften der Lauteren Brüder Übersetzt und mit einer Abhandlung über diesen Orden, so wie mit Anmerkungen Versehen:* E. S. Mittler und Sohn, Berlin, VIII+297 ss. (Bu kitap şurada tekrar yayınlanmıştır: **Sezgin, F.**, yayına hazırlayan, 1999, *Islamic Philosophy*, c. 25: Publications of the Institute for the History of Arabic-Islamic Science, Institute for the History of Arabic-Islamic Science at the Johann Wolfgang Goethe-University, Frankfurt am Main.) **Dieterici, F.**, 1865, *Die Propaedeutik der Araber im zehnten Jahrhundert:* E. S. Mittler und Sohn, Berlin, IX+[I]+201 ss.+ 3 katlanır levha; **aynı yazar,** 1868, *Die Logik und Psychologie der Araber im zehnten Jahrhundert n. Chr.*: J. C. Hinrichs'sche Buchhandlung, Leipzig, IX+[II]+196 ss. (Bu her iki kitap şu cilt içinde birlikte tekrar basılmışlardır: **Sezgin, F.**, yayına hazırlayan, 1999, *Islamic Philosophy*, c. 22 *Rasâ'il İkhwân aş-Şafâ' Chap. 1-13:* Publications of the Institute for the History of Arabic-Islamic Science, Institute for the History of Arabic-Islamic Science at the Johann Wolfgang Goethe-University, Frankfurt am Main); **Dieterici, F.**, 1861, Di*e Naturanschauung und Naturphilosophie der Araber im Zehnten Jahrhundert—Aus den Schriften der Lautern Brüder Überzetzt:* Verlag der Nicolai'schen Sort.-Buchhandlung (M. Jagielski.), Berlin, XVI+216 ss.; **aynı yazar,** 1871, *Die Anthropologie der Araber im zehnten Jahrhundert n. Chr.*: J. C. Hinrichs'sche Buchhandlung, Leipzig, VIII+[I]+221ss. (Bu her iki kitap şu cilt içinde birlikte tekrar basılmışlardır: **Sezgin, F.**, yayına hazırlayan, 1999, *Islamic Philosophy*, c. 23 *Rasâ'il İkhwân aş-Şafâ' Chap. 14-30:* Publications of the Institute for the History of Arabic-Islamic Science, Institute for the History of Arabic-Islamic Science at the Johann Wolfgang Goethe-University, Frankfurt am Main); **Dieterici, F.**, 1872, *Die Lehre von der Weltseele bei den Arabern im X. Jahrhundert:* J. C. Hinrichs'sche Buchhandlung, Leipzig, XI+[I]+196 ss. (Bu kitap şurada tekrar basılmıştır: **Sezgin, F.**, yayına hazırlayan, 1999, *Islamic Philosophy, c. 24 Rasâ'il İkhwân aş-Şafâ' Chap. 31-40:* Publications of the Institute for the History of Arabic-Islamic Science, Institute for the History of Arabic-Islamic Science at the Johann Wolfgang Goethe-University, Frankfurt am Main).

Ansiklopedinin Arapça orijinalini okumak isteyenler Khairaddîn az Zırıklî'nin Kahire'de 1928'de 4 cilt olarak yayımlamış olduğu basılı nüshaya bakabilirler. Bu kitabın yeni bir baskısı, **Fuat Sezgin** tarafından 1999'da *Islamic Philosophy*, c. 26, 27, 28, ve 29, *Rasâ'il İkhwân aş-Şafâ'*: Publications of the Institute for the History of Arabic-Islamic Science, Institute for the History of Arabic-Islamic Science at the Johann Wolfgang Goethe-University, Frankfurt am Main, olarak yayınlanmıştır. **Ellenberger**, 1988, *a.g.e.*, s. 78'de, *Rasâ'il İhvân al Safâ' va Hillan al Vafâ'* ansiklopedisinin yeni bir basımının, Tahran'da 1985'te beş cilt olarak yapılmış olduğunu bildiriyor. Ben bu yeni basımı görmedim.

İhvân al Safâ' va Hillan al Vafâ' ve *Rasâ'il İhvân al Safâ' va Hillan al Vafâ'* ansiklopedisi hakkında bkz: **Dieterici,** 1858, bir önceki notta *a.g.e.*, ss. 220-264; **Carra de Vaux, B. (Baron),** 1923, *Les Penseurs de l'Islam,* c. 4: Librairie Paul Peuthner, Paris, ss. 102-115; **De Boer, T. J.,** 1901[1960], *a.g.e.*, ss. 81-96; **aynı yazar,** 1968, İhvanüssafâ: *: İslâm Ansiklopedisi,* c. 5/II, Devlet Kitapları, Millî Eğitim Basımevi, İstanbul, ss. 946-947; **O'Leary, D.,** 1954, *Arabic Thought and its Place in History:* Routledge & Kegan Paul, London, ss.164-167; **Hodgson, M. G. S.,** 1974, *The Venture of Islam—Conscience and History in a World Civilization,* c. 2 *The Expansion of Islam in the Middle Periods:* The University of Chicago Press, Chicago, ss. 170-171. Bu konudaki en zengin toplu bilgi şu antolojilerdedir: **Sezgin, F.**, yayına hazırlayan, 1999, *Islamic Philosophy*, c. 20 *Rasâ'il İkhwân aş-Şafâ' wa-Khillân al-Wafâ' Texts and Studies I:*

Publications of the Institute for the History of Arabic-Islamic Science, Institute for the History of Arabic-Islamic Science at the Johann Wolfgang Goethe-University, Frankfurt am Main, [II]+362+[I] ss; **aynı yazar,** yayına hazırlayan, 1999, *Islamic Philosophy,* c. 21 *Rasâ'il İkhwân aş-Şafâ' wa-Khillân al-Wafâ' Texts and Studies II:* Publications of the Institute for the History of Arabic-Islamic Science, Institute for the History of Arabic-Islamic Science at the Johann Wolfgang Goethe-University, Frankfurt am Main, [III]+380+[II] ss.

[69]Ben bu ifâdeleri kontrol ederken *Kur'an*'ın şu üç tercümesinden yararlandım: **A. Yusuf Ali,** 1975, *The Holy Qur'an—Text, Translation and Commentary:* the Islamic Foundation, Leicester, lxxxviii+1862+32 ss; **Yavuz, A. F.,** 1984, *Kur'an-ı Kerim ve İzahlı Meal-i Âlisi:* Sönmez Neşriyat ve Matbaacılık A. Ş., İstanbul, II+ 606+2+28ss; **Özek, A., Karaman, H., Turgut, A., Çağırıcı, M., Dönmez, İ. K. ve Gümüş, S.,** 1987, *Kur'ân-ı Kerîm ve Açıklamalı Meâli:* Yayına hazırlayan Al-Terazi, A. M., Medine-i Münevvere, 31+[6]+elif-ye+603 ss. Bu son tercümenin büyük bir avantajı konulara göre yapılmış bir içerik bulundurmasıdır.

[70]**Carra de Vaux, B. (Baron),** 1923, *a.g.e.*, s. 102, dipnot (1). Bu varsayım Sarton tarafından "çok muhtemel" bulunmuş olmakla beraber (**Sarton,** 1927, *a.g.e.*, s. 660), de Boer'un da vurguladığı gibi (bkz. **De Boer, T. J.,** 1968, *a.g.e.*, s. 947), Goldziher'in *İhvân al Safâ'* teriminin Abdullah ibn al-Mukaffa'nın yaptığı Arapça *Kalîla ve Dimna* tercümesindeki "boynu halkalı kumru" masalından alındığı ve burada hayvanların "sâdık sâfiler" (=*İhvân al Safâ'*) olarak birbirlerine yardım etmek suretiyle avcıların tuzaklarından kurtulmalarının gizli derneğin adına da bir esin kaynağı oluşturmuş olması düşüncesi çok daha muhtemeldir. (**Goldziher, I.,** 1910, Über die Benennung der *"Ichwân al-şafâ": Der Islam,* c. 1, ss. 22-26. Bu makale şurada tekrar basılmıştır: **Sezgin, F.,** yayına hazırlayan, 1999, *Islamic Philosophy,* c. 21 *Rasâ'il İkhwân aş-Şafâ' wa-Khillân al-Wafâ' Texts and Studies II,* : Publications of the Institute for the History of Arabic-Islamic Science, Institute for the History of Arabic-Islamic Science at the Johann Wolfgang Goethe-University, Frankfurt am Main, ss. 122-126.)

[71]**Davidson,** s. 499.

[72]**Hungerford, E.,** 1889, The Arabian Brothers of Purity: *The Andover Review,* c. 12, ss. 490-506. (Bu makale şurada tekrar basılmıştır: **Sezgin, F.,** yayına hazırlayan, 1999, *Islamic Philosophy,* c. 21 *Rasâ'il İkhwân aş-Şafâ' wa-Khillân al-Wafâ' Texts and Studies II,* : Publications of the Institute for the History of Arabic-Islamic Science, Institute for the History of Arabic-Islamic Science at the Johann Wolfgang Goethe-University, Frankfurt am Main, ss. 60-76.)

[73]**Dieterici,** 1861, *a.g.e.*, s. 142-143.

[74]**Dieterici,** 1861, *a.g.e.*, s. 115.

[75]**Dieterici,** 1861, *a.g.e.*, s. 164-165.

[76]**Dieterici,** 1861, *a.g.e.*, ss. 99-100. Ayrıca bkz. **Ellenberger,** 1988, *a.g.e.*, s. 77-80.

[77]**Sarton,** 1927, *a.g.e.*, ss. 637-638.

[78]**Ibn Khaldun, [A.],** 1958, *The Muqaddimah,* c. 1 (translated from the Arabic by Franz Rosenthal): Bollingen Series XLIII, Pantheon Books, New York, ss. 194-195. Turan Dursun tarafından Türkçe'ye *Mukaddime* başlığı ile yapılmış olan çeviri, (Onur Yayınları, 1977 ve 1989, iki cilt, Ankara) ne yazık ki eksik ve yanlışlarla dolu olduğundan güvenilemez. Burada verilen paragraflar, Dursun'un tercümesinde birinci cildin 242-244. sahifelerindedir. **Orhan Hançerlioğlu,** *Düşünce Tarihi*'nde (Remzi Kitabevi, İstanbul, 10. Basım, 2003, s. 142) *Mukaddime*'den burada yaptığım alıntının bir kısmını alıntılamış. Kullandığı kaynak Zâkir Kadirî Ugan'ın 1954'te yayımlanan çevirisinden (s. 241-247). Ben bu çeviriyi görmedim, ancak Hançerlioğlu'nun alıntısından, güvenilir olmadığı izlenimini edindim. Fakat Hançerlioğlu'nun 14 satırda verdiği alıntıya gösterdiği kaynak altı sahife olduğu ve alıntı içinde atlanan yerleri göstermediği için alıntının nerelerde neyi atladığını anlamak mümkün olmadı. Gerçi alıntı çok bir şey atlamamışa benziyor. Dolayısıyla Hançerlioğlu'nun verdiği sahife numaralarındaki 247, 242 yerine yapılan bir dizgi hatasından kaynaklanıyor olsa gerekir. (Hançerlioğlu'nun kitabındaki pasaja dikkatimi çeken muhterem dostum Dr. Suha Akçiz'e teşekkür borçluyum.) Yukarıda 64. notta zikredilen Barthold'un eserine Köprülü'nün yaptığı ilâvelerden biri de İbni Haldun ile ilgilidir (bkz. **Barthold,** *a.g.e.,* ss. 169-171). Köprülü burada Türkçe'ye birkaç kişi tarafından yapılan ve *Mukaddime*'yi Fransızca'ya çeviren William MacGuckin de Slane'a bile kılavuz olmuş, çok

güvenilir bir *Mukaddime* tercümesinden bahsediyorsa da bunun künyesini vermiyor. Benim bu kitabı yazarken bahis konusu Türkçe tercümeyi araştırmağa ne yazık ki vaktim olmadı, ama Franz Rosenthal'in verdiği bilgiye (1958, ss. *cvii-cviii*) göre bu tercüme herhalde 1730'da Pirizade Efendi'nin (1674-1749) başlayıp Ahmed Cevdet Paşa'nın (1822-1895) Hicrî 1277'de (M. 1860/61) bitirdiği tercüme olsa gerek. Rosenthal, Babinger'e atıf yaparak bir de Abüllâtif Suphi Paşa'nın (1818-1886) *'Ibar* üzerine yaptığı bir çalışmasından bahsediyor (H. 1276, M. 1859/60). Ben bunun da nasıl bir çalışma olduğunu araştıramadım. Köprülü yaptığı ilâvede İbni Haldun ile ilgili pek çok yayına atıf da yapıyor.

[79]**Sezgin,** 1970, *a.g.e.*, s. 361.

[80]**King-Hele,** *a.g.e.,* s. 65.

[81]**Crombie,** *a.g.e.*, s. 159-160.

[82]Luther'in *Kutsal Kitap* tercümesini orijinalinden okumak isteyenler metnin şu baskısına kolayca ulaşabilirler: **D. Martin Luther**, 1545[1974], *Biblia: Daß ist: Die gantze heilige Schrifft/Deudsch/Auffs new zugericht.*: Yayına hazırlayanlar **Volz, H., Blanke, H. ve Kur, F.,** Deutscher Taschenbuch Verlag, München, c. I (18+963 ss.), c. II ([IIIss.]+ss. 964-1961), c. III ([Vss.]+ss. 1962-2516+397 ss). Bu baskının 3. cildinde verilen ekte (ss. 19-397) Luther ve tercümesi hakkında son derece kapsamlı bir tarihçe, tercüme ile ilgili etraflı bir açıklama ve sözlük de sunulmuştur.

Luther'in *Kutsal Kitap* tercümesi yalnızca bir din kılavuzu değil, aynı zamanda Almanca konuşan halklar arasında bir dil kılavuzu olarak da çok popüler olmuş, çok uzun bir zaman da bu popülaritesini korumuştu. Luther'in modern edebî Almanca'yı yarattığı söylenir (ör. **Manchester, W.,** 1992, *A World Lit Only By Fire—The Medieval Mind and the Renaissance Portrait of an Age:* Little, Brown and company, Boston, s. 136). Luther'in eseri gerçekten yalnız teolojik bir şaheser değil, aynı zamanda filolojik de bir başyapıttı (Luther'in *Kutsal Kita*p tercümesi amacıyla yaptığı filolojik çalışmalar ve bunlarla ilgili literatür için **Volz, Blanke ve Kur** tarafından yayımlanmış olan ve yukarıda künyesini verdiğim üç ciltlik eserin üçüncü cildinin 118. sahifesinde başlayan "Luther als Bibelübersetzer" {*Kutsal Kitap* çevirmeni olarak Luther} başlıklı kısma ve **R. H. Worth, Jr**.'un *Bible Translations—A History Through Source Documents* {1992, McFarland & Company, Jefferson, North Carolina} adlı kitabının 44. ve 47. sahifeleri arasındaki "Luther's theory of translating" {Luther'in tercüme kuramı} adlı 28. kısmına bkz). 1817'de o zamanlar 21 yaşında bir genç olan şöhretli Alman tarihçisi Leopold von Ranke herşeyden önce kendi dilini esaslı bir şekilde öğrenmek için Luther'i okumağa karar vermişti: "Luther'e önce ondan Almanca öğrenmek, yeni Alman yazı dilini edinmek için sarıldım." (bkz. **Oncken, H.,** 1922, *Aus Rankes Frühzeit:* Verlag Friedrich Andreas Perthes, Gotha, s. 3.) Bu denli etkili bir kitabın ve yazarının bir toplumun düşünce yapısını nasıl ve ne denli değiştirebilmiş olduğu kolayca tahmin edilebilir.

[83]**Büttner, M.,** 1979, Die geographisch-cosmographischen Schriften des Aristoteles und ihre Bedeutung für die Entwicklung der Geographie in Deutschland: Büttner, M., Herausgeber, *Wandlungen im geographischen Denken von Aristoteles bis Kant'*da, Abhandlungen und Quellen zur Geschichte der Geographie und Kosmologie, c. 1, Ferdinand Schöningh, Paderborn, s. 26; **aynı yazar,** *aynı kitapta*, Philipp Melanchthon (1497-1560): ss. 93-110. Melanchthon hakkında ayrıca bkz. **Elliger, W**. (yayına hazırlayan), 1961, *Philipp Melanchthon—Forschunsbeiträge zur vierhundertsten Wiederkehr seines Todestages dargeboten in Wittenberg 1960:* Vanderhoeck & Ruprecht, Göttingen, 204 ss.+16 resim levhası. Melanchthon'un eğitimdeki amaçlarının herşeye rağmen dinsel olduğu konusunda bkz. **Scheible, H.,** 1989, Melanchthons Bildungsprogramm: *Lebenslehren und Weltentwürfe im Übergang vom Mittelalter zur Neuzeit—Politik-Bildung-Naturkunde-Theologie,* Boockmann, H., Moeller, B. ve Stackmann K. (derleyenler), *Abhandlungen der Akademie der Wissenschaften in Göttingen, philologisch-historische Klass*e, 3. Folge, Nr. 179, ss. 233-248.

[84]Calvin'in bilime bakış açısını en iyi anlatan eser şu güzel yazılmış kitaçıktır: **Perrot, A.,** 1996, *Jean Calvin et la Science Genevoise:* Essai, Editions Suzanne Hurter, Genève, vii+62+[i] ss.

[85]**Hantzsch, V.,** 1898, Sebastian Münster—Leben, Werk, Wissenschaftliche Bedeutung: *Abhandlungen der philologisch-historischen Classe der Königl. Sächsischen Gesellschaft der Wissenschaften,* c. XVIII, no. III, B. G. Teubner, Leipzig, 187 ss; **Burmeister, K. H.**, 1963, *Sebastian Münster—Versuch eines biographischen Gesamtbildes:* Basler Beiträge zur Geschichtswissenschaft, c. 91, Helbing & Lichtenhahn, Basel ve Stuttgart, XIX+211 ss; **Büttner, M. ve**

Burmeister, K. H., 1979, Sebastian Münster (1488-1552): Büttner, M., Herausgeber, *Wandlungen im geographischen Denken von Aristoteles bis Kant,* Abhandlungen und Quellen zur Geschichte der Geographie und Kosmologie, Band 1, Ferdinand Schöningh, Paderborn, pp. 111-137. Ayrıca bkz. **Anonim,** 1988, *Sebastian Münster—Katalog zur Ausstellung Ingelheim:* Stadt Ingelheim am Rhein, XIV+139 ss.

86**Averdunk, H. ve Müller-Reinhard, J.**, 1914, *Gerhard Mercator und die Geographen unter seinen Nachkommen:* Haack, Gotha, VIII+188 ss. (1969'da Amsterdam'da Theatrum Orbis Terrarum şirketince baştan basılmıştır); **Büttner, M.,** 1979, Mercator und die auf einen Ausgleich zwischen Aristoteles und der Bibel zurückgehende "Klimamorphologie" vom Mittelalter bis ins frühe 17. Jahrhundert: Büttner, M., derleyen, *Wandlungen im geographischen Denken von Aristoteles bis Kant, Abhandlungen und Quellen zur Geschichte der Geographie und Kosmologie,* c 1, Ferdinand Schöningh, Paderborn, ss. 139-150; **aynı yazar,** 1992, Mercators Hauptwerk, der Atlas, aus theologischer und wissenschaftshistorischer Sicht—Zur Verhältnis Gott, Mensch und Natur im Hauptwerk Mercators sowie zum Thema Gleichberechtigung der Geschlechter: Büttner, M., Herausgeber, *Neue Wege in der Mercator-Forschung Mercator als Universalwissenschaftler,* Dr. N. Brockmeyer, Bochum, ss. 8-97; **Anonim,** 1991, *Gerhard Mercator—Der Weltgelehrte der Renaissance in Duisburg:* Archäologisches Museum, Rethymnon and Archäologisches Nationalmuseum, Athen, Athina, 169 ss; **Hoppe, B.,** 1993, Naturanschauung und Naturwissenschaft in der Kosmographie von Gerhard Mercator: *Mercator und Wandlungen der Wissenschaften im 16. und 17. Jahrhundert - Referate des 1. Mercator-Symposiums Duisburg,* 8.-9. März 1992; Duisburger Mercator-Studien, c. 1, Universitätsverlag Dr. N. Brockmeyer, Bochum, ss. 109-123; **Wolff, H.,** yayına hazırlayan, 1995, *Vierhundert Jahre Mercator Vierhundert Jahre Atlas—"Die ganze Welt zwischen zwei Buchdeckeln" Eine Geschichte der Atlanten:* Anton H. Konrad Verlag, Weißenhorn, 384 pp.

87**Büttner, M.,** 1979, Bartholomäus Keckermann (1572-1609): Büttner, M., Herausgeber, *Wandlungen im geographischen Denken von Aristoteles bis Kant,* Abhandlungen und Quellen zur Geschichte der Geographie und Kosmologie, Band 1, Ferdinand Schöningh, Paderborn, pp. 153-172.

88**Vannotti, A.,** tarihsiz, Gabriele Fallopio (1523 bis 1562): *Die Berühmten Ärtzte'de* (2. baskıyı yayına hazırlayan Hans Schadewaldt), Aulis Verlag Deubner & Co. Köln, ss. 74-75.

89**Bujard, E.,** tarihsiz, Fabrizzi d'Acquapendente (1533 bis 1619): *Die Berühmten Ärtzte*'de (2. baskıyı yayına hazırlayan Hans Schadewaldt), Aulis Verlag Deubner & Co. Köln, ss. 78-79.

90**Dobell, C.,** 1960, *Antony van Leeuwenhoek and his "Little Animals"—Being Some Account of the Father of Protozoology and Bacteriology and His Discoveries in These Disciplines:* Dover, NewYork, vii+435 ss.

91Galileo'dan Newton'a kadar gelişen fikirlerin popüler düzeyde ve tarihsel bir çerçevede çok güzel bir anlatımı için bkz: **Bixby, W.,** 1997, *Galileo ve Newton'un Evreni,* çeviri Nermin Arık: TÜBİTAK Popüler Bilim Yayınları –Yapı Kredi Yayınları, İstanbul, V+183 ss.

92Varenius için bkz: **Günther, S.**, 1906, *Varenius:* Brieger-Wasservogel, L., yayın yönetmeni, Klassiker der Naturwissenschaften, c. IV, Theod. Thomas, Leipzig, [II]+218 ss.

93Hooke ve Steno ile ilgili kaynaklar için aşağıdaki 99. ve 104.notlara bkz.

94Doğa bilimlerinin bu düzeyinde matematiğin en önemli görevi, tüm ölçülebilirleri aynı kesin dilin kalıplarına dökerek birbirleriyle karşılaştırılmalarına imkân yaratmış olmasıdır. Yakaladığı herkesi kendi yatağının boyutlarına göre ya kısaltıp ya uzatan mitolojik dev Prokrustes'in yatağına benzeyen matematik, bilhassa Galileo, Kepler ve Newton'un kuramlarının gelişmesinde çok açık bir şekilde göze çarpar. Matematiğin zooloji, botanik, jeoloji gibi bilim dallarına uzun yıllar uygulanamaması, ölçüp karşılaştırılacak büyüklüklerin çok fazla olmasındandı. Bu bolluk ve düzensizlikteki büyüklüklerle Galileo, Kepler ve Newton'un ellerindeki matematiğin başa çıkması mümkün değildi. Ancak yirminci yüzyılda Doğanın tüm karışıklığını göze alabilecek matematik yöntemlerinin geliştirilmeğe başladığını görüyoruz. Hele bilgisayarların gelişimi bunu daha da kolaylaştırmıştır.

95Bu gelenek hakkında bkz. **Eliade, M.,** 1978, *A History of Religious Ideas,* c. 1 *From the Stone Age to the Eleusinian Mysteries,* çeviren Willard R. Trask: The University of Chicago Press, Chicago, xvii+489 ss; **Çığ, M. İ.,** 1995, *Kur'an, İncil ve Tevrat'ın Sümer'deki Kökleri:* Kaynak Yayınları, İstanbul, 88 ss; **Dursun, T.,** 1996, *Kutsal Kitapların Kaynakları,* c. 1 (197 ss), c. 2 (220 s.), c. 3 (189 ss.): Kaynak Yayınları, İstanbul; **Haider, P. W., Hütter, M. ve**

Kreuzer, S., yayına hazırlayanlar, 1996, *Religionsgeschichte Syriens—Von der Frühzeit bis zur Gegenwart*: W. Kohlhammer, Stuttgart, 496 ss; Ortadoğuda bulunan çivi yazılı kaynaklarda görülen ve *Tevrat*, *İncil* ve *Kur'an*'da karşımıza çıkan metinlerin derlendiği çok önemli bir kaynak kitabı şudur: **Pritchard, J. B.**, yayına hazırlayan, 1969, *Ancient Near Eastern Texts Relating to the Old Testament, Third Edition with Supplement:* Princeton University Press, Princeton, 710 ss.

[96]Peygamber Davud'a indiği iddia edilen *Zebûr*'un sûrelerinden biri.

[97]**Coyne, G. V., Heller, M. ve Zycinski, J.** (editors), 1985, *The Galileo Affair: A Meeting of Faith and Science,* Proceedings of the Cracow Conference 24 to 27 May 1984: Specola Vaticana, Citta del Vaticano, 179 ss.

[98]Agricola'nın yaşamı ve eserleri için bkz: **Darmstaedter, E.**, 1926, *Georg Agricola 1494-1555 Leben und Werk:* Münchner Beiträge zur Geschichte und Literatur der Naturwissenschaften und Medizin, c. 1, Verlag der Münchner Drucke, München, 96 ss. (Bu kitapçık, 1926'dan önce Agricola ilgili yayınlanmış literatürün tatminkâr bir bibliyografyasını içerir); **F. D. Adams** (2. notta *a.g.e.*, ss. 183-195, 342-344); **Hartmann, H.**, 1953, *Georg Agricola*: Frickhinger, H. W., yayın yönetmeni, Große Naturforscher, c. 13, Wissenschaftliche Verlagsgesellschaft m. b. H., Stuttgart, [II]+134 ss; **Shukhardin, C. V.**, 1955, *Georgiy Agrikola:* Izdatelstvo Akademii Nauk SSSR, Moskva, 206+[I] ss (özellikle 1989 öncesi "sosyalist blok" ülkelerinde yayınlanmış Agricola literatürü hakkında bilgi edinebilmek açısından çok faydalıdır); **Wilsdorf, H.**, 1956, *Georg Agricola und Seine Zeit*: Georgius Agricola—Ausgewählte Werke, Gedenkausgabe des Staatlichen Museums für Mineralogie und Geologie zu Dresden, yayına hazırlayan Dr. rer. nat. Hans Prescher, VEB Verlag der Wissenschaften, Berlin, XVI+335 ss+70 levha; **Fischer, H.**, 1994, *Georgius Agricola—Bilder aus dem Leben eines großen deutschen Humanisten*: özel yayın, Quedlinburg, 320 ss.+bir ekte 14 levha; **Prescher, H. ve Wagenbreth, O.**, 1994, *Georgius Agricola—Seine Zeit und ihre Spuren:* Deutscher Verlag für Grundstoffindustrie, Leipzig, 234 ss; **Naumann, F.**, yayına hazırlayan, 1994, *Georgius Agricola 500 Jahre*—Wissenschaftliche Konferenz vom 25.-27. März 1994 in Chemnitz, Freistaat Sachsen, 507 ss; **Franz, I.**, 2000, Die Tätigkeit an der Erstellung einer erneuerten Bibliographie Georg Agricolas (1494-1555): *Cultural Heritage in Geology, Mining and Metallurgy. Libraries-Archives-Museums. 3rd International 'Erbe' Symposium, June 23-27-Saint-Petersburg, Russia,* Berichte der Geologischen Bundesanstalt, v. 52, pp. 27-32.

[99]Modern jeolojinin kurucusu sayılan Stensen'in yaşamı için bkz. **Scherz, G.**, yayına hazırlayan, Dissertations on Steno as Geologist: *Acta Historia Scientiarum Naturalium et Medicinalium* edidit Bibliotheca Universitatis Hauniensis, c. 23, 319 ss. Odense University Press, Odense; **Hoch, E.**, 1985, -on Steno: *Dansk Geologisk Forening, Årsskrift for 1884*, ss. 79-86; **aynı yazar,** 1987, Nicolaus Steno: *Varv,* no. 1, ss. 21-29; **Scherz, G.**, 1987, *Niels Stensen—Eine Biographie:* St. Benno-Verlag, Leipzig, c. I (376ss+26 metin dışı fotoğraf), c. II (318 ss.); bu biyografinin bir eleştirisi için bkz. **Blei, W.**, 1991, Einige Bemerkungen zu Niels Stensens Geologie, zu seinen Vorgängern und zu seiner Nachwirkung: *Bull. Tech. Univ. İstanbul,* c. 44 (Ketin-Festschrift, yayına hazırlayan misafir derlemeci John F. Dewey), ss. 3-21; **Bierbaum, M., Faller, A. ve Traeger, J.**, 1989, *Niels Stensen—Anatom, Geologe und Bischof,* 3. verbesserte und erweiterte Ausgabe: Aschendorff Verlag, XII+208 ss.+ 20 adet fotoğraf levhası. *Stenoniana*'nın (Nova Series, 1, 1991, Lægeforeningens forlag, Copenhagen, 159 ss) ilk cildi, Steno'nun yaşamının biliminin ve dinî cephesinin çeşitli yanlarını ele alan makaleler içerir. Kısa bir biyografi için şu kitaçığa bkz: **Studtmann, J.**, 1934, *Nikolaus Steno—Der größte Naturforscher seiner Zeit ein Apostel der norddeutschen Diaspora:* Franz Borgmeyer Verlag, Hildesheim, 30 pp. Steno'nun bütün eserleri 20. yüzyılın ilk yarısında altı cilt halinde toplanmıştır: **Vilhelm Maar** tarafından derlenen ve bilimsel yazılarını içeren *Opera Philosophica* Kopenhag'da Vilhelm Tryde trafından iki cilt olarak 1910 yılında yayınlanmıştır. Steno'nun din ile ilgili eserleri **Knud Larsen** ve peder **Gustav Scherz** tarafından *Opera Theologica* adı altında iki ciltte toplanmış olup, bunlar 1944 ve 1947'de Nyt Nordisk Forlag tarafından yayınlanmışlardır. Nihayet, Steno'nun mektupları *Epistolae* başlığı altında gene iki cilt olarak 1952 yılında peder Gustav Scherz'in derlemeciliği altında Nyt Nordisk Forlag ile Freiburg'da Herder tarafından yayınlanmıştır. Steno hakkında araştırma yapacak herkesin bu ciltleri el altında bulundurması kaçınılmazdır. Ayrıca bkz: **Metzler, J., S. I.**, 1941, Der apostolische Vikar Nikolaus Steno und die Jesuiten: *Archivum Historicum Societatis Jesu*, c. 10, ss. 93-193. (Bu son eser, büyük bilim adamı Steno'nun dinsel inançları bahis konusu olduğu zaman ne denli safdil olabildiğini göstermesi bakımından çok ilginçtir.)

[100]Bu türlerin uzunluğu 6 metreyi geçebildiği gibi, daha uzun bazı örnekleri de bildirilmiştir.

[101]Bu tasvir Stensen'in 1667 yılında kaslar hakkında yayımladığı bir kitaba eklenmiş ve *Canis carchariae dissectum caput* (Bir carcharodon kafasının teşrihi) başlığını taşıyan bir bölümdedir. Bu bölümün Lâtince metni ve bir İngilizce tercümesi için bkz. **Scherz, G.**, derleyen ve yayına hazırlayan, 1969, Steno-Geological Papers: *Acta Historia Scientiarum Naturalium et Medicinalium* edidit Bibliotheca Universitatis Hauniensis, c. 20, ss. 64-131 (tercüme Allan J. Pollock).

[102]**Scherz, G.**, 1969, *a.g.e.*, ss. 97 ve sonrası.

[103]Büyük eseri *De Solido intra Solidum Naturaliter Contento*'nun başında Stensen Toskana Dükü'ne yazdığı takdim yazısında katılar içinde hapsolmuş bulunan katıların oluşumunu tartışırken "Fakat, nasıl oluştuğunu bilmeden hiç kimse nerede oluştuğunu kolaylıkla belirleyemez." demektedir. (**Scherz, G.**, 1969, *a.g.e.*, s. 143)

[104]Hooke ve fikirleri hakkında bkz. **Waller, R.**, yayına hazırlyan, 1705, *The Posthumous Works of Robert Hooke, ... containing his Cutlerian Lectures, and other Discourses* ...: Sam. Smith and Benj. Walford, London, xxviii+572 ss. + 9 levha+11 ss. Hooke'un eserleri ve onun hakkındaki yazılar için iyi bir bibliyografya şu eserde vardır: **Keynes, G.**, 1960, *A Bibliography of Dr. Robert Hooke:* Clarendon, Oxford, xix+[ii]+115 ss. Hooke'un güncesini içeren şu kitabın xiii. ve xxviii. sahifeleri arasında bir de yaşamı verilmiştir: **Robinson, H. W. ve Adams, W.**, yayına hazırlayanlar, 1935, *The Diary of Robert Hooke, M. A., M. D., F. R. S. 1672-1680—Transcribed from the Original in the Possession of the Corporation of the City of London (Guildhall Library) with a Foreword by Sir Frederick Gowland Hopkins, O. M., President of the Royal Society:* Taylor & Francis, London, xxviii+527 pp. Hooke'un yaşamının modern bir anlatımı için bkz: **'Espinasse, M.**, 1956, *Robert Hooke*: Heinemann, London, xii+192 ss; daha güncel malzeme için bkz: **Westfall, R. S.**, 1981, Hooke, Robert: Gillispie, C. C., derleyen, *Dictionary of Scientific Biography*, c. 6: Charles Scribner's sons, New York ss. 481-488. Andrade'nin Wilkins konferansı, Hooke hakkında yazılmış çok sıcak ve güzel bir biyografidir: **Andrade, E. N. da C.**, 1950, Robert Hooke (Wilkins Lecture): *Proceedings of the Royal Society (London)*, seri B (Biological Sciences), c. 137, ss. 153-187, 12.-14. levhalar). Hooke'un jeolojisi hakkındaki en güncel ve en kapsamlı kitap Drake'inkidir: **Drake, E. T.**, 1996, *Restless Genius—Robert Hooke and His Earthly Thoughts:* Oxford University Press, Oxford, xiv+386 ss. Hooke'un jeolojisiyle ilgili diğer bazı çalışmalar için bkz: **Davies, G. L. [Herries]**, 1964, Robert Hooke and his conception of the earth history: *Proceedings of the Geologists' Association*, c. 75, ss. 493-498; **Carozzi, A. V.**, 1970, Robert Hooke, Rudolf Erich Raspe, and the concept of "earthquakes": *Isis*, c. 61, ss. 85-91; **Ranalli, G.**, 1982, Robert Hooke and the Huttonian Theory: *Journal of Geology*, c. 90, ss. 319-325. **David R. Oldroyd** (1972, Robert Hooke's methodology of science as exemplified in his 'Discourse of earthquakes': *The British Journal for the History of Science*, c. 6, ss. 109-130) Hooke'un bilimsel yöntemlerini inceleyerek aynen daha önce **Gillispie'**nin (bkz., not 2, *a.g.e.*, s. 136) yaptığı gibi Hooke'un Sir Francis Bacon tipinde, ama varsayımlara Bacon'dan daha çok önem veren bir ampirisist olduğuna hükmetmiştir. Oldroyd'un analizinden benim anlayabildiğim, Hooke'un kendini deneylere vermiş bir adam olmasına rağmen eleştirel akılcı düşünceye Bacon'dan daha yakın olduğudur. Oldroyd'un makalesinin 1. dipnotunda Hooke'un jeolojik çalışmaları hakkında daha pek çok faydalı esere işaret edilmiştir. **M. Deacon**'un kitabının (1971, *Scientists and the Sea 1650-1900—A Study of Marine Science:* Academic Press, London, xvi+445 ss) 8. bölümünde Hooke'un denizlerle ilgili yaptığı çalışmalara atıf vardır.

[105]**Scherz, G**·, 1969, *a.g.e.*, ss. 198-201.

[106]Bölgenin Üçüncü Zaman'ın sonlarına ait hayvan fosili topluluğu hakkındaki literatürü ilk defa John Garrett Winter 1916 yılında toparlamıştır: **Winter, J. G.**, 1916, *The Prodromus of Nicolaus Steno's Dissertation Concerning A Solid Body Enclosed by Process of Nature Within a Solid An English Version with Introduction and Explanatory Notes:* The Macmillan Company, New York, s. 260, not 1; Peder Gustav Scherz (1969, *a.g.e.*, s. 232, not 1129) bunu hiç değiştirmeden aynen tekrarlamaktadır. Stensen'in bahsettiği kemiklerle ilgili olmamakla beraber, Hannibal'in filleri ve Alplerde katettiği güzergâhın tesbiti konusunda **Sir Gavin de Beer**'in küçük kitabına bkz: 1956, *Alps and Elephants—Hannibal's March:* E. P. Dutton & Company, Inc., New York, xv+[i]+123 ss.

[107]Leibniz'in doğa bilimci yanı, hele yerbilimlerine olan ilgisi, genellikle pek az dikkat çekmiştir. Örneğin A. B. D. 'de yetmişli yıllarda çıkan *Dictionary of Scientific Biography*'deki iki değişik yazarın kaleme aldığı uzun Leibniz maddesinde, büyük dâhinin jeolog yanına hiç değinilmemiştir. Leibniz'in doğa bilimci tarafını anlatan güzel bir makale için bkz. **von Engelhardt, W.**, 1947, Leibniz als Naturforscher: *Die Naturwissenschaften*, 34. Jahrgang, , Heft 4, ss.

97-104. Ayrıca, özellikle jeolojisi için, bir sonraki notta verilen Ariew'nun ve Waschkies'in makalelerine de bkz. Leibniz'in yaşamının bir takvimi için bkz: **Müller, K. ve Krönert, G.**, 1969, *Leben und Werk von Gottfried Wilhelm Leibniz—Eine Chronik:* Vittorio Klostermann, Frankfurt am Main, XXIV+331 ss. Bu kitabın Leibniz'in doğa bilimlerindeki faaliyeti açısından büyük önemi, evrensel dâhinin arazi gezilerini yer ve amaç belirterek günü gününe bildirmesidir. Leibniz'in tüm eserlerinin son derece detaylı bir bibliyografyası için bkz. **Ravier, É.**, 1937, *Bibliographie des Œuvres de Leibniz:* Librairie Félix Alcan, Paris, V+703+[I] ss.

108 **Leibniz, G. G.**, 1749, *Protogaea sive de prima facie tellvris et antiqvissimae historiae vestigiis in ipsis natvrae monvmentis dissertatio ex Schedis Manvscriptis in lvcem edita a Christiano Lvdovico Scheidio:* Ioh. Gvil. Schmid, XXVIII + 86ss. + XII levha. Bunun aynı yıl yayımlanan Almanca tercümesi için bkz. **aynı yazar**, 1749, *Protogaea, Oder Abhandlung Von der ersten Gestalt der Erde und den Spuren der Historie in den Denkmaalen der Natur Aus seinen Papieren herausgegeben von Christian Ludwig Scheid* (çeviren M. W. L. G.): Johann Gottlieb Vierling, 126 ss. Bu her iki kitaba temel olan elyazması Baron von Engelhardt'ın B elyazması dediğidir ki bu maalesef İkinci Dünya Savaşı esnasında Hannover'de kaybolmuştur: Von Engelhardt'ın şuradaki notuna bkz. **Leibniz, G. W.**, 1949, *Protogaea*, übersetzt von W. v. Engelhardt: W. Kohlhammer, Stuttgart, ss. 174-176. Bu yeni tercümede Baron von Engelhardt A elyazması dediği elyazmasından yararlanmıştır. Von Engelhardt'ın metnini (yani A elyazmasındaki metni) esas alan fakat B versiyonundaki değişiklikleri dipnotlarda gösteren, notlarla zenginleştirilmiş yeni ve güzel bir Fransızca tercüme için bkz. **de Saint-Germain, B. ve Barrande, J. -M.**, 1993, *Leibniz Protogaea De l'Aspect Primitif de la Terre:* Presses Universitaires de Mirail, Toulouse, XXXI+262 ss. Ayrıca bkz. **Ariew, R.**, 1988, Leibniz's Protogaea: Marchlewitz, I., yayına hazırlayan, *Leibniz Tradition und Aktualität V. Internationaler Leibniz-Kongreß, Vorträge, Hannover, 14.-19. November 1988*, Gottfried-Wilhelm-Leibniz-Gesellschaft, e. V., Hannover, ss. 11-18; **Waschkies, H.-J.**, 1989, Die Protogaea von Leibniz—Ein Beitrag zur rationalen Ausdeutung des Schöpfungsmythos und der Ausarbeitung des Cartesischen Programms zu einer rationalen Kosmogonie: Büttner, M., editor, *Religion/Umwelt-Forschung im Aufbruch, Abhandlungen zur Geschichte der Geowissenschaften und Religion/Umwelt-Forschung*, Band 2, Studienverlag Dr. N. Brockmeyer, Bochum, ss. 60-100.

109 Leibniz'in monad felsefesinin Türkçe bir özeti için bkz. **Gökberk, M.**, 1990, *Felsefe Tarihi*, 6. Basım: Remzi Kitabevi, İstanbul, ss. 314-319.

110 **Leibniz, G. W.**, 1693, Protogaea autore G.G.L.: *Acta eruditorum anno MDCXCIII publicata*, ss. 40-42. Ayrıca bkz. **Oldroyd, D. R., ve Howes, J. B.**, 1978, The first published version of Leibniz's Protogaea: *Journal of the Society of the Bibliography of Natural History*, c. 9, ss. 56-60. Bu kısa notta anlatılan yer tarihi büyük ölçüde Descartes'ın aynı konudaki fikirlerini izlemektedir. Descartes'ın jeolojiye katkıları için bkz. **Daubrée, [A.]**, 1880, Descartes, l'un des créateurs de la cosmologie et de la géologie: *Journal des Savants*, Mars (ss. 165-175), Avril (ss. 208-221) 1889; **Şengör, A. M. C.**, 2003, *The Large Wavelength Deformations of the Lithosphere: Materials for a history of the evolution of thought from the earliest times to plate tectonics:* Geological Society of America Memoir 196, bölüm VI. Jeolojide Descartes-Leibniz ilişkileri için Ariew'in ve Waschkies'in yukarıda 108. notta verilen makalelerine bkz.

111 Descartes'ın jeolojisi ve etkileri ile Descartes hakkında jeoloji ağırlıklı kaynaklar için bkz. **Şengör, A. M. C.**, 2003, *Large Wavelength Deformations of the Lithosphere—Materials for a History of Thought from the Earliest Times to Plate Tectonics*: Geological Society of America, Memoir 196, özellikle ss. 65-67.

112 Von Engelhardt'ın tercümesi, 1949, s. 25. Burada "bazıları" ile kastedilen Anaksimandros'tan başkası olamaz.

113 Von Engelhardt'ın tercümesi, 1949, s. 89: Buradaki orijinal Lâtince metin şöyledir: "Et credibile est per magnas illas conversiones etiam animalium species plurimum immutatas."

114 **Lovejoy**, *a.g.e.*, s. 256. Lovejoy, Leibniz'in evrim ile ilgili fikirlerini kendisinden önce E. Rádl ve Thienemann gibi biyoloji tarihçilerinin ve Buchenau ve Cassirer gibi felsefecilerin de vurgulamış olduğunu belirtmektedir. Bkz. **Lovejoy**, *a.g.e.*, s. 366, not 21 ve orada verilen referanslar.

115 **Ellenberger, F.**, 1994, *Histoire de la Géologie*, c. 2: Technique et Documentation - Lavoisier, Paris, ss. 137 ve 145-147. Leibniz'in bu notunun tam başlığı şudur: "Epistola Godofredi Guilielme Leibnitii ad autorem dissertationis de figuris animalium quae in lapidibus observantur, et Lithozoorum nomine venire possent" (=Lithozoorum

adını almış olan ve kayaçlarda görülen hayvan şekilleri hakkındaki tezin yazarına Gottfried Wilhelm Leibniz'in mektubu).

116 Leibniz'in metallerin kökeni hakkındaki düşünceleri için *Protogaea*'nın şu sahifelerine bkz. **Leibniz**, 1749, *Protogaea*, bölümler VII-XI (ss. 14-24); von Engelhardt'ın tercümesinde, ss. 32-53.

117 Burada Leibniz'in "dayk" terimiyle kastettiği aslında fosil içeren bir sleyt (arduvaz) tabakasından ibarettir. Leibniz bu sözlerle, *Protogaea*'nın XVIII. bölümünde (ss. 29-31) söylediklerine atıf yapmaktadır. Von Engelhardt'ın tercümesinde ss. 62-67.

118 Burada Samosata'lı **Lukianos**'un *De Dea Syria* adlı eserinde bahsettiği ve kuzey-batı Suriye'deki Hierapolis (=Bambyce; bugünkü Manbij: 36°32'K, 37°55'E) kastedilmektedir. Bahsi geçen olay, yılda iki kere Deukalion Tufanının anısına Hierapolis'te yapılan dinî ayinlerdir. Bu ayinler esnasında, tufanın tekrarını önlemek için suların çekildiği farzedilen bir yarığa deniz suyu boşaltılırdı. Benzer ayinler Atina'da Hidroforiler esnasında da yapılırdı. Jean-Marie Barrande, Leibniz'in Lukianos'un bu tasvirlerini John Ray (**Ray, J.**, 1692, *Miscellaneous Discourses Concerning the Dissolution and Changes of the World. Wherein The Primitive Chaos and Creation, the General Deluge, Fountains, Formed Stones, Sea-Shells found in the earth, Subterraneous Trees, Mountains, Earthquakes, Volcanoes, the Universal conflagration and Future State, are largely Discussed and Examined:* Samuel Smith, London, [xxi]+259 ss.) veya Thomas Burnet (*Burnet, T.*, 1684, *The Theory of the Earth: Containing an account of the Original of the earth, and of all the General Changes Which it hath already undergone, or is to undergo, Till the consummation of all things—The First Two Books Concerning The Deluge and Concerning Paradise:* Walter Kettilby, London, [xiii]+327 ss.) gibi İngiliz doğa bilimcilerinin eserlerinde görmüş olabileceğini söylüyor. (bkz. **de Saint-Germain, B. ve Barrande, J. -M.**, *a.g.e.*, s. 242, not 65.)

119 Scheuchzer, Johann Jacob (1672-1733): Barok dönemin şöhretli İsviçreli doğa bilimci, tabip, matematikçi, nümizmatist ve tarihçisi. Bütün dünyada bilimsel paleontolojinin ve dağlık bölgelerin fiziksel coğrafyasının kurucularından olarak ve İsviçre'nin ilk defa kapsamlı bir doğa tarihinin yazarı olarak tanınmıştır. Jeolojideki katkıları kristalografi ve mineralojiden tektoniğe ve paleontolojiye kadar çok değişik konuları kapsayan Scheuchzer dağların belli bir mimârîlerinin olduğunu ilk defa ifâde eden bilimcilerden biridir. Ancak yapısal jeoloji ve tektonik alanında Scheuchzer'in katkıları daha çok kardeşi Johannes Scheuchzer'in gözlem, yorum ve yazılarına dayanır. 1694-1711 yılları arasında Alpler'de muntazam araştırma gezileri düzenleyen Scheuchzer, dağların içlerinin boş yapılar olduğunu farzetmiş, ve dağların alçak alanlara nazaran daha hafif taşlardan yapılmış olmaları gerektiğini söyleyerek bir yerde izostazi fikrinin de öncülerinden biri olmuştur. Dağların yüksekliğini bu hafifliklerine bağlayan Scheuchzer, volkanların ve depremlerin de genellikle dağlık bölgelerde görülmelerine dikkat çekerek dağların oluşumuyla bu olaylar arasında kökensel bir ilişki olması gerektiğini, belki de Aristo'nun etkisiyle dünya içinde var olduğunu farzettiği sıcak buharların dağlık alanlarda daha büyük bir kolaylıkla yeryüzüne ulaştıklarını iddia ediyordu. Scheuchzer eserlerinin çoğunda İsviçre'nin jeoloji, botanik ve zoolojisini ele almış, Alpler'de ilk defa barometreyle yükseklik ölçümü yapan bilimci olmuştur. Halkın doğa bilimlerinde eğitilmesine büyük önem veren Scheuchzer ayrıca nümizmatik, tarih, ilâhiyat gibi konularda da katkılar yapmış, tüm Avrupa'da tanınan saygın bir bilim adamı olarak ve arkasında 34 kitap, pek çok makale ve bir o kadar da basılmamış eser bırakarak ölmüştür. (Scheuchzer'in yaşamı ve eserleri için bkz. **Steiger, R.**, 1927, *Johann Jakob Scheuchzer (1672-1733) I. Werdezeit (bis 1699)*: Schweizer Studien zur Geschichtswissenschaft, c. 15, no. 1, 111 ss; **Fischer, H.**, 1973, Johann Jakob Scheuchzer—Naturforscher und Arzt: *Neujahrsblatt auf das Jahr 1973 als 175. Stück von der Naturforschenden Gesellschaft in Zürich*, 168 ss; **Felfe, R.**, 2003, *Naturgeschichte als Kunstvolle Synthese—Physikotheologie und Bildpraxis bei Johann Jakob Scheuchzer*: Akademie Verlag, Berlin, X+241 ss. Bilhassa Felfe'nin Berlin'deki Humboldt Üniversitesi'nde sanat tarihinde yaptığı doktorasından türemiş olan kitabı son derece zengin bir bibliyografyaya sahiptir. Orada makaleler halinde yayınlanmış daha pek çok Scheuchzer biyografisine atıf vardır. Felfe'nin vermediği bir kaynak Arthur Dürst'ün *Nova Helvetiae Tabula Geographica* için hazırladığı izahnamedeki kısa Scheuchzer biyografisidir: **Dürst, A.**, 1971, *Johann Jakob Scheuchzer Nova Helvetiae Tabula Geographica*: Tiguri MCMLXXI Cura et Sumtibus de Clivo, ss. 17-19.) Leibniz'in Scheuchzer'in burada atıf yaptığı eseri şudur: **Scheuchzer, J. J.**, 1709, *Herbarium Diluvianum Collectum*: Tiguri Literis Davidis Gesneri, 44 ss. Bu eserinde Scheuchzer pek çok fosil bitkiyi tanıtmış ve resimlerini yayınlamıştır.

[120] Yaşamın evrimi hakkındaki görüşlerin gelişmesinde çok merkezî bir rolü olan bu büyük doğa bilimcinin yaşamı için bkz. **Aude, J.**, 1788, *Vie Privée du Comte de Buffon, suivie d'un Recueil de Poésies, dont quelques Pièces sont Relative à ce Grand Homme*: (yayımcı belirtilmemiş), Lausanne, 141+[1]ss; **Bernard, P.**, 1804, Vie de Buffon: *Histoire Naturelle de Buffon*, Mise en Orde d'après le Plan Tracé par Lui Même, et dans Laquelle On a Conservé Religieusement le Texte de l'Auteur. Nouvelle Édition ... par P. Bernard, Crapart, Caille et Ravier, Paris, c. 1, ss. 1-100; **Roger, J.**, 1962, Buffon Les Époques de la Nature, édition critique: *Mémoires du Muséum National d'Histoire Naturelle*, série C, c. X, CLII+343 ss. Buffon'un kendisi için bilhassa ss. LXXXIII-CXXVIII arasına bkz.; **aynı yazar**, 1989, *Buffon—un philosophe au Jardin du Roi*: Fayard, Paris, 645 ss; **Fellows, O.**, 1963, Buffon's place in the Enlightenment: *Studies on Voltaire and the Enlightenment*'da, XXIV/XXVII (Transactions of the First International Congress on the Enlightenment) Institut et Musée de Voltaire, les Délices, Genève, ss. 603-629.

[121] **Müller, K.**, 1959, *Gottfried Wilhelm Leibniz und Nicolaas Witsen:* Sitzungsberichte der Deutschen Akademie der Wissenschaften zu Berlin, Klasse für Philosophie, Geschichte, Staats- Rechts- und Wirtschaftswissenschaften, Jg. 1955, Nr. 1, s. 25

[122] Von Linné'nin yaşamı ve eserleri için bkz. **Stoever, D. H.**, 1794, *The Life of Sir Charles Linnæus*...translated from the original German by J. Trapp: E. Hodson, Bell-Yard, London, xxxviii+435 ss; **Jackson, B. D.**, 1923, *Linneaus (afterwards Carl von Linné). The Story of His Life, Adapted from the Swedish of Theodor Magnus Fries, emeritus professor of Botany in the University of Uppsala, and brought down to the present time in the light of recent research*: H. F. & G. Witherby, London, xv + 416 ss; **Hagberg, K.**, 1940, *Carl Linnæus—Ein Großes Leben aus dem Barock*: H. Goverts Verlag, Hamburg, 287+[I] ss; **Lundberg, G.**, 1957, *Linné—Botaniste Suédois, Nomenclateur et Poète de la Nature*: Exposition au Muséum National d'Histoire Naturelle, Paris, [VIII]+132 ss; **Frängsmyr, T.**, derleyen, 1994, *Linneaus—The Man and His Work*: Science History Publications/USA, Canton, xiv+206 pp. Hem Stoever, hem de Lundberg von Linné'nin eserlerinin bir listesini içerirler. Lundberg ayrıca von Linné hakkındaki eserlerin açıklamalı bir bibliyografyasını ve öğrencilerinin bir listesini sunar.

[123] **Linneaus, C. (Carl von Linné)**, 1744, *Oratio de Telluris Habitabilis Incremento. Et Andreae Celsii ... Oratio de Mutationibus Generalioribus quae in superficie corporum coelestium contingunt*: Cornelium Haak, Lugduni Batavorum, 104 ss. Bu fikirlerin dinsel temeli *Kutsal Kitap*'ın *Hezekiel* kitabının 22. bölümünün 24. cümlesinde Kudüs şehrinin Tufan esnasında "temizlenmemiş" olduğu ifadesidir: "Âdemoğlu, ona de: Sen temizlenmemiş, gazap gününde üzerine yağmur yağmamış memleketsin." Belki de buradan hareketle Nusaybinli Aziz Efraim (ölümü 373) Tufan'ın ulaştığı en yüksek düzeyin ancak Cennetin eteklerine kadar gelebildiğini terennüm etmiştir (bkz. **Brock, S.** {giriş ve çeviri}, 1990, *Saint Ephrem Hymns on Paradise*: St Vladimir's Seminary Press, Crestwood, ss. 78-79). Linneaus'un düşüncelerine yakın düşünceleri Orta Çağ'da Auvergne'li Guillaume, Rönesans süresince de Gregorius Reisch dile getirmiştir. (**Hoheisel, K.**, 1979, Gregorius Reisch: Büttner, M., yayına hazırlayan, Wandlungen im geographischen Denken von Aristoteles bis Kant'da, *Abhandlungen und Quellen zur Geschichte der Geographie und Kosmologie*, c. 1, Ferdinand Schöningh, Paderborn, s. 63.)

[124] **de Karamyschew, A.**, 1764, *Dissertatio Academica Demonstrans Necessitatem Promovendae Historiae Naturalis in Rossia*, cujus Partem Primam Cons. Experient. Fac. Med. ad Acad. Upsal. Præside ... D:no Doct. Carolo v. Linne: Upsaliae, 34 ss. (10 sahife yazara gelen tebrik mektupları)

[125] **de Guignes, J.**, 1756, *Histoire générale des Huns, des Turcs, des Mongols et des Autres Tartares Occidentaux; ouvrage tiré des livres chinois*, c. 1: Desaint et Saillant, Paris, CXVIII + 472 ss. Bu eserin Arap harfleriyle bir Türkçe tercümesi için bkz. **aynı yazar**, 1923, *Hunların, Türklerin, Moğolların ve Daha Sair Tatarların Tarih-i Umumisi*, mütercimi Hüseyin Cahid, c. 1: Oğlumun Kütübhanesi, Tanin Matbaası, İstanbul, 480 ss. Hüseyin Cahid'in (Yalçın) tercümesi Atatürk'ün kişisel kitaplığında vardı ve büyük bir dikkatle okunmuş, pek çok pasajın altı çizilmiş, derkenarlar konmuştu. (bkz: **Tüfekçi, G. D.**, derleyen, 1983, *Atatürk'ün Okuduğu Kitaplar—"Özel İşaretleri, Uyarıları ve Düştüğü Notlar İle"*: Türkiye İş Bankası Kültür Yayınları, Genel Yayın No: 256, Atatürk Dizisi, 25, Ankara, ss. 278-310; aslı sekiz cilt olan bu tercümenin Atatürk'ün kütüphanesinde altı cildi vardır {bkz: **Millî Kütüphane Genel Müdürlüğü**, 1973, *Atatürk'ün Özel Kütüphanesinin Kataloğu*: Başbakanlık Kültür Müsteşarlığı Cumhuriyetin 50. Yıldönümü Yayınları 16, Ankara, s. 623, madde 4004]; bunların Tüfekçi'ye göre ilk beşi işaretli ve derkenarlıdır).

Atatürk'ün bu kitaptaki notlarına ve işaretlerine bakınca 1930'larda ortaya atılan ve tüm Türklerin Orta Asya'dan çıkarak dünyaya uygarlık dağıttıklarını savunan meşhur tarih tezinin kaynağı da kısmen görülmüş olur. 18. yüzyılın bir doğa bilimi ve tarih kuramı, 20. yüzyılda bir tarih kuramını böyle etkilemişti.

[126]**Schlözer, A. L.**, 1768, *Probe Russischer Annalen*: Georg Ludewig Förster, Bremen und Göttingen, s. 44

[127]Eduard Suess anıtsal eseri *Yer'in Çehresi*'nin (*Das Antlitz der Erde*) en son bölümünü yaşama ayırmıştır: **Suess, E.**, 1909, *Das Antlitz der Erde*, c. III2 (Dritter Band. Zweite Hälfte. Schluss des Gesamtwerkes): F. Tempsky, Wien and G. Freytag, Leipzig, ss. 739-782; (ayrıca bkz. **aynı yazar**, 1909, Das Leben: *Mitteilungen der Geologischen Gesellschaft, Wien*, c. II, ss. 148-161). Burada büyük jeolog İkinci Zaman'dan beri sularla örtülmemiş olan Doğu Sibirya'daki Angara kıt'asını, Kuzey Amerika'nın Hudson Körfezi çevresindeki Laurentia adını verdiği çekirdek bölgesini, Güney Yarımküre'de bir zamanlar bir arada olan Güney Amerika, Afrika ve Avustralya'yı (Gondwana Kıt'ası) ve Antarktika'yı kara yaşamı için "cennetler" (*Asyle*) olarak tanımlamış, jeolojik geçmişteki her büyük deniz basmasından sonra kara yaşamının tekrar buralardan dağıldığını iddia etmişti. Bu fikirlerde Buffon'un etkisinin (büyük bir olasılıkla **Alfred Russel Wallace** üzerinden: 1876, *The Geographical Distribution of Animals*, c. I: Harper & Brothers, New York, özellikle III. bölüm: "Distribution as Affected by the Conditions and Changes of the Earth's Surface", ss 35-49) olduğu kesindir. Suess daha önceki eserlerinde de hayvanların yeryüzündeki dağılımlarının tartışılmasında Buffon'un etkisi altında kaldığını göstermişti. Örneğin: **Suess, E.**, 1880, Ueber die vermeintlichen säcularen Schwankungen einzelner Theile der Erdoberfläche: *Verhandlungen der k. k. geol. Reichsanst.* c. 11, ss. 171-180.

[128]Tanrı her canlıyı mükemmel yarattığına göre her değişim mükemmeliyetten uzaklaşma olmak zorundadır. Bu görüş tarzı hemen hemen 19. yüzyılın ilk yıllarına kadar gelmiştir.

[129]**Crombie, A. C.**, *a.g.e.*, ss. 280-281.

[130]Bu konuda Roger'nin Buffon biyografisinin IX. bölümüne ve şu makaleye bkz. **Genet-Varcin, E.**, 1952, La Génération des ètres vivants d'après Buffon: *Buffon*'da, Les Grandes Naturalistes Français (derleyen R. Heim), Muséum National d'Histoire Naturelle, Paris, ss. 137-156.

[131] Maupertuis ve fikirleri için bkz. **Glass, B.**, 1981, Maupertuis, Pierre Louis Moreau de: *Dictionary of Scientific Biography*, c. 9, Charles Scribner's Sons, New York, ss. 186-189. De Maupertuis, 1745'te yayımladığı *Venus Physique*'de o zamanlar henüz yaygın olarak kabul görmekte olan, embriyonun ergenin tüm özellikleriyle oluştuğu fikrine karşı çıkarak, çocuğa anne ve babanın eşit katkısının bulunduğunu öne sürmüştü. Bkz. de **Maupertuis, P. L. M.**, 1745, *Venus Physique*: basılan yer belirtilmemiş (Leyden?), [IV]+214+194 ss.

[132] Bu atom ve molekülleri bugünkü anlamları değil, İlk Çağ'dan beri gelen anlamları çerçevesinde almak gerekir.

[133] *Intussuseption* terimini Littré sözlüğü şu şekilde tanımlıyor: "Fizyoloji terimi. Besleyici maddelerin orada özümlenmelerini sağlamak amacıyla organizmaların içine sokulması hareketi. Canlılar *intussuseption* ile beslenirler. ... Lâtince şu iki kelimenin birleşmesinden elde edilmiştir: *intus*: içinde; *suscipere*: almak."

[134] Buffon'dan yarım yüzyıl sonra Cuvier, aynı amaçla eski Mısır mezarlarında bulunmuş Ibis mumyalarını inceleyerek, İbislerin hâlâ Mısır'da yaşadıklarını ve kendisinin *Numenius ibis* adını verdiği türün bazılarınca kaybolmuş veya karakterlerini değiştirmiş sanılmasının yalnızca bir yanlış olduğunu, türün firavunlar zamanından bu yana hiçbir değişikliğe uğramadığını söyleyerek türlerde binlerce yıllık bir zamanda bile hiçbir değişiklik görülmediğini vurgulamıştır. Bkz: **Cuvier, G.**, 1825, *Discours* ..., ss. 360-397 (Appendice). İbis hakkındaki bu ekin sonunda büyük anatom kanısını şu sözlerle dile getirmiştir: "Tüm bu çalışmanın genel sonucu şudur: İbis Mısır'da bugün de firavunlar zamanındaki gibi yaşamaktadır. Bir süredir türün yok olmuş olduğuna veya şeklinde bazı değişikliklere uğradığına inanılması tabiiyecilerin hatâlarından ötürüdür" (**Cuvier**, *a.g.e.*, s. 397). Mısır mumyalarına Napolyon'un meşhur Mısır seferi esnasında ve oradan getirilen örnekler üzerinde mukayeseli anatomi gözüyle bakılması hakkında bkz: **Taquet, P.**, 1998, Momies comparées: Yves Laissus, yayına hazırlayan, *Les Savants en Égypte, il y a 200 ans*: Muséum d'Histoire Naturelle, Nathan, Paris, ss. 82-84. Napolyon'un Mısır'dan getirdiği mumya ve güncel İbis örneklerini görmek isteyenler, *Description de l'Égypte* (Imprimerie Impériale, Paris, 1809) adlı dev eserin şu levhalarına bakabilirler: İbis mumyası: *Thèbes, Hypogées*—A vol. II, pl. 54; Beyaz veya kutsal İbis: *Histoire Naturelle, vol. I Zoologie—Oiseaux* par Jules-César Savigny, pl. 7. Bulunması çok güç olan orijinale ulaşamayan-

lar, Köln'deki Benedikt Taschen-Verlag tarafından 1997 yılında yayımlanan şu eserde bu levhaları görebilirler: *Description de l'Égypte Publiée par les orders de Napoléon Bonaparte*, Edition complète, Taschen, Köln, 1006 ss.

[135]**Anonim**, 1780, *Acta Sacræ Facultatis Theologiæ Parisiensis, Occasione Libri qui inscribitur: Histoire Naturelle, générale & particulière, contenant les Epoques de la Nature, Paris, 1778*: Clousier, Typographi Facultatis Theologiæ, Paris, 19 ss.

[136] Kutsal Kitap kronolojisi doğrusal bir zaman kronolojisidir. Yaygın bir kanı doğrusal zamanı İsrailoğullarının keşfettiğidir. İbrahim Peygamberin oğlu İshak'ı kurban etme teşebbüsüyle "gerçek" bir tarih olarak başlayan ve Tanrı'nın İsrailoğullarına buyruklarının İsrailoğulları tarafından öyle veya böyle yerine getirilmesinin (veya getirilmemesinin) efsanevî tarihi olan *Tevrat*, doğrusal bir zamanın tarihidir. Bu doğrusal zaman içerisinde nirengi noktalarını İsrailoğullarının diğer "peygamberleri" (gerçekte kabile şefleri ve askerî liderler) oluşturur. *Tevrat* tarihi onun oğlu bu, bunun oğlu şu diye sürekli bir baba-oğul hikâyesi anlatarak sürer (torunla dede aynı olamayacağına göre, döngü asla başladığı yere dönmez). Büyük din tarihçisi Mircea Eliade (1907-1986) bu doğrusal tarihin ruhun, "zamanın sonunda" kurtulacağı inancını yerleştirebilmek için döngüsel ve dolayısıyla sonsuz olan tarihe karşı icat edildiğini söyler (**Eliade, M.**, 1954, *The Myth of the Eternal Return or, Cosmos and History*: Bollingen series XLVI, Princeton University Press, Princeton, ss. 110-111). Ancak doğrusal zamanı bu tarz işaretlemek İsrailoğullarından çok önce Mısırlılar ve Babilliler tarafından da yapılıyor, buralarda kral listeleri tutuluyordu. (Az önce söylediğim gibi, İsrailoğullarının "peygamberler" tarihi de nihayet bir kral listesinden ibarettir.) Bunlardan Mısır kral listelerinin bir türü MÖ 300 yılında rahip Manetho tarafından Yunanca olarak kitaplaştırıldı. Mezopotamya kral listesini de Babilli bir rahip olan Berossus yaklaşık MÖ 290 yılında Rodos'ta gene Yunanca kaleme aldığı bir Babil tarihi içerisinde yayımladı. Her iki listenin de daha sonra ele geçen belgeler ve arkeolojik kazılar tarafından büyük ölçüde doğrulanmış olması, hem Mısır'da hem de Mezopotamya'da İsrailoğullarından çok önce de nesillere dayanan detaylı kronolojilerin oluşturulduğunu göstermektedir.
Hem *Tevrat*'tan, hem de Mısır ve Mezopotamya kral listelerinden gördüğümüz, mümkün olduğu kadar *unutulmayacak* ve doğrusal bir tarih akımı içinde *kesintisiz bir kronoloji oluşturacak* şeylerin ilk doğrusal tarihlerin temelini oluşturduğudur. Bunun için toplumun en önemli kişisi olan kralın şahsı ve toplumdaki en kesintisiz kayıt olan hanedan nesil kaydı kullanılmıştır. Bu mantık tüm doğrusal tarihlerin temelini oluşturur.
Genellikle krallar birbirlerini izlerler ve saltanat süreleri yıl, ay, gün cinsinden bilinir. (Bu söylediğim tabiî ki bir basitleştirmedir. Mısır kral listelerinde paralel saltanatların kronologlarca uc uca dizilmesinin yarattığı sorunlar çıkan karmaşıklıklara bir örnektir. Osmanlı tarihinde padişah sayılarının değişik kaynaklarda değişik gösterilmesinin nedeni olan ve bağımsız şehzadelerin paralel saltanatlarıyla belirlenen Fetret Devri {1402-1413} benzer bir örnektir.) Bir diğer ifadeyle kral listelerinin oluşturduğu lineer tarih, astronomik dış kaynaklı başvuru sistemlerine (ay, güneş) göre periyodik dilimlere (gün, ay, yıl) bölünmüştür. Bunlar da uc uca eklenirse günümüzden (veya kral listesini terkip edenin zamanından) geriye yıllarla ifade edilmiş bir kronoloji kalır. Antakyalı Teofilos (MS 115-180) da bu yöntemi kullanarak *Kutsal Kitap*'tan bir kronoloji çıkarmış ve böylece tüm dünyanın tarihini elde ettiğini sanmamış mıydı? Bu yöntem Avrupa'da tâ 17. yüzyıla kadar kullanılmış, en son İrlanda'da Armagh başpiskoposu James Ussher (1581-1656) bu yöntemle dünyanın MÖ 4004 yılında yaratıldığını bulmuştu (**Ussher, J.**, 1658, *The Annals of the World. Deduced from the origin of time, and continued to the beginning of the Emperor Vespasian's reign, and the totall destruction and abolition of the temple and commonwealth of the Jews, Containing the historie of the Old and New Testament, with that of the Macchabees. Also all the most memorable affairs of Asia and Egypt, and the rise of the empire of the Roman caesars, under C. Julius, and Octavianus. Collected from all history, as well as sacred, as prophane and methodically digested by the Most reverend James Ussher, Archbishop of Armagh, and Primate of Ireland*: Printed by E. Tyler for J. Crook and G. Bedell, London, bilhassa ss. 1 ve 2) ! Dünyanın yaşı ile ilgili çalışmaların uzman bir elden çıkmış bir tarihçesi için bkz. **Dalrymple, G. B.**, 1991, *The Age of the Earth:* Stanford University Press, Stanford, xvi+[i]+474 ss.

[137]*Histoire Naturelle*'i yazarken Buffon'un yaptığı yaş hesapları ve bunların dayandığı temellerin güzel bir özeti için Roger'nin *Époques de la Nature*'ün eleştirmeli baskısının (1962) LXIII. ile LXVII. sahifeleri arasına bkz. (bilhassa s. LXV'deki karşılaştırmalı tablo). Ayrıca bkz. **Hallam, A.**, 1988, L'âge de la Terre: *La Recherche*, c. 19, no. 202, ss. 1058-1064; Buffon için bilhassa ss. 1058-1060; Buffon'u dünyanın yaşı tartışmalarının tarihi içindeki yerine oturtmak için: **Haber, F.**, 1959, *The Age of the World—Moses to Darwin*: The Johns Hopkins Press, Baltimore, X+[I]+301

ss; **Dean, D.**, 1981, The age of the earth controversy: Beginning to Hutton: *Annals of Science*, c. 38, ss. 435-456; **Hallam, A.**, 1989, *Great Geological Controversies*, second edition: Oxford University Press, Oxford, ss. 105-134. Jeolojik zamanın keşfi ve bu konudaki fikirlerin evrimi hakkında bkz: **Albritton, C. C., Jr.**, 1980, *The Abyss of Time—Changing Conceptions of the Earth's Antiquity After the Sixteenth Century*: Freeman, Cooper & Company, San Francisco, 251 ss; **Rossi, P.**, 1984, *The Dark Abyss of Time—The History of the Earth and the History of Nations from Hooke to Vico*, çeviren Lydia G. Cochrane: The University of Chicago Press, Chicago, xvi+338 ss; **Gould, S. J.**, 1987, *Time's Arrow Time's Cycle Myth and Metaphor in the Discovery of Geological Time*: Harvard University Press, Cambridge, xiii+222 ss.

138 Bu Roger'nin fikridir (eleştirmeli baskı, ss. LXVI-LXVII) ki jeoloji tarihçileri arasında genellikle paylaşılan bir görüştür. Pek çok başlangıç ders kitabında bile, on sekizinci yüzyıldan önce insanların, dünyanın yaşını *Kutsal Kitap*'ın kronolojisinin belirttiği kadar sandığı yazar (ör. **Dott, R. H., Jr. ve Batten, R. L.**, 1988, *Evolution of the Earth*, fourth edition: McGraw-Hill Book Company, New York, s. 14). Halbuki on yedinci yüzyılda dünyanın yaşını *Kutsal Kitap* kronolojisine dayanarak 5662 yıl olarak hesaplayan Armagh başpsikoposu James Ussher (yukarıda 136. nota bkz), *Divinitie* adlı kitabında bu hesabın yalnızca bir Hristiyan inancı olduğunu, bunun dışında dünyanın milyonlarca yıldır mevcut oldunu düşünen putperestler bulunduğunu bildiğini açıkça söylüyor (**Ussher, J.**, 1645, *A Body of Divinitie or the Summe and Substance of Christian Religion, Catechistically propounded, and explained by way of Question and Answer: Methodically and familiarly handled, composed long since ... And at the earnest desires of divers godly Christians now Printed and Published. Whereunto is adjoyned a Tract, intitulated Immanuel, or The Mystery of the Son of God*; Heretofore writen and published by the same author: Tho: Downes and Geo: Badger, London, s. 96). Zaten bu tür *Kutsal Kitap* kronolojilerini icat eden Antakyalı Teofilos da bunları putperestlerin çok daha yüksek yaş tahminlerine *karşı* icat etmişti. Dünyanın sözde birkaç bin yıllık yaşının yalnızca bir Musevî-Hristiyan inancı olduğunu ve doğa bilimleriyle ilişkisinin bulunmadığını, diğer kültürlerin dünya için yaptıkları yaş tahminlerinin Musevî ve Hristiyan *Kutsal Kitabı*'nınkini tutmaması göstermektedir (bilhassa on sekizinci yüzyılda de Guignes gibi Sinologların Çin tarihlerinden elde ettikleri kronolojileriyle Hristiyan kronolojisinin karşılaştırmasına bkz).

139 Kısaca *Jardin du Roi*=Kralın Bahçesi veya *Jardin des Plantes*=Bitkiler Bahçesi.

140 Bu Georges adı Cuvier'ye annesi tarafından kısa bir süre önce pek küçük yaşta ölen bir kardeşin anısını yaşatmak amacıyla takılmış, nüfus kaydında olmayan bu ismi büyük bilgin annesine duyduğu saygı ve sevgi nedeniyle kendi adı olarak ölümüne dek kullanmıştır.

141 Evrim tartışmalarında adı sık ve çok haksız bir şekilde olumsuz bir içerikle geçen Cuvier'nin yaşamı ve eserleri için bkz. **Mistress Lee ve Lacordaire, T.**, 1833, *Mémoires du Baron Georges Cuvier ... sur les documens fournis par sa famille*: H. Fournier, Paris, 369+[I] ss; **Flourens, P.**, 1841, *Analyse Raisonée des Travaux de Georges Cuvier, Précédée de Son Élogue Historique*: Paulin, Paris, 287 ss; **Comtesse Drohojowska,** 1881, *Cuvier—Ossements Fossiles*: J. Lefort, Lille & Paris, (Les Savants Modernes et Leurs Œuvres serisinden), 192 ss; **Viénot, J.**, 1932, *Georges Cuvier 1769-1832*: Fischbacher, Paris, 247+[II] ss; **Yazarlar Topluluğu**, 1932, *Centenaire de G. Cuvier*: Archives du Muséum National d'Histoire Naturelle, Paris, 6. seri, c. 9, 132+[I] ss; **Coleman, W.**, 1964, *Georges Cuvier, Zoologist— A Study in the History of Evolution Theory*: Harvard University Press, Cambridge, x+212 ss; **yazarlar topluluğu**, 1969, *Cuvier und Württemberg—zum 200. Geburtstag des Naturforschers Georges Cuvier 1769-1969*: Stadt Stuttgart, Städt. Sparkasse Stuttgart, Städt. Girokasse Stuttgart, Stuttgart, 72 ss. (Cuvier'nin yaşamı ve özellikle Stuttgart ve orada öğrencisi olduğu Hohe Carlsschule ile ilgisi hakkında iki makalenin yanında 13 Kasım-12 Aralık 1969 tarihleri arasında açık olan bir Cuvier sergisinin kataloğunu da içeren bu küçük kitapta, bilhassa Cuvier'nin ilk yetişme yıllarında etkilendiği çevre hakkında çok etraflı bilgi ve kaynakça vardır.) **Outram, D.**, derleyen, 1979, *The Letters of Georges Cuvier—A summary calendar of manuscript and printed materials preserved in Europe, the United States of America, and Australasia*: The British Society for the History of Science Monographs 2, 102 ss; **aynı yazar**, 1984, *Georges Cuvier—Vocation, Science and Authority in Post-Revolutionary France*: Manchester University Press, Manchester, viii+299 ss; **Smith, J. C.**, 1993, *Georges Cuvier—An Annotated Bibliography of His Published Works*: Smithsonian Institution Press, Washington and London, xx+251 ss. Şu makaleye de bkz: **Rudwick, M. J. S.**, 1997, Smith, Cuvier et Brogniart, et la reconstitution de la géohistoire: *De La Géologie À Son Histoire—Ouvrage édité en hommage à François Ellenberger sous la direction de*

Gabriel Gohau ... Coordinateur: Jean Gaudant, Comité des Travaux Historiques et Scientifiques Section des Sciences, Paris, ss. 119-128. Ayrıca Rudwick'in yukarıda 19. notta künyesi verilmiş olan Cuvier ile ilgili eserine de bkz.

142 Yaşamın evrimi kuramının tarihindeki en büyük isimlerden biri olan Lamarck için bkz.: **Yazarlar Topluluğu**, 1946, *Bicentenaire de J.-B. de Monet de Lamarck (1744-1829)*: Publ. Muséum National d'Histoire Naturelle, no. 7, 51 ss; **Barthélemy-Madaule, M.**, 1979, *Lamarck ou le Mythe du Précurseur*: Seuil, Paris, 186 ss; **Burlingame, L. J.**, 1981, Jean Baptiste Pierre Antoine de Monet de Lamarck: *Dictionary of Scientific Biography*, c. 7, Charles Scribner's Sons, New York, ss. 584-594 (iyi yazılmış olan bu madde geniş bir bibliyografyayı içermesi bakımından da çok faydalıdır); **Laurent, G.**, 1981-1982, Lyell et Lamarck: *Histoire et Nature*, no: 19-20, ss. 115-123. Lamarck'ın aşağıda 170. notta tam künyesi verilen *Philosophie Zoologique*'inin İngilizce tercümesine Hugh Elliot'un yazdığı giriş yazısında da Lamarck'ın yaşamı özetlenmiştir (bkz. ss. xvi-xxii).

143 **Coleman, W.**, 1981, Kielmeyer, Carl Friedrich: *Dictionary of Scientific Biography*, c. 7, Charles Scribner's Sons, New York, ss. 366-369.

144 Doğa bilimlerinin felsefesinde Kant'ın düşündükleri ve bunun doğabilimciler üzerindeki etkileri hakkında derli toplu bir kaynak için bkz: **Ellington, J. W.**, 1981, Kant, Immanuel: *Dictionary of Scientific Biography*, c. 7, Charles Scribner's Sons, New York, ss. 224-235.

145 **Coleman**, 1981, *a.g.e.*, s. 367.

146 **Haeckel, E.**, 1874, *Anthropogenie oder Entwicklungsgeschichte des Menschen—Gemeinverständliche Wissenschaftliche Vorträge über die Grundzüge der Menschlichen Keimes- und Stammes-Geschichte*: Wilhelm Engelmann, Leipzig, s. 7.

147 Kant, canlılarda organların bir amaca yönelik olarak birlikte geliştiklerinden ve çalıştıklarından şurada bahsetmiştir: **Kant, I.**, 1764 [1838], *Kritik der Urtheilskraft: Immanuel Kant's Sämmtliche Werke.* Yayına hazırlayan Karl Rosenkranz ve Friedrich Wilhelm Schubert, Vierter Theil, Leupold Voss, Leipzig; bilhassa şu bölümlere bkz: §. 64 (Dinge, als Naturzwecke, sind organisierte Wesen {Nesneler, doğal amaçlar olarak, organize varlıklardır}, ss. 255-259) ve §. 65 (Vom Princip der Beurtheilung der inneren Zweckmässigkeit in organisirten Wesen {Organize varlıkların iç amaçlılıklarının yargılanma ilkesi hakkında}, ss. 260-261). Kant'ın burada söylediklerinin Kielmeyer üzerinden Cuvier'yi etkilemiş olması kuvvetle muhtemeldir.

148 Bu konuda kısa bir özet ve literatür için bkz. **Stafleu, F. A.**, 1981, Bernard de Jussieu: *Dictionary of Scientific Biography*, c. 7, Charles Scribner's Sons, New York, ss. 199-200.

149 **Humbert, H.**, 1946, L'œuvre botanique de Lamarck dans le cadre de son temps: *Bicentenaire de J.-B. de Monet de Lamarck (1744-1829)*: Publ. Muséum National d'Histoire Naturelle, no. 7, s. 17

150 **de Lamarck, J. B.**, an IX[1801], *Système des Animaux sans Vertèbres, ou Tableau général des classes, des orders et des genres des ces animaux, présentant leurs caractères essentiels et leur distribution, d'après les considérations de leurs rapports naturels et de leur organisotion, et suivant l'arrangement établi dans les galeries du Muséum d'histoire naturelle, parmi leurs dépouilles conservées; précédé du Discours d'ouverture du cours de zoologie donné dans le Museum national d'histoire naturelle, l'an VIII de la Republique, le 21 floréal*: Déterville, Paris, 452 ss.

151 **Burckhardt, R. W.**, 1970, Lamarck, evolution, and the politics of science: *Journal of the History of Biology*, c. 3, ss. 275-298.

152 **de Lamarck, J. B.**, 1799, Prodrome d'une nouvelle classification des coquilles: *Mémoires de la Société d'Histoire Naturelle*, c. 1, ss. 63-91.

153 Soulavie'nin yaşamı için bkz. **Rappaport, R.**, 1981, Soulavie, Jean-Louis Giraud: *Dictionary of Scientific Biography*, c. 12, Charles Scribner's Sons, New York, ss. 549-550.

154 Günümüzde yaşayan Nautilus'a benzeyen soyu tükenmiş bir kafadanbacaklı.

155 Fosil mürekkep balığı savunma organı.

156 Lamba kabuğu (*lamp-shell*) de denen brakiopodlar (=kolbacaklılar).

157 Büyük bir olasılıkla *Gryphea* cinsi çift kabuklular.

158 Deniz lâlelerinin saplarının dairesel pullar halinde olan tek bir halkası. Bu kelime Türkçe'ye de doğrudan

Fransızca'dan antrok olarak geçmiştir.

159 **Soulavie, J.-L. G.**, 1780, *Histoire Naturelle de France Méridionale; ou, Recherches sur la Minéralogie du Vivarais, du Viennois, du Valentinois, du Forez, du Velai, de l'Uségeois, du Comtat-Vénaissin, des Diocèses de Nismes, Montpellier, Agde, &c. Sur la Physique de la Mer Méditerranée; sur les Méteors, les Arbres, les Animaux, l'Homme & la Femme de ces Contrées*: C. Belle, Mismes, c. 1, s. 319.

160 **Soulavie**, *a.g.e.*, s. 339.

161 **Soulavie**, *a.g.e.*, ss. 350-51; paragraf numaraları eserin orijinalindedir.

162 **Soulavie**, *a.g.e.*, ss. 340-341.

163 Erasmus Darwin'in yaşamı için en güzel ve kapsamlı eser, Desmond King-Hele'nin 1999 yılında yayımlanan biyografisidir: **King-Hele**, D., 1999, *Erasmus Darwin—A Life of Unequalled Achievement:* dlm (Giles de la Mare Publishers), London, x+422 ss+16 levha. Erasmus Darwin'in eserlerinden seçmeler, King-Hele'in seçmeleri birbirine bağlayan notlarıyla şu kitapta bulunabilir: **King-Hele, D.**, 1968, *The Essential Writings of Erasmus Darwin*: MacGibbon & Kee, London, 223 ss.

164 **Darwin, E.**, 1794, : Johnston, London, c. I, s. 500.

165 **Darwin, E.**, *a.g.e.*, s. 501.

166 **Darwin, E.**, *a.g.e.*, s. 503.

167 **Hutton, J.**, 1794, *An Investigation of the Principles of Knowledge and of Progress of Reason from Sense to Science and Philosophy*, c. 1: A. Strahan and T. Cadell, London, ss. 7-8.

168 **Hutton, J.**, 1794, *a.g.e.*, s. 9, ilk paragraf.

169 Detaylarının burada tartışılmasına imkân olmayan ilerleme (=gelişme) fikrinin kökeni ve tarihi hakkında büyük bir tarihçi tarafından kaleme alınmış ve okunmasını tavsiye edeceğim enfes bir eser şudur: **Bury, J. B.**, 1932, *The Idea of Progress—An Inquiry into its Origin and Growth:* The Macmillan Company, New York, xl+357 ss. (ilk baskı 1920; 1955 ve 1987 yıllarında Dover Publications tarafından New York'ta tıpkıbasımı yapılmıştır). İstanbul Darülfünunu ve daha sonra Üniversitesi Psikoloji Profesörü Mustafa Şekip Tunç (1883-1958) belki de bu kitaptan esinlenerek şu eseri yazmıştır: **Mustafa Şekip [Tunç]**, 1928, *Terekki Fikri «Menşei ve Tekâmülü»*: İstanbul Darülfünunu Edebiyat Fakültesi Neşriyatı'ndan, Amedi Matbaası, İstanbul, IX+185 ss. Bilim tarihçisi Osman Bahadır bu satırların yazıldığı sırada Mustafa Şekip Tunç'un kitabı üzerinde çalışmaktadır. Bu çalışma sonunda kuşkusuz Tunç'un ilham kaynak veya kaynaklarını daha detaylı olarak öğrenebileceğiz.

170 **Lamarck, J.-B.**, 1809, *Philosophie Zoologique, ou Exposition Des Considérations relatives à l'histoire naturelle des Animaux; à la diversité de leur organisation et des facultés qu'ils en obtiennent; aux causes physiques qui maintiennent en eux la vie et donnent lieu aux mouvemens qu'ils exécutent; enfin, à celles qui produisent, les unes le sentiment, et les autres l'intelligence de ceux qui en sont doués*: Chez Dentu et l'Auteur, Paris, c.1 (XXV+ 428 ss.) ve c. 2 (475 ss.). Bu büyük eserin İngilizce bir tercümesi için bkz: **Lamarck, J. B.**, 1963, *Zoological Philosophy An Exposition with Regard to the Natural History of Animals, the diversity of their organisation and the faculties which they derive from it; the physical causes which maintain life within them and give rise to thier various movements; lastly, those which produce feeling and intelligence in some among them*, translated with an introduction by Hugh Elliot: Hafner Publishing Company, New York, xcii+410 ss. (Bu tercüme ilk kez 1914 yılında Macmillan and Co. tarafından yayımlanmıştır. Elliot'un xvii ile xcii. sahifeler arasındaki giriş yazısı, hem Lamarck'ın yaşamı, hem de *Philosophie Zoologique*'de sunulan evrim fikri hakkında çok faydalı bir temel sunmaktadır.)

171 **Cuvier, G.**, 1812, *a.g.e.*, c. 2, böl. IX, s. 48.

172 **Chrysologue de Gy, A.**, 1806, *Théorie de la surface Actuelle de la Terre, Ou plutôt Recherches impartiales sur le temps et l'agent de l'arrangement actuel de la surface de la terre, fondées, uniquement, sur les faits, sans système et sans hypothèse*: Société Typographique, Paris, iv + 342 ss.

173 Bu konuda bilhassa bkz. **Laurent, G.**, 1983, Cuvier et le catastrophisme: Buffetaut, E., Mazin, J. M. ve Salmon, E., yayına hazırlayanlar, *Actes du Symposium Paléontologique G. Cuvier*, Montbéliard, ss. 337-346.

174 Bu rapor *Procès verbaux de l'Académie des Sciences*, 1813, 3(1804-1807), ss. 408-413'da, *Journal des Mines*, c. 21, ss.

413-430'de ve Chrysologue de Gy'nin kitabının sonunda yayımlanmış, bir İngilizce tercümesi 1809'da *Annals of Philosophy*, c. 33, ss. 315-316'da çıkmıştır.

175 **Anonim**, 1809, *Description de l'Égypte, ou Recueil des Observations et des Recherches qui ont été faites en Égypte pendant de l'Expédition de l'Armée Française* ... I-Planches: Imprimerie Impériale, Paris, c. II, levha 54 ve 55; Histoire Naturelle, c. I (Zoologie), levha 7. Bu kitabın tüm levha ciltleri, 1997 yılında tek bir ciltte toplanarak Köln'deki Taschen yayınevi tarafından *Description de l'Égypte* başlığı altında oktavo formatında ve İngilizce, Almanca, Fransızca olarak üç dilde tekrar basılmıştır. Ayrıca bkz. **Taquet, P.**, 1998, Momies comparées: *Les Savants en Égypte*'de (yukarıda 134. notta verilen künyeye bkz) ss. 82-84; **Houlihan, P. F.**, 1992, *The Birds of Ancient Egypt*: The American University Press, Cairo, 191 ss. Ayrıca yukarıda 134. nota da bkz.

176 **D'Orbigny, A.**, 1849, *Cours Élémentaire de Paléontologie et de Géologie Stratigraphique*, premier volume: Victor Masson, Paris, özellikle ss. 4-5

177 Aşağıdaki listede bu kitabı yazarken bulabildiğim jeoloji servisi kuruluş tarihleri vardır. Uygar dünyanın bunu büyük ölçüde geçen yüzyılın ikinci ve üçüncü çeyreğinde tamamladığı görülüyor. Karşılaştırmak için en sona Türkiye'nin jeoloji servisi olan Maden Tetkik ve Arama Genel Müdürlüğü'nün kuruluş tarihini de ekledim:

1835 Geological Survey of Great Britain (Büyük Britanya)
1842 Geological Survey of Canada (Kanada)
1849 Kaiserlich-königlich geologische Reichsanstalt (Avusturya)
1849 (İspanya)
1851 Geological Survey of India (Hindistan)
1852 Geological Survey of Victoria (Avustralya)
1852 Dienst van het Mijnwesen (Hollanda sömürgeleri: Endonezya)
1858 (İsveç)
1860 Schweizerische Geologische Kommission (İsviçre)
1868 Service de la Carte Géologique de la France (Fransa)
1869 Macar Kraliyet Jeoloji Servisi
1872 (Saksonya)
1873 Geologische Reichsanstalt (Prusya)
1879 United States Geological Survey (Amerika Birleşik Devletleri)
1882 Geologiçeski Komitet (Rusya)
1895 Geological Commission (Güney Afrika)
1906 Institutul Geologic al Romaniei
1916 Geological Survey of China (Çin)
1919 Çek Jeoloji Servisi
1935 Maden Tetkik ve Arama Enstitüsü (Türkiye)

178 1830 yılında Avrupa'nın tüm entellektüel âlemini yakından ilgilendirmiş ve gazetelerde âdeta tefrika edilmiş olan bu tartışmanın detayları için bkz. **Cahn, T.**, 1962, *La Vie et l'Œuvre d'Étienne Geoffroy Saint-Hilaire*: Presses Universitaires de France, Paris, ch. XX (La discussion à l'Académie) ve XXI (Les travaux anatomiques de Gœthe et son intervention dans la discussion académique); **Goethe, J. W.**, 1830-1831[1952], Principes de Philosophie Zoologique. Discutés en Mars au sein de l'Académie Royale des Sciences par Mr. Geoffroy de Saint-Hilaire: *Johann Wolfgang Goethe Gedenkausgabe der Werke, Briefe und Gespräche*, c. 17, *Naturwissenschaftliche Schriften*, Zweiter Teil, Artemis-Verlag, Zürich, ss. 380-414. **Schmid, G.**, 1940, *Goethe und die Naturwissenschaften—Eine Bibliographie:* Im Namen der Kaiserlich Leopoldinisch-Carolinisch Deutschen Akademie der Naturforscher Emil Aberhalden, Halle (Saale), ss. 221-222. Burada Cuvier'nin Geoffroy'ya tavsiye ettiği yöntem ve bakış açısının karşımıza daha 10.yüzyılda *Rasâ'il İhvân al Safâ' va Hillan al Vafâ*'da çıktığını, onun da temelde Aristo ve Teofrastus'tan tevarüs edilmiş olduğunu hatırlatarak, bazı görüş ve saplantıların insan tarihi boyunca ne denli uzun ömürlü olduklarını vurgulamak isterim. Bu tür saplantılar ancak gözleme dayalı eleştiri sayesinde ortadan kaldırılabilmiştir ki yaşamın evrimi fikrinin zaferi bunun en güzel örneklerinden biridir. Girou de Buzareingues'in eserinin tam künyesi şudur: **Giro de**

Buzareingues, C., 1828, *De la Génération*: P. Huzard, Paris, VIII+340 ss.

[179] **Eckermann, J. P.**, 1835[1948], Gespräche mit Goethe in den Letzten Jahren seines Lebens: *Johann Wolfgang Goethe Gedenkausgabe der Werke, Briefe und Gespräche*, c. 24, Artemis-Verlag, Zürich, ss. 749-750.

[180] Camper'e Lâtince bir tercümesi yollanmış olan bu yazının orijinal Almanca metni için bkz. **Goethe, J. W.**, 1876 (yayımlanmamış) [1954], Dem Menschen wie den Tieren ist ein Zwischenknochen der obern Kinnlade zuzuschreiben: *Goethe Die Schriften zur Naturwissenschaft*, neunter Band, erste Abteilung: Texte, Morphologische Hefte'de, yayına hazırlayan Dorothea Kühn, Hermann Böhlaus Nachfolger, Weimar, ss. 154-186; **aynı yazar**, tarihsiz (yayımlanmamış) [1964], Beschreibung des Zwischenknochens mehrerer Tiere bezüglich auf die beliebte Einteilung und Terminologie: *Goethe Die Schriften zur Naturwissenschaft*, neunter Band, erste Abteilung: Texte, Aufsätze, Fragmente, Studien zur Morphologie'de yayına hazırlayan Dorothea Kühn, Hermann Böhlaus Nachfolger, Weimar, ss. 6-22; Bu konuda çok detaylı bibliyografik notlar için bkz: **Schmid, G.**, 1940, *a.g.e.*, ss. 51-58.

[181] 25 Eylül 1796'da günlüğünde ilk defa bu terimi kullanan Goethe morfolojiyi notlarında "organik bireylerin farkları, yapıları ve değişimleriyle ilgilenen" ayrı bir bilim dalı olarak tanımlamıştır. Bu terim ilk defa tabip Karl Friedrich Burdach tarafından 1800 yılında bir yayında kullanılmıştır.

[182] **Stoddart, D. R.**, 1976, Darwin, Lyell, and the geological significance of coral reefs: *British Journal for the History of Science*, v. 9, pp. 199-218, özellikle s. 206.

[183] **Barlow, N.** (yayına hazırlayan), 1958, *The Autobiography of Charles Darwin 1809-1882. With original omissions restored Edited with Appendix and notes by his grand-daughter*: Collins, London, s. 101.

[184] Darwin'in St. Jago'da (São Tiago) yaptığı gözlem ve çıkardığı sonuçlar için bkz. **Darwin, C.**, [1876], *Geological Observations on the Volcanic Islands and Parts of South America*: D. Appleton and Co., New York, ss. 3-26; Şuraya da bkz. **Barlow, N.** *a.g.e.*, s. 5.

[185] **Darwin, C.**, 1872, *a.g.e.*, s. 266.

[186] **Darwin, C.**, 1872, *a.g.e.*, ss. 269-270.

[187] Lyell'in jeolojik zamanın uzunluğunun anlaşılmasına katkıları için bkz. **Rudwick, M. J. S.**, 1969, Lyell on Etna, and the antiquity of the earth: *Toward A History of Geology*'de (C. J. Schneer, yayıma hazırlayan): MIT Press, Cambridge, ss. 288-304; **aynı yazar**, 1974, George Poulett Scrope on the volcanoes of Auvergne: Lyellian time and political economy: *British Journal for the History of Science*, c. 7, ss. 205-242; **Tasch, P.**, 1977, Lyell's geochronological model: published year values for geological time: *Isis*, c. 68, ss. 440-441.

[188] *Hürriyet* gazetesi (İstanbul), yıl 51, sayı 18599 (19 Aralık 1999), sahife 24; *Milliyet* gazetesi (İstanbul), yıl 50, sayı 18721 (19 Aralık 1999), s. 2.

[189] Bu çok yanlı fen ve sosyal bilimci ve edebî yazarın yaşamı ve eserleri için bkz: **Turpin de Sansay**, 1868, Biographie de M. Boucher de Crèvecœur de Perthes: Extrait des *Sauveteurs Célébres* par Turpin de Sansay, E. Dentu, Paris, 23 ss.

[190] *Vestiges*, 10. baskı (1853), s. lii.

[191] See **Cheynier, A.**, 1936, *Jouannet Grand Père de la Préhistoire*: Chartrusse, Pradel & Cie, Rennes, 101 ss.

[192] **Prestwich, J.**, 1859, On the occurrence of flint implements, associated with the remains of animals of extinct species in beds of a late geological period, in France at Amiens and in England at Hoxne: *Proceedings of the Royal Society of London*, c. 10, ss. 50-59.

[193] Bu tarihçe için bkz. **Oakley, K. P.**, 1964, The Problem of Man's Antiquity: *Bulletin of the British Museum (Natural History), Geology*, c. 9, no. 5, ss. 86-95.

[194] Charles Darwin'in yaşamı hakkındaki kaynaklar hakkında bibliyografik bir deneme yapabilmek artık tek bir bilim tarihçisinin yapabileceği bir iş olmaktan çıkmıştır. Ben de burada böyle bir işe kalkışmak niyetinde değilim; yalnızca en temel ve gerekli kaynakları sıralamakla yetineceğim. Darwin'in tüm eserleri, çeşitli baskı ve varyantlarıyla meşhur Freeman kataloğunda listelenmiştir: **Freeman, R. B.**, 1977, *The Works of Charles Darwin—An*

Annotated Bibliographic Handlist: Dawson. Archon Books, Kent, 255 ss. + 1 fotoğraf levhası. New York University Press (New York Üniversitesi Yayınevi) Darwin'in tüm eserlerini 1987 ile 1989 yılları arasında Paul H. Barrett and R. B. Freeman yönetiminde 29 ciltlik bir seride baştan yayınlamıştır. Bu serinin son cildinde Darwin'in torunu Lady Nora Barlow'un dedesinin otobiyografisinin orijinal elyazmasına göre restore ettiği hali yayınlanmıştır. Benim bu enfes kolleksiyon hakkındaki tek eleştirim, tüm eserlerin ilk baskılarının baştan yayın için seçilmemiş olmasıdır. Darwin'in bilimsel dergilerde çıkan makalelerinin toplandığı bir antoloji için bkz: **Barrett, P. H.**, yayına hazırlayan, 1977, *The Collected Papers of Charles Darwin*: The University of Chicago Press, Chicago, c. 1(xviii+277 ss.) ve c. 2 (vii+326 ss.); Darwin'in tüm yazışmaları Cambridge University Press (Cambridge Üniversitesi Yayınevi) tarafından *The Correspondance of Charles Darwin* adı altında muhteşem bir seri halinde F. Burkhardt ve S. Smith'in idaresinde yayınlanmaktadır. Bu notun yazıldığı sırada (Kasım, 2003) bu seri, yazışmaları 1865'e kadar getiren 13. cildine ulaşmış bulunuyordu. Benim bu önemli seri hakkındaki en önemli eleştirim, yayıncıların Darwin'in orijinal şekillerindeki harfleri bazan matbaa hurufatıyla değiştirmiş olmalarıdır. Bu şeklin orijinalliğini bozmakla kalmıyor, bazan bilgi kaybına da yol açıyor. Darwin'in *Beagle*'da tuttuğu güncenin metni için şu esere bakınız: **Barlow, N.**, yayına hazırlayan, 1933, *Charles Darwin's Diary of the Voyage of H. M. S. "Beagle"*: At the University Press, Cambridge, xxx+451 ss. Bu günce, Darwin'in yayınladığı *Journal of Researches*'in iki baskısına temel teşkil etmiştir (bu kitabın yayın tarihi için Barlow, 1933, ss. xxvii-xxx'a bkz). Barlow (1933)'ün güncelleştirilmiş bir baskısı için bkz: **Keynes, R. D.**, 1988, *Charles Darwin's* Beagle *Diary*: Cambridge University Press, Cambridge, xxix+464 ss+ 2 harita. Bu kitap pek çok bilimsel malzemeyle zenginleştirilmiş olan *Journal*'dan daha kısadır. Bu nedenle Lady Nora Barlow bu eserin daha ziyade Charles Darwin'in bilimsel çıraklık dönemine ışık tutacak bir belge olarak görülmesi gerektiğini belirtmiştir. Darwin'in *Beagle*'dayken defterlerine aldığı notlardan bazı pasajlar ve bazı mektupları için bkz: **Barlow, N.**, yayına hazırlayan, 1945, *Charles Darwin and the Voyage of the Beagle*: Pilot Press Ltd., London, [ii]+279 pp.+1 katlanır harita. Darwin'in 1836 ve 1844 yılları arasında tuttuğu onbir defterin ve dört ilişkili elyazmasının metinleri için bkz: **Barrett, P. H., Gautrey, P. J., Herbert, S., Kohn, D. ve Smith, S.**, kopyalayarak yayına hazırlayanlar, 1987, *Charles Darwin's Notebooks, 1836-1844—Geology, Transmutation of Species, Metaphysical Enquiries*: British Museum (Natural History)—Cornell University Press, Ithaca, viii+747 ss. Darwin'in en iyi tek ciltlik biyografisi herhalde şu eserdir: **Desmond, A. ve Moore, J.**, 1991, *Darwin—The Life of a Tormented Evolutionist*: W. W. Norton & Company, New York, xxi+808 ss. Darwin'in birkaç ciltlik olacağı planlanan bir biyografisi Londra'daki Wellcome Enstitüsü öğretim üyelerinden Janet Browne tarafından yayınlanmağa başlamıştır. Bu not yazılırken henüz yalnızca ilk cildi çıkmıştı: **Browne, J.**, 1995, *Charles Darwin Voyaging*: Princeton University Press, Princeton, xiii+[ii]+605 ss. Darwin'n yaşam öyküsü hakkında kısa fakat güzel bir kitap için bkz: **Bowler, P. J.**, 1990, *Charles Darwin—The Man and His Influence*: Cambridge University Press, Cambridge, xii+250 ss. Büyük zoolog Sir Gavin de Beer'in şu makalesi Darwin'in yaşamı ve eseri hakkında kısa bir makaleyle yetinmek isteyenler için şayanı tavsiyedir: **De Beer, G.**, 1981, Darwin, Charles Robert: Gillispie, C. C., yayına hazırlayan, *Dictionary of Scientific Biography*, c. 3: Charles Scribner's Sons, New York ss. 565-577. Ayrıca bkz: **Poulton, E. B.**, 1909, *Charles Darwin and the Origin of Species—Addresses, etc., in America and England in the Year of the Two Anniversaries:* Longmans, Green, and Co., London, xv+[i]+302 ss. Darwin'in bilimsel yöntemi için yazılmış en kapsamlı eser bir zoologun elinden çıkmış olan şu kitaptır: **Ghiselin, M. T.**, 1969, *The Triumph of the Darwinian Method*: University of California Press, Berkeley and Los Angeles, [iii]+287 ss.

195 Bu sefer ve Darwin üzerindeki etkisi hakkında kolay okunabilecek Türkçe bir eser için bkz. **Moorehead, A.**, 1996, *Darwin ve Beagle Serüveni*: TÜBİTAK Popüler Bilim Yayınları/Yapı Kredi Yayınları, İstanbul, 223+[7] ss.+48 renkli levha (çeviren N. Arık).

196 **Darwin, C. R.**, 1859[1985], *The Origin of Species by Means of Natural Selection or the Preservation of Favoured Races in the Struggle for Life:* Penguin Books, London, s. 65. Bu kitap, 1. baskının çok kolay edinilebilecek bir baskısıdır. Buna ilâveten şu avantajları da vardır: Kitabı yayına hazırlayan J. W. Burrow'un kaleme aldığı pek faydalı bir Giriş, Darwin'in 3. baskıdan itibaren koyduğu tarihsel kısım ve gene Darwin'in 1. baskıdan sonra koymak ihtiyacını hissettiği bir sözlük. Ancak birinci baskının bir tıpkıbasımını görmek isteyenler şuraya bakmalıdırlar: **Darwin, C.**, 2000, *On the Origin of Species—A Facsimile of the First Edition*: Harvard University Press, Cambridge, Massachusetts,

xxvii+ix+513+[2]ss. Şöhretli zoolog ve biyoloji tarihçisi Ernst Mayr bu tıpkıbasıma bir Giriş yazmıştır. Kendisine İngiliz Carl Sagan'ı denen, Londra Üniversitesi, University College genetik profesörü Steven Jones, Darwin'in büyük klasiğinin yirmibirinci yüzyıla bölüm bölüm bir "uyarlamasını" yaparak evrim kuramının enfes bir modern takdimini yayınlamıştır. Muazzam bir bilgi zenginliği ve esprili bir kalemle yazılmış bu eseri tüm okurlarıma tavsiye ederim: **Jones, S.**, 1999, *Darwin's Ghost—The Origin of Species Updated*: Ballantine Books, New York, xxix+377+[1] ss.

197 **Darwin, C. R.**, 1985, *a.g.e.*, s. 66.

198 Malthus hakkında bkz. **Simpkins, D. M.**, 1981, Malthus, Thomas Robert: *Dictionary of Scientific Biography*, c. 8, Charles Scribner's Sons, New York, ss. 66-71.

199 **Malthus, T. R.**, 1798, *An Essay on the Principle of Population, as It Affects the Future Improvement of the Society, With Remarks on the Speculations of Mr. Godwin, M. Condorcet, and other Writers*: London; ix+396 pp; **Burkhardt, F. ve Smith, S.**, 1986, *The Correspondance of Charles Darwin*: Cambridge Univenrsity Press, Cambridge, c. 2, s. 493'deki bibliyografik not, Darwin'in bu eserin 1826'da iki cilt olarak yayımlanan 6. baskısını okuduğunu ima ediyor. Bu baskının kolay ulaşılabilecek, eleştirel bir yeniden basımı için şuraya bkz. **Malthus, T. R.**, 1826[1986], *An Essay on the Principle of Population: the Sixth Edition (1826) with Variant Readings from the Second Edition (1803)*, edited by E. A. Wrigley ve David Souden: W. Pickering, London, 2 cilt, 18+xv+711 ss.

200 Darwin otobiyografisi için tuttuğu notlarında kişisel olarak tanıdığı Carlyle'ın herkesi hakir gördüğünü söyler: **Barlow, N.**, *a.g.e.*, s. 113.

201 Büyük jeolog, coğrafyacı ve zoolog Prens Pyotr Alekseyiç Kropotkin, Darwin'in bu yorumunun yiyeceğin ve korunma yerlerinin bol olduğu tropiklerde geçerli olabileceğini, ama Sibirya'nın geniş tundrası gibi yaşama düşman bölgelerde evrimin daha ziyade karşılıklı yardımla geliştiğini öne sürerek buna kendi arazi çalışmasını yaptığı kuzeydoğu Asya'dan zengin destekler göstermiştir: **Kropotkin, P.**, 1903, *Mutual Aid—A Factor of Evolution:* William Heinemann, London, xix+348 ss. Bu büyük eserin daha kolay bulunabilecek bir baskısı için bkz. **Kropotkin, P.**, tarihsiz (altmışlı yılların sonu?), *Mutual Aid—A Factor of Evolution, Foreword by Ashley Montagu and "The Struggle for Existence" by Thomas H. Huxley*: Extending Horizons Books, Boston, xix+362 ss. *Mutual Aid*'in Türkçe bir tercümesi yakın zamanda yapılmıştır: **Kropotkin, P.**, 2001, *Karşılıklı Yardımlaşma* (çevirenler: Işık Ergüden ve Deniz Güneri): Kaos Yayınları, İstanbul, 310 ss. Prens Kropotkin'in doğa bilimci yanı için bkz. **Naumov, G. V.**, 1981, Kropotkin, Petr Alekseevich: *Dictionary of Scientific Biography*'de (C. C. Gillispie, editor-in-chief), c. 7, Charles Scribner's Sons, New York, ss. 510-512. Büyük jeoloğun kişisel, bilimsel ve politik yaşamını anlatan ve çok güzel kaleme alınmış kısmî bir otobiyografisi mevcuttur. Bunu doğa bilimlerinin ve özgürlük fikrinin tarihleriyle ilgilenen herkese hararetle tavsiye ederim: **Kropotkin, P. A.**, 1978, *Memoirs of A Revolutionist*, edited and introduced by Colin Ward: The Folio Society, London, 338 ss. (İlk İngilizce baskısı 1899 yılında). Hayvanlar âleminde karşılıklı yardım temasının ondokuzuncu yüzyılda işlendiği bir başka eser için bkz. **Rokitansky, C.**, 1869, Die Solidarität alles Thierlebens: *Almanach der kaiserlichen Akademie der Wissenschaften*, 19. Jahrgang, ss. 185-220.

202 **Wilson, L. G.** (editor), 1970, *Sir Charles Lyell's Journals on the Species Question*: Yale University Press, New Haven, s. lix.

203 Asıl adı Johann olan Gregor Mendel ve eseri hakkında bkz. **Henig, R. M.**, 2000, *The Monk in the Garden:* Houghton Mifflin Company, Boston, [iii]+292 ss; **Albano, C. ve Wallace M.**, 2003, *Gregor Mendel The Genius of Genetics—A Celebration of Gregor Mendel Through Science and Art*: Abbey of St. Thomas, Brno, 63 ss (21 Mayıs 2003-21 Mayıs 2004 tarihleri arasında Brno'da Mendel'in çalıştığı ve yaşadığı St. Thomas manastırındaki Mendel Müzesinde açılmış enfes bir serginin son derece öğretici kataloğu). Çok güzel fotoğraflarla bezenmiş olan şu küçük broşüre de bkz: **Matalová, A.**, 1999, *Gregor Johann Mendel*: Mendelianum, Museum Moraviae, Mendelovo Námestíl, Brno, [1]+25+[1] ss. Mendel'in deneyi için şu CD-ROM'a da bkz: *MENDEL's experiment*: Mendel Center, Brno, © Vereinigung zur Förderung der Genomforschung (VGF). Mendel'in içinde çalıştığı ve yaşadığı St. Thomas manastırı için bkz. **Samek, B.**, 1993, *The Monastery of Augustinians in Brno:* yayınlayan belirtilmemiş, ama büyük bir olasılıkla St. Thomas Manastırı, 62+[I] s.

[204] Darwin'in kuramını bilim dünyasının nasıl karşıladığı konusunda şu antolojiler çok faydalıdır: **Hull, D. L.**, 1973, *Darwin and His Critics—The Reception of Darwin's Theory of Evolution by the Scientific Community:* Harvard University Press, Cambridge, xii+473 ss; **Appelman, P.** (editor), 1979, *Darwin—A Norton Critical Edition*, second edition: W. W. Norton & Company, New York, xvi+582ss.; ayrıca bkz. **Montalenti, G.**, 1982, Darwinismo e antidarwinismo ieri e oggi: *Il Darwinismo nel Pensiero Scientifico Contemporaneo*'da: Guida Editori, Napoli, ss. 12-28.

[205] **Pengelly, H.**, 1897, *A Memoir of William Pengelly, of Torquay, F. R. S., Geologist, with a selection of his correspondence*: John Murray, London, s. 76.

[206] **Lyell, C.**, 1863, *The Geological Evidences of The Antiquity of Man with Remarks on the Origin of Species by Variation*: John Murray, London, xii+520 ss.

[207] Wallace'ın yaşamı ve eserleri için bkz: **Wallace, A. W.**, 1908[2000] *My Life*: Elibron Classics, 472 ss; **Raby, P.**, 2001, *Alfred Russel Wallace—A Life*: Princton University Press, Princeton, xi+340 ss.

[208] **Wallace, A. R.**, 1855, On the law which has regulated the introduction of new species: *Annals and Magazine of Natural History*, 2. seri, c. 16, ss. 184-196.

[209] Burada *Traité*'yi ders kitabı olarak çevirdimse de bu tam doğru bir karşılık değildir. *Traité* herhangi bir konuyu detaylı bir şekilde sunan hem monografiden hem de ders kitabından daha geniş kapsamlı kitaplara denir. *Traité*, Almanca'daki anlamıyla *Handbuch*'dan (Fr. *Manuél*, İng. *Manual*, Tr. El kitabı sözcükleri Almanca'daki *Handbuch*'tan çok daha az kapsamlı kitaplar hattâ, basit kullanım kılavuzları için bile kullanılabilir) ise daha az kapsamlı bir kitaptır. *Traité*, Türkçe'de bilhassa 1930'lu ve 1940'lı yıllarda doğrudan "trete" şeklinde kullanılmıştır.

[210] **Raby**, *a.g.e.*, ss. 102-103.

[211] **Raby**, *a.g.e.*, s. 103-104

[212] **Raby**, *a.g.e.*, s. 104; bu notlar şu anda Londra'daki Linnean Society'nin (Linné Cemiyeti) elinde bulunan ve "Species Note-Book" (Tür Defteri) diye anılan deftere yazılmıştır. Bkz **Raby**, *a.g.e.*, s. 104, not 7.

[213] **Raby**, *a.g.e.* ss. 131-132. Bu pasaj şuradan alınmıştır: **Wallace**, 1908, ss. 191-192.

[214] **Raby**, *a.g.e.* s. 132. Bu alıntı Darwin'in otobiyografisindendir. Darwin'in 1842 ve 1844'te yazdığı el yazması nüshalar daha sonra, 1909'da oğlu Francis Darwin tarafından yayınlanmıştır: **Darwin, F.**, yayına hazırlayan, *1909, The Foundations of the Origin of Species—Two Essays Written in 1842 and 1844*: At the University Press, Cambridge, xxix+263 ss. Bu yazıların daha sonra 1958, 1963 ve 1971'de basımları tekrardan çeşitli yerlerde yapılmıştır. En son basım Barrett ve Freeman'ın Darwin'in toplu eserleri serisinin (yukarıda 153. nota bkz.) 10. cildindedir (1986).

[215] **Raby**, *a.g.e.* s. 137. Wallace'ın makalesinin Darwin'in eline ne zaman geçtiği altmışlı yıllardan beri yapay bir şekilde tartışmalı hale getirilmiştir. Bazı yazarlar, Darwin'in Wallace'ın mektubunu ve taslağını içeren zarfı Mayıs'ta almış olması gerektiği fikrindedirler. Önce, Amerikalı H. Lewis McKinney, 1966-1977 yılları arasında Darwin'in Wallace'ın mektubunu söylediğinden daha önce almış olması gerektiği tezini ortaya atarak, acaba Darwin'in Wallace'ın taslağındaki bazı fikirleri kendi eserine dahil edip etmediği sorusunu sordu. Sonra, seksenli yıllarda, iki Amerikalı daha, Arnold Brackman ve John H. Boorks bu konuda tam bir komplo teorisi geliştirerek, Wallace'ın Londra'daki bilimsel kodamanların kurbanı olduğu fikrini geliştirdiler. Peter Raby, tüm bu ididaları kaynaklarıyla beraber detaylı bir eleştiri süzgecinden geçirerek ne denli zırva olduklarını çok güzel belgeliyor (bkz: **Raby**, *a.g.e.*, ss. 287-290). Darwin'in ve Wallace'ın düşüncelerinin gelişmesi hakkında biraz bilgi sahibi olan ve her ikisinin ömürleri boyu süren yakın ve sıcak dostluklarını bilen kişiler, hiçbir veriye dayanmayan bu tür iddiaların nasıl ortaya çıktıklarını ve nasıl ciddî muhatap bulduklarını hayretle izlemektedir. Ancak tüm bu tür iddialar, özellikle yirminci yüzyılın ikinci yarısında moda olan bilime saldırı kültürünün doğal sonuçlarıdır. (İkinci Dünya Savaşı akabinde ve bilhassa 1968'den sonra, batı uygarlığı içerisinde bilim düşmanı kültürün gelişmesi konusunda bilhassa bkz. **Gross, P. R. and Levitt, N.**, 1994, *Higher Superstition: The Academic Left and Its Quarrels with Science*: The Johns Hopkins University Press, Baltimore, [ii]+314 ss; **Gross, P. R., Levitt, N. and Lewis, M. W.**, derleyenler, 1996, *The Flight from Science and Reason*: The New York Academy of Sciences, New York, xi+593 ss; **Windschuttle, K.**, 1996, *The Killing of History—How Literary Critics and Social Theorists Are Murdering Our Past:* The Free Press, New York, [I]+298 ss; **Evans, R. J.**, 1997, *In Defence of History*: Granta, London, vii+307 ss.)

[216] Bu makale yukarıda bahsi geçen "Sarawak makalesi"dir.

[217] **Burkhardt**, **F.** ve **Smith**, **S.**, 1986, *The Correspondance of Charles Darwin:* Cambridge University Press, Cambridge, c. 7 1991, s. 107.

[218] Henrietta Emma Darwin, Darwin'in kızı.

[219] **Burkhardt, F. ve Smith, S.**, 1986, *a.g.e.*, ss. 117-118.

[220] Darwin'in eşi

[221] **Burkhardt, F. ve Smith, S.**, 1986, *a.g.e.*, ss. 121-122.

[222] **Burkhardt, F. ve Smith, S.**, 1986, *a.g.e.*, ss. 122-124; Ayrıca şurada da yayımlanmıştır: **Barrett**, *a.g.e.*, c. 2, ss. 3-4.

[223] F. R. S.=Fellow of the Royal Society (Kraliyet Cemiyeti Üyesi; 1660'ta kurulan bu cemiyet, İngiltere'de bir fen bilimleri akademisi gibi çalışmaktadır); F. L. S.=Fellow of the Linnean Society (Linné Cemiyeti Üyesi); F. G. S.=Fellow of the Geological Society (Jeoloji Cemiyeti Üyesi)

[224] J. D.=Doctor of Jurisprudence (Hukuk doktoru). Lyell meslekten hukukçuydu.

[225] M. D.=Doctor of Medicine (Tıp doktoru). O zamanki pek çok doğa bilimci gibi, Hooker da temelde tıp doktoruydu.

[226] V. P. R. S.= Vice-President of the Royal Society (Kraliyet Cemiyeti Başkan Yardımcısı)

[227] Esq., *esquire* kelimesinin kısaltılmışı. Bu kelime İngiltere'de genellikle toprak sahibi olup asil olmadığı halde üst sınıftan olan kişiler için kullanılan "beyefendi" karşılığıdır.

[228] Benim burada "evcil tavşan" diye çevirdiğim kelimenin Darwin'in orijinalindeki karşılığı *rabbit*, "yabanî tavşan" diye çevirdiğimin İngilizce karşılığı ise *hare*dir. Lâtince karşılıklarından da görüldüğü gibi, *rabbit* ve *hare Lepus* cinsinin iki değişik türü olmalarına karşılık, Türkçe bu iki hayvanı aynı adla anmaktadır. Darwin, orijinalinde bu hayvanların Lâtince sınıflamadaki adlarını kullanmıyor.

[229] *Roguing*'in ıslah karşılığı olabileceğini muhterem hocam ve dostum Prof. Doğan Kuban teklif etti. Orman mühendisi, Sayın Necmi Aksoy ise Türkçe'de bu işleme "seleksiyon" dendiğini söyledi.

[230] Burada "Tataristan" terimiyle Wallace devrinin kullanımına uygun olarak Orta Asya'yı kastetmektedir.

[231] Büyük tabiîyeci ne yazık ki bu özel halde yanılmıştır. Yolcu güvercininin (*Ectopistes migratorius*) soyu Wallace'ın bu satırları yazmasından 56 yıl sonra A. B. D.'deki aşırı avlanma neticesinde yok olmuştur. Bilinen son temsilci 1 Eylül 1914'te Cincinnati (Ohio Eyaleti) hayvanat bahçesinde ölmüştür.

[232] Benim burda "eski tipler" ile çevirdiğim kelime Wallace'ın *antitypes*'idir. Bunun *prototypes* olarak kullanılması daha doğru olurdu.

[233] **Barrett**, *a.g.e.*, c. 2, ss. 3-18.

[234] **Raby**, *a.g.e.*, s. 141.

[235] **Wallace**, **A. R.**, 1889, *Darwinism: An Exposition of the Theory of Natural Selection with Some of Its Applications*: Macmillan and Co., xvi+494 ss.

[236] **Darwin, C.**, 1870-1871, *The Descent of Man, and Selection in Relation to Sex*: John Murray, London, 2 cilt.

[237] **Raby**, *a.g.e.*, s. 209. Bu tanıtma yazısı şurada çıkmıştır: *Academy*, c. 2, s. 538.

[238] **Wallace, A. R.**, 1876, *The Geographical Distribution of Animals—with a Study of the Relations of Living and Extinct Faunas as Elucidating the Past Changes of the Earth's Surface*: Macmillan and Co., London, c. 1 (xxiii+503 ss), c. 2 (ix+607 ss). Amerikan baskısı aynı yıl New York'ta Harper & Brothers tarafından yapılmıştır.Ben bu kitabı yazarken kütüphanemde bulunan Amerikan baskısını kullandım.

[239] **Wallace, A. R.**, 1880, *Island Life: or The Phenomena and Causes of Insular Faunas and Floras Including a Revision and Attempted Solution of the Problem of Geological Climates*: Macmillan and Co., London, xvii+526 ss.

[240] Wallace uzun yıllar boyunca bu konularda yayınladığı yazılarını şu eserinde özetlemiştir: **Wallace, A. R.**, 1905, *The Wonderful Century—The Age of New Ideas in Science and Invention*, new edition revised and largely re-written: Swan

Sonnenschein & Co, Bloomsbury, W. C., xii+527 ss.

241 **Neumayr, M. ve Paul, C. M.,** 1875, Congerien und Paludinenschichten Slavoniens und deren Faunen. Ein Beitrag zur Descendenz-Theorie: *Abh. k. k. geol. Reichsanst.*, c. 7 (3) 111 ss. + 10 levha

242 **Mendel, G.**, 1866, Versuche über Pflanzen-Hybriden: *Verhandlungen des naturforschenden Vereins in Brünn*, c. IV, XXI+[I]+104 ss.

243 **De Vries, H.**, 1901-1903, *Die Mutationstheorie—Versuche und Beobachtungen über die Entstehung der Arten im Pflanzenreich*: Veit & Co., Leipzig, c. I (XII+648 ss.) ve c. II ([II]+XIV+752 ss.). De Vries için bkz. **Stamhuis, I., Meijer, O. G ve Zevenhiusen, E. J. A.**, 1999, Hugo de Vries on heredity, 1889-1903 statistics, Mendelian laws, pangenes, mutations: *Isis*, c. 90, ss. 238-267.

244 **Gould, S. J.**, 1996, *a.g.e.* Ek-I'e de bkz.

245 **Einstein, A.**, 1934[1981], *Mein Weltbild*: Ullstein Materialien, Frankfurt am Main, s. 157.

246 Burada ilk paragrafı atılarak yayımlanan makale ilk kez *Cumhuriyet Bilim Teknik*'in 836 sayılı (29 Mart 2003) nüshasının 5. sahifesindeki "Zümrütten Akisler" köşemde aynı başlıkla yayımlanmıştı.

247 "Gerade die Dialektik ist aber für die heutige Naturwissenschaft die wichtigste Denkform, weil sie allein das Analogon und damit die Erklärungsmethode bietet für die in der Natur vorkommenden Entwicklungsprozesse, ..." (*Dialektik der Natur*)."

248 Bkz. **Karl Popper**, 'Diyalektik nedir?' Mete Tunçay'ın derleyip tercüme ettiği *Karl Popper'in Bilim Felsefesi ve Siyaset Kuramı* adlı eserde, Remzi Kitabevi, İstanbul, 2. baskı, 1990, s. 114

249 Bkz. **A. Desmond ve J. Moore**, *Darwin-The Life of A Tormented Evolutionist*, W. W. Norton, New York, 1994, s. 485 ve orada Marx-Engels yazışmasına yapılan atıf.

250 **Christen, Y.**, 1981, *Le Grand Affrontement Marx et Darwin:* Albin Michel, Paris, 268 pp.

251 Pierre Belon on altıncı yüzyılın en önemli bilim adamlarından biridir. Karşılaştırmalı anatomiyi belki de ilk kez deneyen Belon olmuştur. Belon, yaşama eczacı çırağı olarak başlamış, daha sonra Wittenberg Üniversitesi'nde botanikçi Valerius Cordus'un yanında eğitim görmüştür. Eserleri, denizel hayvanlardan, bitkilere, oradan da kuşlara ve gezi notlarına kadar geniş bir yelpaze sunar. Belon İstanbul'a da gelerek İstanbul çevresinin ilk bitki listesini hazırlamış, bunu *Les Observations de Plusieurs Singularitez et Choses Mémorables Trouveés en Grèce, Asie, Judée, Égypte, Arabie et Autres Pays Estranges* ... (Paris, 1553) adlı eserinde yayınlamıştır. Bu yetenekli gözlemci ve orijinal düşünür henüz 47 yaşındayken Paris yakınlarında Bois de Boulogne'da nedeni henüz açıklığa kavuşturulamamış bir nedenle öldürülmüştür. Belon hakkında bkz. **Wong, M.**, 1981, Belon, Pierre: *Dictionary of Scientific Biography*'de (derleyen C. C. Gillispie): Charles Scribner's Sons, New York, c. 1, ss. 595-596. Belon'un bir portresi **Turhan Baytop**'un *İstanbul Florası Araştırmaları (Toplayıcılar, Herbaryumlar, Floralar, Botanik Bahçeleri, Kaynaklar)* (Eren, İstanbul, 2002) adlı eserinin 15. sahifesinde vardır. Belon'un İstanbul ilişkisine dikkatimi ilk defa Necmi Aksoy ve Mehmet Sakınç çekmişlerdir. Kendilerine teşekkür ederim.

Dizin

DİZİNLER

Aşağıdaki dizinler konu ve yer dizini, takson dizini ve kişi adları dizini olarak düzenlenmişlerdir. Yalnızca referans olarak verilen kitap ve makale adları ve bunların yazarları dizinlere alınmamıştır. Türkçeye mal olmamış yabancı kelime ve ifâdeler, kitap başlıkları ve gemi isimleri *yatık yazıyla* yazılmıştır. Ayrıca tüm takson adları da zoolojik ve botanik adlama kuralları gereği yatık yazıyla yazılmıştır.

KONU VE YER DİZİNİ

TAKSON DİZİNİ

KİŞİ ADLARI DİZİNİ